AMBER **REVOLUTION**

How the world learned to love orange wine

ブドウ畑の夜明け。スロヴェニア、ブルダにて

AMBER REVOLUTION
How the world learned to love orange wine

オレンジワイン
復活の軌跡を追え!

サイモン・J・ウルフ

写真 **ライアン・オパズ**

監訳 **葉山考太郎**

美術出版社

By **Simon J Woolf**

Photography by **Ryan Opaz**

MC**P**

Morning Claret Productions
Amsterdam, Netherlands

First published in the Netherlands in 2018 by Morning Claret Productions
An imprint of The Morning Claret, Amsterdam, Netherlands
www.themorningclaret.com

Japanese translation rights arranged with Morning Claret Productions
through Tuttle-Mori Agency, Inc., Tokyo

リンダ・ウルフ、オットー・マッカーシー・ウルフ、スタンコ・ラディコンに本書を捧ぐ
筆者を誇りに思ってくれることを願って

クヴェヴリからワインをすくう柄杓。ジョージアでオルシモスと呼ばれる

目次

刊行によせて

　私がはじめてオレンジワインを試飲したのは2006年、銘柄はダリオ・プリンチッチ（Dario Prinčič）のトレベツ（Trebez）2002年だった。そのときの衝撃は今でも覚えている。色は豊かで深みがあり、輝いていた。光を受けてワインの色合いが絶妙に変化する。香りがどんどん開き、舌触りも大きく変わった。これまでにない香りや味わいを経験し、自分の嗅覚と味覚が一変したように感じたのだった。

　オレンジ色（アンバー色）は、赤、白、ロゼ同様、ワインの重要な「色」である。ブドウ（通常は白ワイン用の品種）を赤ワインのように果皮ごと発酵させると、ワインはオレンジの色味になる。オレンジワインは、発酵過程で、色、タンニン、その他のフェノール化合物を自然に抽出しているからだ。

　オレンジワインの色や濃淡は、ブドウの種類、ヴィンテージの特徴、収穫時期、ワインの醸造法（醸造期間の長さ、抽出物の質と量、ワインを酸化的に造ったか、空気に触れさせずに嫌気的に造ったかなど）で変わる。その組み合わせにより、果皮ごと発酵（スキンコンタクト）させたワインは、黄金色、ピンクがかった灰色、オレンジ色、琥珀（こはく）色、黄土色など、さまざまな色になる。

　上質のオレンジワインを造るためには、ブドウの皮に、質、量ともに優れた成分を含まねばならない。そのためには、有機農法やビオデナミにより、手をかけて丁寧にブドウを栽培することが必須である。果実の成熟度が高く、ブドウ自体の酸と果実味のバランスが取れていることも必要だ。ブドウがもつ成分を抽出するのは、非常に繊細でバランス感覚が必要な作業であり、醸造家は果梗を使う・使わないの判断や、発酵の日数、澱引きして酸化させるかなどを判断しなければならない。

　オレンジワインの味わいは、赤ワイン同様、タンニンが非常に重要となる。タンニンにより、飲んだときにフレッシュ感が出るし、果実味とのバランスも取れる。色にも影響するし、タンニンのフェノール化合物はワインの酸化を防ぎ、ワインを安定させる。オレンジワインには、ほとんどスキンコンタクトさせずタンニンを微量しか抽出しないものから、タンニンが口中を覆って食べられそうなほど豊かなレベルまで、いろいろなものがある。

サイモン・J・ウルフが著した本書には、オレンジワインの素晴らしさと、ひたむきに、情熱的にオレンジワインを造る醸造家への敬意がこもっている。この本は、無味乾燥な学術論文ではない。オレンジワインの製造方法を記した技術書でもない。難解な専門用語を使わずに書いたオレンジワインの心躍る「物語」であり、オレンジワインを造っている醸造家の燃える情熱を描いた「小説」とも言える。

　当初、評論家はオレンジワインを無視していたし、同業のワインメーカーも冷ややかに見ていた。だが、オレンジワインの可能性を信じていた醸造家は、迷わず自分の道を進んだ。ワインが美味いか、まずいかは、飲めばわかる。現在、オレンジワインは、批評家、ソムリエ、ワイン愛好家から強い支持を受けているだけでなく、世界中の多くのワイン生産者に大きな影響と刺激を与えている。

　本書には、伝統的なワイン造りが復興したこと、「新・古典的スタイル」のワインを造る醸造家や、オレンジワインがジョージアの伝統的なワイン造りの文化に由来すること（ジョージアでは、数千年に渡り、果皮も含め、ブドウをまるごと使いオレンジワインを造っていた）を臨場感豊かに書いている。

　スキンコンタクトして発酵させたオレンジワインの未来は、非常に明るい。一部の評論家は、オレンジワインは一過性の流行にすぎないと考えているが、世界中のあらゆるワイン生産国では、実際にその醸造方法を取り入れたり、スタイルを全面的に支持する生産者が増えている。ソムリエやワイン愛好家も、年齢や経験にかかわらず、オレンジワインの素晴らしさを認めている。今では、オレンジワインは、ワインバーやレストランのワインリストでは、赤・白・ロゼに次ぐ4番目の色になった。

　オレンジワインを飲んだことがなければ、本書を読むと、飲まずにはいられないはずだ。私のように、首までオレンジワインに浸かっているワイン愛好家なら、本書により、改めてオレンジワインと向き合い、深く掘り下げられる。本書は、非常に優れたワインの書籍であり、ワインとは何か教えてくれる。グラスにオレンジワインを注ぎ、本書を読んでもらいたい。

ダグ・レッグ
イギリス最大の自然派ワイン、および、オレンジ・ワインの輸入業者である「レ・カーヴ・ド・ピレネー」の販売・営業部門のディレクター

まえがき

　糊のきいた純白のテーブルクロスを敷き、正装したソムリエがいるレストランでは、昔より、ワインリストから選ぶワインと順番が決まっていた。経験と時間から編み出したもので、最初にシャンパーニュが出て、白ワインへ移る。格下のイメージがあるロゼを言い訳しつつグラスに注ぎ、次にボディの大きい赤ワインへ移る。最後は、極甘口のデザートワインで締めたり、ポートが「カメオ出演」として登場することもあった。

　ワインでのこの泡・白・ロゼ・赤・極甘口の「5つの黄金のカテゴリー」は、今は崩れ去った。過去10年間で、6番目のワインである「オレンジワイン」が急激に増えた。呼び名自体は、議論の余地がある。優雅に響き、よりワインを正確に表現している「アンバーワイン」の呼び方を好む人もいるし、学術志向の愛好家は、「果皮醸し白ワイン」と呼ぶ。その一方で、オレンジワインは「ロゼワインにオレンジの果肉を混ぜたもの」と誤解している人もまだ存在していて、この馬鹿馬鹿しさには唖然とする。

「オレンジワインとは何か?」で世界のワイン界は混乱しているので、きちんと定義する必要がある。本書では、白ブドウを赤ワインの醸造方式で造ったワインに焦点を当てている。数日、数週間、数ヶ月間、果皮(場合によっては果梗も)と一緒に発酵させた白ワインのみを取り上げた。「オレンジワイン」という言葉は、ワイン以外の発酵飲料でも、世界中のさまざまな土地で使うが、本書では、この飲料はすべて意図的に取り上げていない。オレンジ100%で造った上質のフルーツ酒や、オーストラリアのニュー・サウス・ウェールズ州にある優良なワイン生産地、オレンジ地区のワインも取り上げないが、いずれの飲料やワインの名誉も棄損する意図はないので了解してほしい。

　難しい定義はさておき、今、オレンジワインの時代が到来していて、その時代はこれからも続くだろう。多数のワイン専門店、センスのよいワインバー、高級レストランでは、セラーにオレンジワインをスタイリッシュに飾っている。こんなことは今までになかった。オレンジワインを造る醸造技術は、ワインを大量生産する技術と対極にある。忍耐力がなくてはならず、丁寧な作業と微妙なさじ加減が必要なので、オレンジワインがスーパーマーケットの棚に並ぶことはなかなかない。だが、世界のさまざまな地域の生産者が、シャンパーニュ製法のスパークリングワインや、遅摘みのデザートワインの分野でも、実験的にオレンジワインを造ろうとしている。

オレンジワインへの関心が爆発的に大きくなるなか、オレンジワインには、おびただしい数の迷信、神話、無知、認識不足が渦巻いている。特に、オレンジワインの起源や、背景にある豊かな文化には、ワイン界の重鎮や長老でも興味を示さないことがある。

本書は、間違った風潮を正し、オレンジワインの素晴らしさに関する知識を簡潔にまとめ、理解しやすくした。オレンジワインの重要な情報をボトル1本に詰めたようなものだ。
ページの大部分は、オレンジワインの中心地であるフリウリ＝ヴェネチア・ジュリア州[*1]、スロヴェニア、ジョージアの生産者、土地、文化の歴史を掘り下げた。この地域の生産者一人一人が歩んだ歴史は、生産者が造るワイン以上に波乱万丈で驚きにあふれており、なぜこんなワインができたか理解できるはずだ。

つい20年前、オレンジワインに関して本格的な本を書くことは不可能だった。当時、オレンジワインの名前さえなかった。今、オレンジワインの本を書く上で最も重要なのは、逆に、何を割愛するかにある。オレンジワインを簡単に買えるようになり、人気が急拡大し、認知度が急激に上がったことを考えると、色や濃淡にかかわらず、「オレンジワイン革命」が起きたことは間違いない。

サイモン J . ウルフ アムステルダムにて

---

*1　フリウリ・コッリオ地区とカルソ地区が本書の大部分を占めるが、この地を理解するには、フリウリ＝ヴェネツィア・ジュリア州全体を見る必要がある。

序章
INTRODUCTION

クヴェヴリの中の果皮。ジョージア、アレヴェルディ修道院にて

1

ゼロからの
スタート

A step
into the
void

地球の地殻の奥深くに埋もれた私は、基盤岩に入った無数の亀裂をよじ登る。基盤岩から、ミネラルや塩分を含んだ雫がしたたっている。切り立った石灰岩の表面には斜めに岩相が走る。何千年にも渡って地層がいくつも重なって圧力が加わり褶曲したのだ。ここは原始の地。巨人が人知を越えた怪力で切り拓いた場所。あるいは、魔術師が超自然的な力で作ったものだろう。

　目が暗闇に慣れると、黄色い光の破片が現れて亀裂を照らした。古世代の春の時代にできた空間が姿を見せる。背後に広がる漆黒の闇は、荒れ狂った雷嵐やブラックホールの巨大な引力のように、私の行く手をはばむ。一歩、ゆっくり後退すると、円錐形のオーク樽にぶつかった。

　誰かが私の手にワイングラスを押し込んだ。

　グラスの中には、光り輝く琥珀（こはく）色の液体が入っている。鮮やかなピンク色の残光が目に焼きつく。グラスからアロマが最初に上ってきた。背後は漆黒の闇で、何が潜んでいるか分からないのとは対照的に、アロマは輝き、生命力に満ちている。ほんの少し液体をすすると、液体の内なる活力が躍動した。強烈なのに爽快さのある不思議な感覚が口の中にあふれる。液体の力と複雑さは、脳が処理できる限界を越えていた。

頭の中の灯が点った瞬間だった。何が起きたか分からなかったが、私の人生に革命が起きたことは確かだ。今まで飲んだことがないあの「神から授かった酒」は何だったのだろう？　私の周りに無数にある洞窟を掘った「異次元の世界の精霊」が作ったのだろうか？

　ワインを造るのは錬金術のようなものだが、魔法ではない。この妙なる「神の飲み物」の背後には、人間の手がある。2011年10月、秋晴れの気持ちの良い日、トリエステ近くのプレポット村。場所は、カルソ地区にあるサンディ・スカークのワイナリーで、石灰岩の岩盤を地下深く掘ったセラーだった。地下セラーには何の仕掛けもなく、単に、ＪＣＢ（大手工作機メーカー）の削岩機で掘っただけにしか見えない。

カルソ地区の石灰岩の岩盤を掘ったセラーに立つサンディ・スカーク

イタリアの伝統的なワイン、ヴィノ・ビアンコ・マセラート（vino bianco macerato）をきちんと意識して試飲したのは、その日が人生で初めてだった。ワイン名の文字通りの意味は、「（赤ワインのように果皮を）醸した白ワイン」である。この言葉は、醸造技術的でかなり難解なので、ワイン愛好家は、簡潔な「オレンジワイン」を好むが、醸しにより色合いが深いワインを意味する。色調は、淡いオレンジ色から、琥珀（こはく）がかった黄金色や赤褐色まで多岐にわたる。

その日、サンディ・スカークを訪れた私には、分かったことよりも、解けない謎が圧倒的に増えた。エキゾチックなワインを偏愛する「自他共に認める熱烈なワイン愛好家」の筆者が、なぜ、今までこのワインに出会わなかったのか？ どうやって造るのだろう？ このワインを造る生産者は他にいるのか？ このワインは、北イタリアにしかないのだろうか？

そんな大量の宿題を抱え、当時住んでいたロンドンの自宅に帰った。始めて間もないワインブログに、スカークのワインの分析的な詳細情報を載せたいと思った。異次元の精霊の世界に住むサンディ・スカークと、その仲間のワイナリーで私が体験したことを伝えたかった。ワインの素晴らしさを書かねばと思った。これまで飲んだどんなワインとも、色が違うし、味わいが違うし、香りが違う。

調べるのは非常に簡単だった。ネット上で見つけた手がかりをもとに、ボロボロになったワインの百科事典、『オックスフォード・ワイン・コンパニオン』をチェックし、フリウリ地区とカルソ地区のワインを詳しく書いた絶好の書籍にたどりついた。多分、「醸した白ワイン（il vini bianchi macerati）」に関する薄い本だったと思う。

私は強烈なショックを受けた。当時、フリウリ地方のワインに関する英語の文献はほとんどなく、まして、カルソ地区のデータは見当たらない（カルソ地区は、行政上はフリウリ＝ヴェネツィア・ジュリア州の地域だが、文化的にはフリウリの他の地域とはまったく異なる）。2006年刊行の『オックスフォード・ワイン・コンパニオン』第3版には、私が仰天したカルソのワインは載っていなかった。醸して造る白ワインに関してネット上で検索したところ、ざっくりした情報にはいくつか行き当たったが、きちんとした本はない。

おぼろげな記憶を頼りに、プレポット村で出会ったスカークと、2人の仲間のことをまとめたが、きちんと核心に触れた感触や自信はなかった。好奇心を刺激され、それから2年間、ネットをはじめ、文献や友人をあたって手当たり次第、情報の欠片を拾い集めた。試飲コメント、うわさ、ワイン系のブログなど、カルソ地区での異次元の体験につながりそうなものには何でも食いついた。

少しずつ、細かいことが明らかになる。あのワインは、「オレンジワイン」と呼ぶことが分かった（2004年ごろ、イギリスでワインを輸入しているデヴィッド・A. ハーヴェイが提案した名前らしい）。ワインに精通したジャーナリスト、エリック・アシモフ、エレン・チュカン・ブラウン、レヴィ・ダルトンの記事から貴重な情報を入手し、昔ながらの方法でワインを造っている一派があることを知った。スロヴェニアやイタリアでは、家族経営の零細ワイナリーが、何十年も前に廃れた古典的な醸造法、すなわち赤ワインの製法で白ワインを造っているのだ。オレンジワインの「震源地」はカルソ地区ではなく、国境を越えてすぐの地にあるフリウリ・コッリオ地区で、正確には、オスラヴィア村だった。

　オスラヴィア出身の2人の醸造家、ヨスコ・グラヴネルとスタンコ・ラディコンの名前が文献に何度も頻繁に現れた。本書にも何度も登場するこの2人が持つ強大な引力に吸い寄せられた。オレンジワインを探求する旅は、必ずこの2人のワイナリーへ至るのだが、2人がどんなワインを造っているのか、どんな味なのか、誰も知らないのだ。

　ヨスコ・グラヴネルの興味を惹いたのは、スロヴェニアとの国境をはるかに越えたコーカサス地方、特に、ジョージアのワインだった。ジョージアでは、大昔から巨大なアンフォラ（ジョージアではクヴェヴリと呼ぶ）を土中に埋め、そこでワインを醸造している。ジョージアのワインに憑りつかれたグラヴネルは、そこへ行かねばと思い詰め、自分でも同じ方法でワインを造るようになった。

　私が初めてジョージアを訪れたのは2012年だった。当時、ジョージアは、まだ、ワイン観光地化してはいなかったが、クヴェヴリを使って世界のどこにもないワインを造っていた生産者は、いわゆる自然派ワインの世界では神のような存在だった。ジョージアの文化や人々、そして、ワインも魅力に溢れていた。

　同地の2回目の訪問となる2013年5月、念願かなってグラヴネルに会えたが、うまくは行かなかった。他のオスラヴィア人同様、ヨスコは、スロヴェニア語が母国語で、イタリア語も話すバイリンガルだったが、私が理解できたのは、英語、ドイツ語、フランス語で、お互いにコミュニケーションが取れない。ワインライターの筆者と、生産者のヨスコが協力してオレンジワインを盛り上げるという流れがいきなり途切れた。

　グラヴネルは、非公式ながら、イタリア最高の白ワインの生産者として10年以上も高評価を受けていたが、1997年にワインのスタイルを一新してから、たくさんのファンがあっさり離れた。決別した愛好家は、オレンジワインを受け付けなかったらしい。私には理解できないが、悪意を抱いた人もいた。何が気に入らなかったのか？　グラヴネルの新しいスタイルは、酸化が進み、揮発性が強く、欠陥があると酷評した。

石灰岩の岩盤を掘って作ったサンディ・スカークの地下セラー

　幸い、ワインを飲めば、素晴らしさが分かるし、非難や悪評を受けても、オレンジワインの流れは止まらなかった。果皮を醸して発酵させるオレンジワインは、イタリアできるワインの中で、最もエレガントで複雑な味わいを持っている。

　1年後、私はスタンコ・ラディコンのドアを叩いた。出てきたのは、重度の癌を克服して、現場に復帰した心優しき老人だった。ラディコンの息子であり父と一緒にワインを造っているサシャ、妻のスザンナ、娘のサヴィナとイヴァナとともに、楽しくランチの席に着き、数えきれないほど大量のワインを開けた。それまで、私の頭の中には、この地方の歴史やワイン造りが理解できず、深い溝があったが、それがすべて埋まった瞬間だった。

数カ月後、スロヴェニアのヴィパーヴァ地域（オスラヴィア近くの国境から東よりの地区）の生産者を訪問したとき、「白ブドウを赤ワイン風に醸して造ることが一般的である」と記した19世紀の文献を見つけた。少なくとも、その地では、オレンジワインは普通だったのだ。オレンジワインの「物語」は、途切れず現代へと続く。クヴェヴリを使い、白ブドウを醸して造るジョージアの伝統的なオレンジワインが、どのようにフリウリ・コッリオ、および、フリウリと国境を接するスロヴェニア領にあるよく似た村、ゴリシュカ・ブルダと結び付くのか[2]。東から西へ、最初に橋を架けたのはグラヴネルだった。その後、グラヴネルとラディコンの後をみんなが追った。

　快進撃は続く。グラヴネル、ラディコン、スカークや、ジョージアの多数の生産者が造ったオレンジワインの人気は、衰えることなく、頂点に達する。その時期、きちんとオレンジワインを調べずに書いた記事が、突如、いたるところに現れた。意外な媒体も少なくない（例えば、ファッション誌の『ヴォーグ』）。ニューヨーク、ロンドン、ベルリン、パリなど、大都会のスタイリッシュなワインバーでは、単にオレンジワインを出すだけでなく、店独自でセレクトしたものをワインリストに載せ、特別扱いした。

　人気が沸騰したが、オレンジワインの話を1つにまとめて世に出す者はいなかった。白ブドウを赤ワインのように醸して造った白ワインの歴史を完全に解説した書籍がない。なぜどのように生まれたかの起源は霧の中だし、オレンジワイン生産の中心であるアドリア海周辺のワイン地域の最新の情報や、グラヴネルやラディコンに続く生産者は誰なのか、何の情報もない。好奇心が旺盛で、知らないワインを飲みたい愛好家がますますオレンジワインの世界に入ってきた（長年にわたり、試飲会でそんな愛好家に会え、非常に嬉しく思う）。 1990年代後半、初めてオレンジワインが市場に現れたとき、認知してもらうのがどれほど大変だったか、オレンジワインにどんな歴史があるのか、分かっている愛好家はほとんどいなかった。

　私の使命は決まった。オレンジワインのきちんとした本は必須だ。誰も書かないなら、自分でやるしかない。問題はある。やると言いながら面倒になって挫折するかもしれないし、当時、フルタイムでIT系の仕事をしていて、稼ぎもよかった。この精神的障害と経済的障壁は乗り越えた。次はオレンジワインの書籍を出してくれる出版社を探すことだ。

------

*2　コッリオとブルダは、それぞれの国で「丘」の意味。フリウリ・コッリオとゴリシュカ・ブルダは、言語は違うが同じような意味を持つ。

だが、耳をかす編集者はいなかった。当時の私は、ワイン系のブログを書いているだけで、ワインを詳しく調べて、本にした経験がないのだから、当然だろう。

　幸い、オレンジワインの愛好家、生産者、専門家が世界規模でネットワークを作り、目に見えて参加数が増えたことで、2017年の秋、「キックスターター」上で、クラウドファンディングによる資金調達に成功し、本書、『AMBER REVOLUTION』は日の目を見ることになった[*3]。

ワイナリーで自身が造ったワイン、「ペット・ナット（pet-nat）」をグラスに注ぐ、サンディ・スカーク

---

*3　全支援者の名前は本書のp.294に記載。

カルソ地区の地下にある石灰岩の岩盤を掘ったサンディ・スカークのセラー

2

知名度との戦い

The fight to reclaim identity

イタリアのフリウリ＝ヴェネツィア・ジュリア州とスロヴェニアの西部が、どのようにして黒海の東にあるジョージアにつながったのだろう？ 一見、接点はない。文化は異なるし、言語も違う。国境は接していないし、海や山でもつながっていない。しかし、少し掘り下げると、意外な共通点が見える。

　ジョージアは、強大な力を持つ隣国、ロシアと壮絶な戦いを続けてきた。この2国の戦いは、一見、2つの世界大戦後の「スロヴェニア、イタリア対オーストリア＝ハンガリー帝国」の戦いとは無関係に見えるが、この2つは「パラレル・ワールド」の関係にあった。どちらの地方も、伝統的な独自のワイン造りの文化を持ちながら、政治が大混乱し、近代化が進むうちに、ほぼ消滅し、歴史から姿を消した。

　ジョージアは、ソヴィエト連邦時代のロシアの影響下で、パラドックスの中で生きた。独自のジョージアの言語、文化や習慣は、ロシアから厳しい規制を受けなかったものの、大国、ロシアの支配下にあった。特に、ワイン造りは、慢性的に物が足りないロシアからの要求に合わせ、同じものを大量に生産するよう再編成を強いられた。すなわち、質ではなく量を優先したのだ。

「2つのスロヴェニア」はどうだろう。第一次大戦後のイタリア・ムッソリーニの政権下、スロヴェニアの民族性とスロヴェニア語は迫害を受けた。続く、第二次世界大戦後、新たに引かれた国境のイタリア側になったスロヴェニア人は、文化的に厳しい圧迫を受け、耐えてきた。国境の反対側、スロヴェニア側に残ったスロヴェニア人も、同じく悲惨だった。チトー大統領が建国した共産国、ユーゴスラヴィアは、ソヴィエトの支配下からは逃れたものの、1991年に国が分裂するまで壮絶な内戦が続いた。この分裂により、スロヴェニアは独立し、上質のワインを造る方向へ大きく舵を切った。何十年にも渡る抑圧から解き放たれ、新たな芽を出したのだ。

フリウリ、トリエステ、スロヴェニア、イストリア（トリエステ湾の南に位置する半島。現在、半島の付け根はイタリア、北部はスロヴェニア、南部はクロアチアの領域）の各地域、および、遠くジョージアは、20世紀に入り、そして、第二次世界大戦後も、国境が目まぐるしく変わり、政情が安定せず、国民は、世界で最も不安定な場所で不自由な生活を強いられる。この期間、民族の自尊心は擦り切れ、生活レベルは劣化する一方だった。物質的、および、精神的に受けた深い傷跡は、想像の域をはるかに越えている。

ジョージアは、今でこそ、ワイン発祥の主要な地として世界中から認識を受けているが、かつては、ワインの歴史での存在感は非常に薄く、ほとんど消えたこともあった。パトリック・マクガヴァンの研究チームは、紀元前6000年から5800年には、ジョージアでワインを造って飲んでいたことを考古学的に実証する。2017年に発表されたこの研究結果により、ジョージアは世界で最も古いワイン生産地であり、最も長くワインを造ってきた地として一躍有名になった。

その一方、2000年にロデリック・フィリップス（Roderick Phillips）が著わした好著、『A Short History of Wine（訳注：邦訳なし。「short」とはいいながら、369ページの大著）』では、ジョージアについてほとんど触れておらず、さらに、土中に埋めた陶製の甕でワインを造るという世界最古にして今なお続くワインの伝統的な製造法には一言も言及していない。フィリップスの本はよくできており、発行当時は他に類を見ない良書と思ったが、ソ連がジョージアの歴史を抹殺した当時のままの状況を書いている。一般人の目に触れない土地を訪れて、ワインの調査をすることが極めて困難だったことがうかがえる。

フィリップスは、イランでワインを飲んでいたことを実証を挙げて紹介し（この本の刊行当時、記録上、最も古いワイン生産地がイランとの認識だった）、さらに、メソポタミアや中東でのワイン造りに関し、いろいろな仮説を立てている。しかし、コーカサス地方やジョージアに関しては、「この地には分からないことが多く、調査が必要」としか書いていない。

ユーゴスラヴィアの共産主義に呑み込まれたスロヴェニアは、ジョージアとよく似た運命をたどり、1990年代まで西側諸国のワイン界から見向きもされなかった。他の国が、スロヴェニアで近年、どんな歴史をたどり、どんなワインを造ってきたか、関心を示すこともなかった。第一次世界大戦中、西部戦線で起きた有名な「パッシェンデールの戦い」や、初期の「マルヌの戦い」、最大の会戦である「ソンムの戦い」を分析して記述した書籍は、図書館の書棚にあふれている一方、フリウリが主戦場となった、イタリア王国とオーストリア＝ハンガリー帝国の間で第12次まで続いた血で血を洗う「イゾンツォの戦い」は歴史の中に消えている。

届いたばかりのクヴェヴリの前に立つヨスコ・グラヴネル、2006年

スロヴェニアと、国境を挟んで反対側にあるフリウリには、中心となる大都市がない。これもワイン産業には不利だった。イゾンツォ地方のゴリシュカ・ブルダ地区、および、コッリオ地区は、純然とした農業地域で、20世紀は貧困で苦しんできた。何十年も世界からスポットライトを浴びることもなく、この地にある「宝石」を見逃すことになった。

　戦争による巨大な被害、目まぐるしく変わる国境、脆弱な政治体制に加え、アドリア海周辺の地は、国の分裂によって、たくさんの物を失った。第二次大戦後の数十年で、伝統的なスタイルである「醸して造る白ワイン」は、近代的なワイン製造技術が定着するにつれ消滅する。

　数十年後、イタリアのコッリオ地区にある小さな村で、伝統的醸造法に目覚めた2人の生産者、ヨスコ・グラヴネルとスタンコ・ラディコンが「醸しによる白ワイン」を造り始めた。オレンジワインが再び食卓に並ぶようになったのは、この2人の力が、物質的にも象徴的にも非常に大きい。同業者やワイン愛好家、批評家は、当初、2人を狂人や異端者と考えた。2人は、先祖がアイデンティティを求め生命をかけて戦ったように、消滅した民族の象徴を回復しようと死に物狂いになった。

自家製生ハム。オレンジワインとの相性がよい。ムレチニクにて。

文化的なアイデンティティは、さまざまな形を取る。芸術、料理、民族性、言語だけでなく、これが混ざったものも文化的なアイデンティティだ。農業が盛んな地域では、その地で獲れる農産物が文化となる。イタリアのフリウリ地方の特産品として、口の中でとろけるサン・ダニエーレの生ハム、歯ごたえがあってピリッとした風味のモンタジオチーズ、少し渋みがある甘口ワインのラマンドロ。これ以外に何を思いつくだろう？　スロヴェニアのゴリシュカ・ブルダ地区の農産物として、濃厚な味わいのプロシュート、夏に採れた新鮮なチェリー、グラスに注いだレブラ（フリウリ地方の主要ブドウ品種、リボッラ・ジャッラのスロヴェニアでの名前）ワイン以外に、思い浮かぶものはない。オレンジワインは食文化から消えたのだ。

スタンコ・ラディコン。自宅にて。2011年

　農産物にも効率化と大量生産の工業化の波が押しよせた。国際化が進むにしたがい、農産物の生産方法でも必然的に淘汰がおきた。オレンジワインのアイデンティは20世紀にほぼ消滅する。フリウリ・コッリオ地区とスロヴェニアのブルダ地区では、どちらも、現代風のワイン造りが中心になり、その結果、伝統的なワイン醸造という「民族のDNA」が犠牲になって消えた。伝統的なワイン造りを正しく復活させることは、過去に遡るのと同じぐらい難しい。

ジョージアのワイン生産者もフリウリとよく似た道をたどる。伝統的な醸造法が壊滅しかけたが、土壇場で踏みとどまった。ジョージアは、世界のどの国よりも、ワインと食が、民族性と深くつながっている。「ワイン」「食」「民族」を切り離すのは不可能なのだ。この地を訪れて、スプラ（supra）と呼ぶ歌って踊って食べて飲むどんちゃん騒ぎの伝統的な宴会に参加すると、温かくて人懐っこいジョージアの人々に感激するはずだ。ジョージアでは、ワインは単なる飲み物ではない。ジョージア自体であり、民族の遺産であり、アイデンティティである。明らかに、これまでジョージアが紀元前から引き継いできた文化の重要な1つのピースなのだ。

ジョージアには、いたるところにクヴェヴリがある。

　ジョージアの真のアイデンティティをもう一度確立しようとしたワイン生産者は、「ワインの近代化」という壁に突き当たった。高度に上質のワインは、光り輝く最新鋭醸造設備を揃えたハイテク指向のワイナリーでできるのではなく、完熟したブドウを使い、畑に最大限の敬意を払い、伝統や文化を尊重してワイン造りに取り入れる謙虚で真面目な醸造所でできるのだ。これを示す必要がある。

醸して造る琥珀（こはく）色の白ワインを追い求めたヨスコ・グラヴネルとスタンコ・ラディコンは、旧オーストリア＝ハンガリー帝国のアドリア地方と、コーカサス地方という2つの異文化を偶然にもつなげることになったのだ。

トビリシにあるジョージア最高のレストラン、「バルバレスタン」で演奏するギタリスト

友人や家族が乾杯する。ジョージア東部の街、ボルニシのブラザーズ・セラーにて

6世紀に聖女ニノがここに十字架を建てたとされる、聖地ジュヴァリの修道院で祈る女性。

君の名は？「オレンジワイン」「アンバーワイン」「醸しワイン」「スキンコンタクトワイン」？

名称を決めるのは簡単ではない。広く一般的に使っている名前が必ずしも、的を射ていて、使い勝手がよいとは限らない。しかし、みんなが使っているということは、名前の妥当性よりも、はるかに重要である。

本書では、断りのない限り、「オレンジワイン」を使う。頭でワインを飲む連中は、「この系統のワインの色は、オレンジ色とは限らない」と揚げ足を取る。確かにその通りだが（この連中は、粗探しをして難癖をつけるので扱いに困る）、白ワインは白色とは限らないし、赤ワインも純粋な赤色ではない。これは用語上の問題であり、簡単にコミュニケーションを取る上での単純な方法なのだ。

「名称戦争」では、使う人の数では、「オレンジワイン」が圧勝している。圧倒的に、広く、多く使う名前であり、無数のラベルに印刷してあるし、レストランのワインリストでは、醸した白ワインのセクションに「オレンジワイン」と書いている。

一方、「オレンジワイン」の名称を好まない生産者も少なくない。色がオレンジ色ではないとか（上記参照）、自然派ワインの動向に同調していると見られたくないとの思いが背後にあるようだ。ヨスコ・グラヴネルは、「アンバーワイン」を好む。「アンバーワイン」は、現在、ジョージアで普通に使う。「醸し白ワイン」や「スキンコンタクト白ワイン」の方がよいと考える人もいる。確かに正確な言葉だが、現代風のワインの分類に馴染まないのが難点。世界のワイン愛好家は、ワインを色で分類しているのに、この連中は、ワインを醸造技術で区別したいのだ。

大学で醸造学を研究し、ワイン生産者でもあるトニー・ミラノウスキーは、「4色による分類」という非常に単純明確で論理的な考え方を提案した。「ブドウには、白ブドウと赤ブドウがある。また、醸造では、果皮を使わず果汁だけ使うワインと、果皮ごと発酵させるワインがある。組み合わせは全部で4通りとな　、4つに分類するのが妥当」。

これによると分類は以下となる

白ワイン
葡萄ジュースのみ
（果皮は使わない）

オレンジワイン
白ブドウのジュースと
果皮を使う

ロゼワイン
黒ブドウのジュース
（果皮はほとんど使わない）

赤ワイン
黒ブドウのジュース
と果皮を使う

フリウリと
スロヴェニア
FRIULI AND
SLOVENIA

スロヴェニア、ブルダのブドウ畑

1987年6月

　カリフォルニアから帰ったヨスコ・グラヴネルは、一刻も早くオスラヴィア村に帰り、畑が病気になっていないか見たかった。ブドウには、初夏は非常に重要な時期で、10日間も国を空けて畑を放置すると、どんな状態になっているか分からない。ヴェニスのマルコ・ポーロ空港に降りたグラヴネルだが、迎えの車がいなかったため足止めを食い、イライラと怒りが爆発した。

　予定通り、空港へ迎えに来るよう、妻のマリヤに何度も電話をしたが、呼び出し音が鳴るばかりで電話は通じない。実は、猛烈な雷雨で電話線が切れてしまっていたのだが、グラヴネルには知る由もない。オスラヴィア村への回線は切れ、グラヴネルは何もない空中に向かって叫んでいたのだ。

　最終的に、グラヴネルは、なんとかトリエステにいる妹と連絡が取り、妻のマリヤに伝言してもらった。数時間後、マリヤが空港のターミナルへ到着すると、疲れ果てた夫がいた。「それで、カリフォルニアで何か収穫はあったの?」と尋ねると、グラヴネルは答えた。「やってはいけないことをたくさん学んだよ」。

　最初は素晴らしいアイデアだと思った。アルト・アディジェ地方にいるグラヴネルの仲間の生産者が、カリフォルニアへのパックツアーへ一緒に行こうと誘ってくれた。当時のカリフォルニアは、近代的なワイン産業の理想的なモデルに見えた。1976年の「パリスの審判[*4]」におけるブラインド・テイスティングで、カリフォルニアの無名のワインが、フランスの超一流どころを撃破して以来、カリフォルニア、通称、ゴールデン・ステートのワインは「黄金のレンガの道」を歩くことになった。北イタリアの田舎から、そんなカリフォルニアの大成功を羨ましく見ていたグラヴネルは、カリフォルニアの生産技術は完璧で、それを習得すればワインが飛ぶように売れると思った。

　だが、現地で見た実態はまったく違っていた。カリフォルニアの銘醸畑を訪れても、魂に一切響かない。すべてが「多すぎる」のだったのだ。アルコール度数が高すぎる。樽香が強すぎる。灌漑をしすぎる。旅行中にセッティングされていた1000本を超えるワインを試飲した後、グラヴネルは強い疲労を感じた。気分も悪くなった。最悪だったのは、当時、35歳だったグラヴネルの人生を、カリフォルニアが鏡のようにそのまま映し出したことだった。ハイテク施設を揃え、惜しみなく金をかけて光り輝くカリフォルニアのワイナリーでは、ワインに化粧を施し、スタイリッシュに飾り立てている。グラヴネルは、1973年にワイナリーを引き継いだとき、父親の昔ながらの生真面目なワイン造りを捨てたのだ。

---

*4　この伝説の試飲会の詳細は、175ページの「注66」を参照。

若々しい熱意と野心にあふれたグラヴネルは、何の未練もなく古くて大きな ボッティ[*5] を売り払い、近代的なステンレススチールのタンクを据えた。財政が許す限り、最新鋭の設備も揃える。ステンレスタンクだけでは、複雑味があって上質のワインを造るには不十分と考え、フランスから新樽（フランスのオーク材で作ったバリック。容量225リットル前後）も導入したのだった。1980年代にイタリアで大流行したバリックの使用は、当時流行したファッションである肩パッド入りの服やプードルみたいに短い髪にパーマをかけたヘアスタイル同様、流行が廃れると時代遅れになるのだ。

　それでも、グラヴネルのワインは評判になった。ワインは毎年、必ず売り切れるほど需要があった。予想外の成功とは逆に、グラヴネルは行き詰まりを感じた。グラヴネルは、カリフォルニアに自分の将来を見た。それは自分が望んだものではなかった。ワインの生産者として、どうすれば正しい姿になれるのだろうか？

　答えにたどり着くには、さらに10年かかった。グラヴネルの新しいワインは、イタリアのワイン業界に大きな衝撃を与えただけでなく、世界中に広がった。最終的には、ほんの数十年前、文字通りすべてを失った村のアイデンティティを取り戻したのだった。

---

*5　容量1000リットル以上あり、スラヴォニア（訳注：クロアチア共和国の東部の地区、スロヴェニア共和国とは異なる）やオーストリアのオーク材で作った大型の伝統的な樽。

3

破壊と迫害

Destruction and persecution

ゴンヤチェは小さな村で、イタリアのオスラヴィアから国境を越えスロヴェニアに数キロ入ったところにある。村の境界を越えた先には緑豊かな丘がせりあがり、壮大なパノラマが広がる。ゴリシュカ・ブルダ（イタリア名、フリウリ・コッリオ）のなだらかにうねる土地には、ブドウ畑が果てしなく続いている。天気の良い日には、スロヴェニアからオーストリアへと続くジュリアン・アルプスとカルニック・アルプスが望め、運が良ければドロミーティ山系も姿を見せる。丘の上には、コンクリート打ちっぱなしの展望台がそびえている。前衛的なブルータリズム様式の建造物だが実用性もあり、林の23メートル上空まで上れる。360度見渡すと、平和で素朴なこの地が、千年の眠りからようやく覚めたことがすぐに分かる。オスラヴィアからゴンヤチェに向かうと、気が付かないうちにイタリアからスロヴェニアへ入っている。国境らしきものがない。国境パトロールも有刺鉄線もなく、銃を持った警備兵もいない。代わりに、古代ギリシャの円形劇場風のひな壇のようにブドウ樹が整然と植えてあり、丘の上に点在する村、森、山をブドウ畑が縫って、パッチワークに見える。

穏やかな景色とは正反対の凄惨な歴史が、このコッリオの丘陵に埋まっている。展望台は慰霊施設の一部であり、第二次世界大戦で亡くなったゴリシュカ・ブルダ出身の315人の若者を追悼する。さらに25年遡る第一次世界大戦の戦死者の数は、桁違いに多い。1915年から1917年にかけて、オーストリア＝ハンガリー帝国軍とイタリア軍の間で激しい戦争が起き、この地域一帯が荒野と化した。大量の血が無駄に流れた戦いであり、戦争が終わると、ゴリシュカ・ブルダ地方は不合理に分断される。

1914

1945

1992

20世紀におけるアドリア海周辺の国境の変遷

戦禍のオスラヴィア（1916年）

イゾンツォの戦い（スロヴェニア・アルプスを水源にフリウリからアドリア海へ至るイゾンツォ川の全流域が戦場となったことから命名）では、2年5カ月、12回にわたる戦闘で戦死、負傷した兵士は推定175万人。オーストリア＝ハンガリー帝国軍にドイツ軍が加わって、フリウリとヴェネト地方を奪還し、1918年末まで支配したが、イタリア軍は再び反撃してイタリア北東端の地域を取り返し、さらに、旧オーストリア＝ハンガリー帝国のかなりの領土を占領した。そこには、トリエステと周辺のカルソ地方、イストリア半島、および、現スロヴェニア領のゴリシュカ・ブルダとヴィパーヴァ渓谷一帯も含む[*6]。

　戦禍の規模は、激戦で有名なソンム[訳注1]やパッシェンデールの戦いをはるかに凌ぐ。しかし、この凄惨で無益な大虐殺は歴史の中に完全に埋もれてしまった。イゾンツォの戦いが始まったのがオスラヴィアである。イタリアワインの評価誌、『イ・ヴィニ・ディ・ヴェロネッリ』誌の執筆者のひとり、マルコ・マグノリは、「最初の6回の戦闘で丘陵全体を破壊し尽くした。美しい丘で暮らしていた住民の気持ちの支えと、民族のよりどころもまた同時に崩壊した[*7]と」書いている。

　オスラーヴィエ（オスラヴィアのスロヴェニア名）では、1916年のゴリツィアの戦いで、50万発の銃弾と3万5000発もの砲弾が飛び交った。破壊があまりに酷く、戦後、村は、別の場所で再建せねばならなかった。丘の外見は見る影もなく、「弾薬の硫黄で黄色に染まり、粉々に砕けた石で形が分からない土地[*8]」が残るだけだった。

　以前、村があった場所に、たった一軒、今も残っている家がある。奇跡的に2つの大戦を生き延びた。レンツォーロ・ビアンコ9番地にあるこの家は、グラヴネル家[*9]が1901年から所有している。レンツォーロ・ビアンコは、「白いシーツ」を意味する通称。現存する唯一の白壁であり、第一次世界大戦中、谷越しに砲撃する際、標的として狙ったことに由来する。戦時中、建物は野戦病院となった。

---

*6　JJohn R. Schindler"Isonzo: The Forgotten Sacrifice of The Great War" (Westport, CT: Praeger, 2001))

*7　Brozzoni, Gigi, et al. Ribolla Gialla Oslavia The Book (Gorizia: Transmedia, 2011)

*8　Paul Ginsborg, A History of Contemporary Italy: Society and Politics, 1943–1988 (London: Penguin, 1990) 参照じ

*9　グラヴネルはスロヴェニアの名前で、元は「Grauner（グラウネル）」と発音していたようだが、家族によると、綴り通り「v」を発音して「グラヴネル」と読む。

訳注1　イギリス・フランスの連合軍と、ドイツ軍の戦い。100万人以上が犠牲になった。イギリスが世界初となる戦車、マーク1を実戦投入したのがこの戦い。

1918年、イタリア政府は、オーストリア＝ハンガリー帝国軍（訳注1）との戦いで歴史的勝利を収めたと大げさに宣言したが、戦禍が深く残り、食糧難にあえいでいたオスラヴィアと周辺地域の住人に喜びはなかった。戦争により多数が死傷し、家屋や畑は甚大な被害を受けた。さらに、住民のほとんどは、強制的にイタリアへ編入されたスロヴェニア人だったのだ。これが苦難の始まりとなる。

　第一次世界大戦が終結して新しく国境線を引き直し、32万7000人ものスロヴェニア人が、新しい国境のイタリア側の住民になる。ここには、フリウリ・コッリオ地区と、アドリア海を抱くカルソ地区でブドウ栽培を手掛ける多くの醸造家も生活している。中には、ブドウ畑が国境の反対側のスロヴェニア領になった生産者もいた。第二次世界大戦から1950年代初頭にかけて、国境付近では流血戦が断続的に起こり、最終的にユーゴスラビアが旧ヴェネツィア・ジューリア（イタリアのトリエステ周辺の海岸地域）を獲得する。ここでも国境線を引き直す際、住民の意思を考慮することはなかった。

　無秩序に変わる国境に関する仰天話は、たくさんある。ある農家の牛舎ではイタリア側から入り、スロヴェニア側に出る。国境が民家や建物の真ん中を通ることもある。もっと悲惨な話も聞いた。地元のワイン協会、コッリオ生産者協会[*10]の現会長ロベルト・プリンチッチが、ミルコという男の不運な話をしてくれた。ミルコは、サン・フロリアーノ・デル・コッリオの近くに住んでいた。オスラヴィアよりもっと丘陵地帯に入ったところにある場所で、1945年の終戦以降、イタリアとユーゴスラビアの国境がさらに近くなった。

　ミルコの家はトイレが外にしかない。1940年代はそれが普通だった。母屋は厳密にはイタリア側にあり、外のトイレはユーゴスラヴィア領に位置する。幸い、家の前の道路に駐留する国境警備兵と仲良くなって、自由に行き来することを許してもらうことができ、ミルコは安心して用を足せるようになる。だが、ある晩夜更けにトイレに出ると、いつもの警備兵が非番でいない。見慣れない兵士が銃を突きつけ、止まれと命令した。事情を説明したが逮捕され、ミルコは留置場で数日過ごす羽目になった。

---

*10　コッリオ生産者協会はフリウリ・コッリオDOCのワインを造る生産者をまとめる。DOCは統制原産地呼称。

訳注1　1919年までヨーロッパに存在したハプスブルク家の巨大な帝国。文化レベルが非常に高く、学問、音楽、美術では欧州の中心で、マーラー、シェーンベルク、ドヴォルザーク、ヨハン・シュトラウス、ブルックナー、ブラームス、シュレーディンガー、フォン・ノイマン、クリムト、ココシュカ、エゴン・シーレを生む。

オスラヴィア戦没者慰霊館。第一次世界大戦で戦死した5万7000人を慰霊する

現在のスロヴェニアの国境

フランチェスコ・ミクルスのワイナリーに残る第一次大戦の砲弾

今、オスラヴィアで有名なワイン生産者としては、グラヴネル、ラディコン、ダリオ・プリンチッチ、プリモシッチの名前が挙がる。このほとんどがスロヴェニア系の血筋を引いている。1918年以降、イタリア側に住むスロヴェニア民族にとって、生活は凄惨を極めた。ファシズムの台頭でムッソリーニが政権を掌握すると、スラヴ系言語は、学校でも日常生活でも使えなくなり、母国語で会話ができる場所は教会だけになった。スロヴェニア人とクロアチア人の家族は、あらゆる面で有形無形の厳しい迫害を受け、永久に国外退去するよう「奨励」された。

ムッソリーニの全体主義はさらに先鋭化し、非イタリア文化の痕跡を抹殺しようとする。イタリア化政策は少数民族をターゲットにし、イタリアに同化、融合させる手段として1922年に始まった。1926年から、新しく引いた国境のイタリア側に住むスラヴ人は、名前を強制的にイタリア式に変えさせられた。チョシッチ（Cosič）はコスマ（Cosma）に、ヨゼフ（Jožef）はジュゼッペ（Giuseppe）に、スタニスラヴ（Stanislav）はスタニスラオ（Stanislao）に変わった。

ロジ・ブラトゥジュ

醸造家ではないが、ゴリツィア出身の音楽家、ルイージ・ベルトッシ（Luigi Bertossi）の名前が歴史書にほとんど登場しないのは、名前を強制的にイタリア化させられたことによる。スロヴェニア名はロジ・ブラトゥジュ（Lojze Bratuž）。2つの世界大戦中ゴリツィアで暮らし、地元の聖歌隊の指揮者で作曲家でもあるブラトゥジュは、スロヴェニアの文化を守ろうとした。イタリア当局が認可した数少ない聖歌隊を指揮。スロヴェニアに伝わる民族音楽を編曲して聖歌隊に歌わせた。1936年、その活動が原因で、ファシスト党員から激しい殴打を受けたあげく、石油と、強力な下剤のひまし油を飲まされる。2カ月後、ブラトゥジュは中毒で死去[訳注1]。享年35だった。

ムッソリーニ時代、知識人や教育者は辛うじて迫害に耐えたが、ブラトゥジュと同じ不運に遭うのを恐れ、多くが大戦中にイタリアを去った。

訳注1　死の数日前、支持者が集まってスロベニアの歌を歌い、警察が来る前に逃走。
　　　これに由来して、ブラトゥジュはスロヴェニアのファシスト迫害の象徴になる。

ムレチニックの醸造所にあるよろい戸

　1945年、ムッソリーニが失脚すると、イタリア化政策という「文化的な虐殺」は、建前として終息したが、実際にはその後も長い間、目立たず陰湿な形で続く。ヨスコ・グラヴネルの娘マテヤによると、1970年初頭まで、新生児の出生登録をする際、役人はスラヴ系や外国の名前を受理しなかったらしい。父親のヨゼフ（Jožef）が強制的にジュゼッペ（Giuseppe）にさせられたように、1952年生まれのヨスコ（Jošco）も役所の書類上、フランチェスコ（Francesco）になった。このため現在も、グラヴネル家のワイン事業は、登記上、フランチェスコ・グラヴネルという「架空の人物」が所有している。黒歴史に対するささやかな償いとして、2016年、「フランチェスコ・ヨスコ・グラヴネル」を事業主の別名として追加できるようになった。

　第一次、第二次世界大戦により、家屋を再建したり、ブドウの木を植え替える労働力や設備、物資、経済力は枯渇した。多くの住人が自分の土地を捨て、イタリアの豊かな地域へ移住したため、オスラヴィア村を含む現在のイタリア側のコッリオ地区は活気を失う。ワイン史の研究家、ヴァルテル・フィリプッティが「北のメッツォジョルノ[*11]」と書いたように、フリウリ＝ヴェネツィア・ジュリア州全体が衰退するにともない、コッリオも発展が止まったままとなる。この状態は、1963年に自治州となるまで続いた。

---

*11　メッツォジョルノとは、南イタリア、および、日照の豊かな気候の意味。軽蔑的な意味もあり、南部の怠惰な雰囲気や発展の遅れを表す時に使う。フィリプッティが著書、『I Grandi Vivi del Veneto（ヴェネトの素晴らしい生活、2000年）』の中で、19世紀から第二次世界大戦の終戦までのフリウリの状況を表す言葉として作った造語。

コッリオにあるダミアン・ポドヴェルシッチの畑

サバティーノ山。第一次世界大戦におけるイゾンツォの戦いの主戦場となった

1941年にナチスがゴリシュカ・ブルダを併合するまでの20年間、同地の住民はイタリアに同化するよう強いられる。その後、1945年に第三帝国が崩壊すると、ゴリシュカ・ブルダはユーゴスラヴィアの一部となった。ユーゴスラヴィア連邦人民共和国は、親ソビエトの社会主義国として1946年に建国。「鉄のカーテン」の中にあったスロヴェニア側のゴリシュカ・ブルダは、世界に姿を現すまで、イタリア側のフリウリよりさらに長い年月がかかることになった。34年間に渡るヨシップ・ブロズ・チトー大統領^(訳注1)の統治下では、ユーゴスラヴィアのブドウ農家は収穫したブドウの大部分を国営協同組合へ納入せねばならず、ブドウの質がどれほど高くても、凡庸なワインとなった。

ユーゴスラヴィアのワイン生産者は、国境の反対にいるイタリア側の同胞のような壮絶な迫害を受けずに済んだが、ユーゴスラヴィア建国に際し、構成する6つの共和国の国境を杜撰に引いたため、スロヴェニアでは特有の問題が起きた。ワイン生産者のヤンコ・シュテカルは、現在の国境ではスロヴェニア側にある、コイスコという小さな村に住んでいる。シュテカルによると、1990年代までイタリアとユーゴスラヴィア間に検問所があった。シュテカルの畑は運良くユーゴスラヴィア側に収まったが、ある友人の畑は残念ながら、イタリア側となる。ブドウ畑で日々の作業をするために毎日、国境を越えてイタリア側に入るのだが、一番近い検問所は朝10時でないと開かない。ワイン造りでは、夏や収穫期、農作業や収穫は、早朝6時より前に始めるのが普通で、10時はあまりに遅い。その友人は、2時間かけて24時間通れる検問所まで行かねばならなかった。

ワイン生産者の多くが、このような「国境問題」に苦しんだ。鉄人、アレシュ・クリスタンチッチ（Aleš Kristančič）が長年、ゴリシュカ・ブルダに所有する名門ワイナリー、モヴィアでは、国境が畑のちょうど真ん中を通っており、イタリア側のブドウをスロヴェニア産ワインとして瓶詰めし出荷するには、お役所的で微妙な裏技が必要となった^(*12)。また、ウロス・クラビアン（Uroš Klabjan）は、スロヴェニアのクラス地方（訳注：「カルスト台地」の元になった地名）にあるワイナリーからトラックに乗り、丘を蛇行して高台にある畑へ上がるには、2回も国境を越えねばならなかった。今では、面倒な出入国の手続きが不要で、10分から15分で畑に着く。

---

*12　スロヴェニア政府はイタリア産ブドウをスロヴェニア産ワインとして瓶詰め・出荷することを許可しているが、その逆（スロヴェニア産のブドウをイタリア産ワインとして瓶詰め）は禁止している。相手国への優位性を誇示したい権力主義の好例。

訳注1　ヨシップ・ブロズが本名で、チトーは通り名。ユーゴスラヴィア語で、「お前（ti）があれ（to）をやれ」という高圧的な物言いをしていたことに由来する。42歳で共産党の政治局員に大抜擢されてから、「チトー」を自分の通称として使い始める。1980年5月4日に死去し、5月8日の国葬では、西側諸国の元首が多数出席したのは異例で（日本から、大平正芳首相が出席）、1989年の昭和天皇の大喪の礼までは、世界最大の国葬だった。

国境が頻繁に変わると、その地に暮らす住民の、国として、文化としてのアイデンティティは、最良の場合でも揺れ動いて固まらず、最悪の場合は消滅する。1914年から1991年の短期間で、ゴリシュカ・ブルダや、近隣のヴィパーヴァに住むスロヴェニア民族は、オーストリア＝ハンガリー帝国、イタリア、ユーゴスラヴィアに国籍が変わり、1991年にスロヴェニアが独立を宣言して、ようやくスロヴェニア人となる。スロヴェニア人の画家、シュテカルは、1枚の絵を描き、この激動の時代に生きることがいかに異様だったかを表現した。絵からは、「私はユーゴスラヴィア人、祖父はイタリア人、子供はスロヴェニア人。みんな同じ家で育ったのに」との恨みが聞こえる。

スロヴェニア人は、官僚主義の極みといえる異常な状況で働き、生活せざるを得なかったが、2004年、スロヴェニアが欧州共同体（EU）に加盟すると、規制が大幅に緩やかになる。2007年にはシェンゲン協定により、国境の検問所や警備員は永久に廃止された[*13]。現在、ゴリシュカ・ブルダとフリウリ・コッリオ周辺の平和な田舎道をドライブすると、かつて、2国間に政治的、個人的な衝突が日常的に起きていたことなど想像できず、「知らないことの幸せ」を感じる。

「醸し」と「醸し発酵」

ほとんどの白ワインは、果皮を漬け込んで一緒に醸す「醸し発酵」をせずに造るというのは極論。醸し（マセレーション、またはスキンコンタクト）はしても、オレンジワインにならないケースを2つ紹介する。

発酵前の低温浸漬

醸造過程で、発酵が起きないよう白ブドウを低温（通常10〜15℃）で1晩、最長で24時間、マセレーションする醸造家がいる。果皮に付着した天然酵母で発酵が始まらないよう、亜硫酸（亜硫酸）を添加することもある。低温浸漬により、フェノール類（タンニン化合物）の渋みや色が出過ぎることなく、果皮から香気成分を抽出できる。

マセラシオン・ペリキュレール

フ　フランス語で、「発酵前のマセレーション」の意味。低温浸漬より高温（通常18℃前後）。1980年〜1990年代、ボルドーの白ワインでは一般的な醸造法だった。マセレーションの時間は、通常4〜8時間。

---

*13　2016年から2017年、ヨーロッパ南東部を経由してEU圏に不法入国する移民の数が増大したため、短期間、散発的ではあったが、スロヴェニアからイタリアに入る車を数カ所で検問した。

4

フリウリ第一次
ワイン革命

Friuli's first
winemaking
revolution

フリウリでは、1960年代まで、ワイン造りは人に自慢できる職業ではなかった。むしろ逆で、口げんかで言い返すフリウリ語の「だまれ！　農民の分際で(Tas ca tu ses un contadin!)」に表れている[*14]。ワインの生産者は、畑を耕すだけの小作人と同じ扱いだった。1963年、フリウリ＝ヴェネチア・ジュリアがイタリアの5つの特別自治州(訳注1)の1つになると、状況が一変する[*15]。

　選挙で新たに組織した州政府は、地域の農業、特にブドウ栽培を活性化するため、直ちに助成金制度を導入し、新法令を制定した。法令29条には詩のような「フリウリのブドウ畑」と副題を付け、フリウリのワイン生産の復興、品質向上を積極的に進める政策を打ち出した。ワイナリーへ助成金を交付し、研修制度も整える。新しくできた格付け、DOCG(統制保証原産地呼称：Denominazione di Origine Controllata e Garantita) が規定する厳しい品質基準をクリアした生産者には、奨励金を給付した。DOCGはイタリアの公的ワイン認証制度の格付けで最上位にあり、認証が始まったのは、偶然にもフリウリが自治州になった1963年である。

---

*14　フリウリ語 (イタリア語では「フリウラーノFriulano」) は、主にフリウリ＝ヴェネチア・ジュリアのウーディネ県、ポルデノーネ県、および、ゴリツィア県の半分の地域の公用語。オスラヴィアでは使用しない。

*15　残りの四つの特別自治州は、サルデーニャ、シチリア、トレンティーノ＝アルト・アディジェ、ヴァッレ・ダオスタ。
　　　訳注1：通常の州より大きい地方自治権を持つ州。言語、歴史、文化が他の州と大きく異なることによる。

時の運もフリウリに味方した。1960年代、イタリアは地味ながら好景気に沸き、同年代の終わりには、高品質ワインを求める需要が今までになく高まった[*16]。スキオペット、リヴィオ・フェッルーガ、コッラヴィーニ、ヴォルペ・パシーニ、ドリゴなど、現在、高品質ワインの生産者として高い評価を受けているフリウリのワイナリーの多くが、この時期に創業している。新しいワイナリーの事業戦略は、以前と全く違った。高品質ワインをボトルに詰め、イタリア全土だけでなく、海外市場での販売も目指したのだ。1960年代以前、フリウリでは量り売りでワインを販売し、地元で消費した。昔は、造って売るだけでビジネス戦略はない。事業計画を話しても、正気扱いされなかった。

　戦争の傷が癒え、血生臭い過去の記憶がようやく薄れた頃、「ワインの無血革命」の波がフリウリ全域を飲み込んだ。第二次世界大戦後、ドイツでワイン醸造学が急速に発展し、国境を越えて、ドイツ語圏のアルト・アディジェ州（ドイツ語では南チロルを意味するSüdtirol）地域に初めて伝わった。元タンクローリーの運転手、マリオ・スキオペットの手はずにより、ほどなくフリウリ・コッリオに入る。

プリモシッチ1970年。後に、フリウリ・コッリオがDOC（統制原産地呼称）となったため、ラベルの上部にある「リボッラ・オスラヴィア」という名称は今は使えない

　スキオペットは知識豊富な若者で、トラック運転手という職業上、いろいろな土地の情報に詳しかった。消防士の宿泊施設を運営する両親の下、もてなしの世界で育った。1963年、32歳で家業を継ぐと、カプリーヴァ・デル・フリウリで、近くの教会からブドウ畑を借りてワイン造りを始める。スキオペットは、ワイン醸造の専門家であるルイジ・ソイニを全面的に信頼した。ソイニは、アルト・アディジェでドイツの最新の醸造法を経験していた。1969年からフリウリ・コッリオのワイナリー、アンゴリスで醸造責任者となり、後に、カンティーナ・デル・コルモンスの最高責任者となる。

---

*16　Paul Ginsborg, A History of Contemporary Italy: Society and Politics, 1943–1988 (London: Penguin, 1990) 参照

ソイニは、最新醸造技術のすべてに精通していた。フリウリワインの専門家、ヴァルテル・フィリップティによると、「発酵過程の制御とか、殺菌して瓶詰めするなど、今まで聞いたことがないような言葉を使っていた[17]」。スキオペットは、ドイツのザイツ社の研究所長、ヘルムート・ミューラー＝シュペト教授とも親交が深い。同社は、ワインやビールの発酵技術や、フィルターやボトリングマシンの分野のトップメーカーだった。

醸造技術の最強の後ろ盾を得たスキオペットは、フリウリでのワイン造りを根底から変え、近代的な白ワインの醸造法を確立した。フィリップティによると、「スキオペットのワインを試飲すると、未知の世界にいる気分になる[18]」。スキオペットの手になるワインは、一切の不純物がなく澄んでいて、圧倒的な果実の香りにあふれ、フレッシュでイキイキした個性がある。当時の、ひたすら色が濃く、酸味に乏しく、感動のない白ワインとは、全く別物だった。実際、イタリアで初めてできた近代的な白ワインであり、その功績をもってして、スキオペットはイタリアのワイン史に永遠に名を残すことになる。

スキオペットは、どのように奇跡を起こしたのか。スキオペットが老舗生産者のワインよりはるかに高い値札をつけ、客がその値段で買うのを見て、仲間や同業者は答えを知りたがった。新参者のスキオペットが大成功を収め、憤懣やるかたない老舗生産者は、表向きは平静を装いつつ、裏では、スキオペットのワインを我先に入手し、試飲、分析して、秘密を探ろうと躍起になった。

スキオペットの成功は手品でもなんでもない。単に、以前のフリウリ・コッリオにはなかったノウハウを取り入れたに過ぎない。発酵の鍵となったのが温度コントロール可能なステンレスの発酵タンクだった。それまで使用されていたセメントタンクや、伝統的な発酵容器であった巨大なスラヴォニア産オーク樽（イタリア語では、ボッティと呼ばれる）に替えて導入した。従来は、外気温で自然に冷却したり、醸造施設を石造りの屋内に入れるなどして、発酵反応が活発になってワインの温度が上がるのを防いでいた。だが、ステンレスタンクを使えば、低温で発酵できるし、発酵過程も制御可能となる[19]。また、1951年にドイツのヴィルメス社が開発した空気圧式圧搾

酸化防止

フレッシュ感を出す上で、酸化は大きなリスクとなる。現代の白ワインの大部分は、亜硫酸を添加して酸化を防ぐ。白ワインを造る場合、収穫直後にブドウを搾汁して果皮と果梗をすぐに取り除くが、赤ワインでは、果皮と果梗も一緒に発酵させる。これにより、色と渋みが出る。果皮に含むフェノール化合物には抗酸化作用があり、スキンコンタクトをさせない白ワインは、赤ワインより繊細で傷みやすい。

---

[17] Walter Filiputti, Il Friuli Venezia Giulia e i suoi Grandi Vini (Udine: Arti Grafiche Friulane, 1997), 70ページ参照

[18] 出典は同上

機は、以前のフランスのヴァスラン社製の機械式圧搾機よりも柔らかくブドウを搾汁できる。かつて機械的にブドウを潰していたバスケットプレス方式と比べると、発酵が早く始まったり、酸化するリスクがはるかに少なくなった。

　この時期に登場したいろいろな醸造技術や設備機器も、ワイン業界の発展に大きく貢献した。例えば、ワイナリー内に自生している野生酵母を使うと、発酵過程の予測が不可能だが、培養酵母を使用すれば、発酵を制御して確実に安定感のある辛口ワインができる。カムデン錠という添加物を使うと、抗酸化・抗細菌作用がある亜硫酸（亜硫酸）をブドウ、樽、発酵時に簡単に添加できる。今では、ブドウ畑から瓶詰めまで、ワイン生産のあらゆる工程を、正確に制御、調節することができるようになった。

ラマート：赤銅色のピノ・グリージョ

　フリウリのピノ・グリージョは、同州全域で人気の高いワインだが、昔は今のように無色透明ではなかった。ピノ・グリージョは、ブルゴーニュの最重要品種であるピノ・ノワールのクローン（変異でできた品種）で、果皮はピンク色をしている。果皮を数時間長めに果汁とスキンコンタクトさせると、ワインは独特のピンク色、さらに、赤銅色を帯びる。

　ピノ・グリージョは、ヴェネト州では、イタリア語で銅を意味するラマ（rama）に由来した「ラマート（ramato）」の名前で人気が高い。昔、ピノ・グリージョ・ラマートは8時間～36時間、マセレーションをしてから発酵させた。バスケットプレスで圧搾し、果皮と果汁を分けるのに時間がかかったため、その間に必然的に色が付いた可能性があり、元々は偶然の産物だったろう。

　1960年代、他の白ワインがスキンコンタクトをやめても、ピノ・グリージョ・ラマートはスキンコンタクトにこだわった。1990年代以降、イタリア国内での人気が急速に低下する一方で、海外のワイナリーではラマートの名前を使うようになった。これは、本家に対する一種のオマージュであり、例えば、ニューヨーク州のロングアイランドにあるワイナリー、チャニング・ドーターズでは、10～12日間、マセレーションさせて「ラマート」を造る。イタリアの古い手法を参考にしているが、スタイルは全く違う。

---

*19　発酵中の温度は軽く30℃に達し、温暖な土地ではさらに上がる。高温になると、ブドウの持つ繊細な香気成分が消える。

木樽の発酵槽。カステラッドにて

1890年代のバスケットプレスと、クレメン・ムレチニックとヴァルター・ムレチニック親子。このバスケットプレスは
現役で使用

スキオペットの新しい醸造法は、周りの生産者に認められるのに数年かかったが、1970年代初頭には、コッリオの2つの大きなワイナリーが後追いした。ひとつはゴリツィアのルッタルス村にほど近いヴィラヴァーノに拠点を構える、シルヴィオ・イエルマンだ。イエルマンは父親の跡を継いだばかりで、巨大なワイン帝国を築く野望をもっていた（現在、所有する畑は160ヘクタール超）。また、ブラッツァーノにあるリヴィオ・フェッルーガのマルコも、スキオペットの導入した近代醸造に切り替えた。フェッルーガは、家族が創業した新しいワイナリーでワインを造っていた。他の生産者も次々に後を追う。イタリアの消費者が昔から求めていたクリーンなワインをコッリオの生産者が一斉に造ったのだ。フレッシュで果実味に富みキレイに澄んだ白ワインは、これまでイタリアに存在せず、近代的なワインの代表となった。

　スキオペットの醸造法は、白ワイン造りの旧式な生産法を置き換える大革命となり、フリウリ・コッリオだけでなくイタリア全土に波及した。フリウリなどの貧しい地域にある家族経営のワイナリーでは、数世紀とはいかなくても、何十年も大昔の器具に頼っていた。スクリュー方式で搾汁する旧式のバスケットプレスや、オークや栗の大きなボッティを何世代も家族で使った。衛生管理は、資金に余裕がないと手がつかない。バスケットプレスでブドウを搾るのは非常に手間のかかる重労働で、分ではなく時間単位の時間がかかる。しかも、ブドウが酸化したり、醸造工程の前に自然発酵するという2つのリスクがあった。

　第二次世界大戦前の生産者は、近代的な醸造学の研究成果に触れるすべがなく、酸化を防ぐ方法や、ブドウのみずみずしくフレッシュな香りを最大限に抽出する技術を知ることはできなかった。昔は、発酵の状態を予測できる培養酵母や、酸化を防ぎ新鮮さを保つ亜硫酸を簡単に添加できる錠剤がなく、きりっとした辛口の白ワインを造ることができなかった[*20]。白ワインを楽しみに待っている消費者へ届く途中で酸化することもあった。

　しかし、フリウリとスロヴェニアの生産者には、酸化問題に対する「秘密兵器」があった。それが「果皮との長期マセレーション」で、家族代々、何世紀にも渡って受け継いできた手法だった。白ブドウを果皮と一緒に1週間以上マセレーションしながら発酵させると、風味と香りがより豊かになる。同時に、タンニンが加わり、ワインにしっかりした骨格ができ、頑丈で長期熟成に耐えるワインになる。醸造家のスタニスラオ・ラディコン（通称：スタンコ）は、ちゃんと覚えていた。家族が飲むワインを仕込む時、丸1年も風味が劣化しないワインを造る唯一の方法として、祖父がリボッラ・ジャッラをマセレーションしていたことを。

---

*20　醸造所に自生していたり、果皮に付着した野生酵母で発酵させると、ブドウの糖分がすべてアルコールに変わってしまい、辛口ワインになる保証はない。

数日、数週間もマセレーションして白ワインを造る方法は、アドリア海沿岸のいたるところで目にする。19世紀の文献にも多数の記録が残っている。現在もスロヴェニアの主要ワイン産地のひとつであるヴィパーヴァで、1844年に刊行された『Vinoreja ze Slovence(スロヴェニア人のためのワイン醸造法)』は、スロヴェニア人の有名な作家で司祭、農業にも従事していたマティーヤ・ヴェルトヴェッチによる書物だ。今は廃れてしまった古風なスロヴェニア語の方言で書いてある。オスラヴィアから40㎞東に行ったスロヴェニアの小さな村ヴィパーヴァが、ヴェルトヴェッチの故郷である。

　ヴェルトヴェッチは広い見聞と高い教養を持っていた。優れた演説家でもあり、説教は大衆を魅了した。ヴェルトヴェッチが著わした実用的な醸造マニュアルは、教育を受けていない農民でも簡単に理解できるよう分かりやすく書いてある。その一方で、驚くほど詩的な箇所もある。調査は非常に入念で、ヴェルトヴェッチ自身の実験に基づく部分もある。だが、同書の冒頭には、以下の「警告文」がある。

> 　神がいかなる善を為そうとも、厚顔無恥にして忘恩の愚民が無為の物にする。葡萄酒は神から賜った特別な贈物であり、人々の心に歓喜をもたらすと聖書も讃える。よって、人間は、精神的に、あるいは、肉体的に救済を要する折々に、節度をわきまえて嗜まねばならぬ。さすれば、ランプの油のように命の炎を灯し、末長く健全な人生を過ごすことができるのである[21]。

　ヴェルトヴェッチの同書には、醸造技術の詳細や自身の考察も数多く載っている。その中で、「ヴィパーヴァのブドウでワインを造る場合、『24時間から30日間』、果皮と一緒に漬けておくとよい。これにより、ワインの風味と持ちを良くし、確実に発酵が進んで辛口に仕上がる」と書いている。同書では、果皮と一緒に発酵させる醸造法を「古来のヴィパーヴァ方式」と呼び、150年以上前には確立していたと記している[21]。

　だが、ヴェルトヴェッチが同書を著してから1世紀経った1960年代から1970年代、「古来のヴィパーヴァ方式」は急速に廃れる。フレッシュな白ワインを造れるマリオ・スキオペットの新方式がフリウリ・コッリオ一帯、さらに、イタリア全土へ広まり、長期マセレーションは昔の素朴な造り方として、懐かしい思い出へ変わる。垢抜けないワインなので、農家の日々の食卓に並べるにはいいが、ボトルに詰めて華やかなヴェニスの大邸宅には売れないと考えられたのだった。

---

*21　Matija Vertovec, Vinoreja za Slovence (Vipava, 1844)

スロヴェニアの司祭にして農学者だったマティーヤ・ヴェルトヴェッチ。残存する唯一の写真

1970年代に入り、イタリア全土を市場にしたワイン生産が、フリウリの住民の生命線になろうとしていた。フリウリは2つの世界大戦を何とか生き抜いた。深刻な過疎化、食料難、イタリア全土で農村部の土地を捨て都市部へ移り住む動きが止まらない中、フリウリは貧困にあえぎ、インフラの整備は進まず、主要な産業であるワイン造りの足を引っ張った。1976年5月6日、フリウリに再び災害が襲う。マグニチュード6.5の大震災に遭い、たった1分でフリウリとブルダー一帯の多数の村が壊滅。1000人近い住民が命を落とす。計77の市町村が被災し、157万人が家を失うが、ブドウ畑は無傷で残り、1976年の収穫が住民の希望の光となった。ブドウとワインは、突如、燦燦と輝く「フリウリの未来」に変身し、復興のシンボルとなる。

ルネッサンス期のオレンジワイン？

　マスター・オブ・ワイン^(訳注1)の資格を持つ、イザベル・レジュロンは、2004年の著書、『自然派ワイン入門 (Natural Wine: An introduction to organic and biodynamic wines made naturally)』の中で、「ルネッサンス絵画に登場するワインが無色透明ではなくオレンジに見えるのは、オレンジワインを飲んでいたから」と述べている。興味を引く解釈だが、オランダの歴史学者にしてワイン専門家のマリエラ・バッカーは、真っ向から反論する。

　「絵画に描いたオレンジ色のワインは、極甘口のデザートワインの可能性が高い。デザートワインは貴族が嗜んだ高貴な飲み物で、当時のステータスシンボルだった」とバッカーは解説する。ワインの色が濃い件には諸説ある。当時、ワインはガラスのボトルに詰めておらず、樽貯蔵だったので樽の色が移ったとの説や、発酵の科学的知識がないため、白ワインが非常に酸化しやすく、色が濃くなったとの説もある。

訳注1　ワイン業界で最難関の資格。世界で約250人、日本在住のマスター・オブ・ワインは大橋健一の1人だけ。

19世紀のオーストリア＝ハンガリー帝国の
オレンジワイン

　司祭で作家のマティーヤ・ヴェルトヴェッチは、この章でも前述した著書『Vinoreja ze Slovence(1844年、ヴィパーヴァで刊行）』の中で、ヴィパーヴァや、スロヴェニアの他の地域でも果皮を一緒に発酵させることは一般的だったと記している。このスタイルで造ると、ワインが安定し長持ちするという大きな利点を認めているものの、ヴェルトヴェッチ自身はこの醸造法を強くは薦めなかった。代わりに、クロスターノイブルク・ワイン学校の校長、アウグスト・ヴェルヘルム・フォン・バボの言葉を延々と引用した上、「北部方式」や「ドイツ方式」と名付けた白ワイン製造法を絶賛している。これは、白ブドウを圧搾して搾汁し、果皮を除いてオーク樽で発酵させる方式である。

　ヴェルトヴェッチは、ヴィパーヴァ方式とドイツ方式の長所と短所を簡単にまとめ、ドイツ方式のワインの方が「飲むと食欲が増し、美味である」と高く評価した。一方で、高貴な香りに欠け、アルコール度も低いと指摘。タンニン分が少ないため、体が弱く虚弱体質の人には健康的な飲み物とはいえず、薦めないと書いている。ヴェルトヴェッチは、1820年代、自身で実験した結果を踏まえ、ヴィパーヴァには最長で1カ月もマセレーションする醸造家もいることに触れつつ、マセレーションの最適の期間は4日から7日間であると結んでいる。

　ヴェルトヴェッチは、北部と南部での発酵方式の違いをかなり詳細に記した。北部の寒冷地では、通常、ブドウを圧搾して果汁のみを樽に入れて蓋をする。樽の中で果汁を発酵させるが、気温が低いため、時間がかかることがあると書いている。寒い北部では、南の人々よりもよりたくさん飲み食いしないと満足しないとも書き、暗に、北部の人々は文明的に少し遅れており、異常に酒を好む傾向にあると記している。

　温暖な南部の土地では、上部が開いた開放槽でブドウをマセレーションするのが普通で、早く、速く、活発に　発酵させる。発酵温度の調整方法まで詳しく書いており、温度の制御のために醸造室の戸を開閉することや、温度が上がりすぎて緊急に冷却が必要な場合は、発酵槽に蓋をして上から水をかける方法を紹介している。

　ヴェルトヴェッチの書には、フリウリ・コッリオ（当時は、ほぼ全域がオーストリア＝ハンガリー帝国の領土）では、北部の製法の方が人気だったとの謎の記述があり、少し勘違いがあるように思う。現在のコッリオの生産者に聞くと、きちんとした文献は残っておらず、口伝えなので裏付けは乏しいものの、口を揃えて、祖先は代々、果皮も一緒に白ブドウを発酵させていたと言っており、ヴェルトヴェッチの記述と一致しない。

ヴェルトヴェッチの書では、赤ワインか、白ワインのどちらを書いているのか不明な箇所が少なくない。当時、赤ワイン用と白ワイン用でブドウを分けなかったからだろう。アルトゥル・フライヘル・フォン・ホーエンブルクがウィーンで1873年に出版した好著『Die Weinproduction in Oesterreich(オーストリアのワイン生産)』を読むと、もう少しはっきりしたイメージが湧く。本書は、細かく調査した結果をまとめた力作である。同書では、ヴィパーヴァの渓谷で造る独特の白ワインは、骨格がしっかりしてタンニンの渋みがあり、5、6日間のスキンコンタクトをして造ると明記している。他のオーストリア＝ハンガリーの地域、例えば、ダルマチアでは、通常、黒ブドウと白ブドウを混ぜてワインを造っていると記されている。シュタイアーマルク州 (現在のオーストリア側かスロヴェニア側かははっきりしない) では、リースリングとマスカットは、果皮と一緒に発酵させると書いている。

　ヴェルトヴェッチとフォン・ホーエンブルグがそれぞれ著わした2冊からはっきりと分かるのは、南ヨーロッパ (地理的には、オーストリア＝ハンガリー帝国とイタリアの大部分) での伝統的で簡素なワイン醸造法は、現在のオレンジワインを造る方法であり、ドイツや北フランスで一般的な北部方式の醸造法は、白ブドウを圧搾後、すぐに果皮を取り除き、より軽くエレガントなワインを造ることを目的とした方法ということである。

　フランツ・リッター・フォン・ハイントルは、1821年、ウィーンで、『Der Weinbau Osterreichischen Keiserthums(オーストリア帝国のブドウ栽培)』を出版し、オーストリア＝ハンガリー帝国の中には、白ワインを赤ワインと同じ方法、すなわち、上部が開いた開放槽で発酵させるのが一般的な地域もあると書いている。19世紀のドイツとオーストリアの他の文献にも、簡単ではあるが、この醸造法に触れているものが多数ある。

　ワインの歴史を古代に遡ると、白ワインと赤ワインの醸造法を区別するのは難しい。大昔は、いろいろなブドウをまとめて一緒に栽培・収穫し、混醸してワインにしていた。例外は、世界でも非常に少なく、何世紀にも渡って高価で上質なワインを造ってきたボルドー、ブルゴーニュ、モーゼルなどの地域だけである。

　歴史研究家ロッド・フィリップスは、著書『A short History of Wine(ワインの短い物語)』で、古代のギリシャ人もローマ人も、赤ワインと白ワインをきちんと区別していなかったと述べ、黒ブドウも白ブドウも、果皮と一緒に発酵させていたと推測する。ただし、古代ローマ人は極甘口の白ワインを珍重したとも記している。これは、マデイラワインのように意図的に酸化熟成させた白ワインだろう。

5

フリウリ第二次ワイン革命

Friuli's second winemaking revolution

今や、世界的な醸造家との名声を得ているヨゼフ・グラヴネルだが、1968年以前は自分の
ワインをボトルに詰めて世界中で売ることなど想像できなかった。昔は、醸造所のボッ
ティでワインを熟成させた後、デミジョンズ[*22]に入れて地元のレストランやバーに卸していた。
息子のヨスコいわく、「父は少ししかワインを造らなかったが、美味しかった」。ヨゼフはよく冗談
で、最高の肥料はウサギの糞から採れると言い、量より質の大切さを説いた。グラヴネルが成功
したのは、醸造施設の衛生管理を徹底したことによる。醸造学の正しい知識がない時代、見過
ごしてきたことだ。

ヨゼフ・グラヴネルは、誠実さだけでビジネスができる時代に生きた。「良いものを造れば、必
ず売れる」。それがヨゼフの哲学だった。ヨスコは父のそんな言葉を肝に銘じながらも、質から
量へ手を広げられると考えた。1973年、父親のヨゼフからゴリツィアのレンツォロ・ブランコ9番
地に建つ醸造所を受け継いだ当初は、当時、新進気鋭とされたマリオ・スキオペットのビジネス
戦略からヒントを得ようと、さまざまな近代的な試みをした。当時を振り返り、ヨスコは言葉を選
びながらこう語る。「スキオペットは確かに切れる男だった。しかし、少し金に細かったように思
う」。

1980年代には、フリウリは、クリーンで香り高い白ワインができる銘醸地としてイタリア全土
で認知を受け、新しいアイデンティティを手にした。

---

*22　20〜60リットル入るガラス瓶で、胴が広く首が細い。

フリウリでは、ナポレオンの時代から、シャルドネ、ソーヴィニヨン・ブラン、ピノ・グリージョなど、いわゆる高貴品種として国際的に有名なブドウを大量に育てていた。ヨスコ・グラヴネルは、このブドウを低温発酵させ、フレッシュな白ワインを造る革新的な方法をいち早く確立させた。フリウリが白ワインの楽園なら、ヨスコは楽園の領主と言える。

左から、ジョルジョ・ベンサ、エディ・カンテ、ヨスコ・グラヴネル、スタンコ・ラディコン、ニコロ・ベンサ。1992年

グラヴネルは、知的で沈着冷静、時々、小さいことで落ち込むことはあるが、向上心があり、限界に挑戦する熱情も持っていた。近代的なブドウ栽培にもいち早く取り組み、グリーンハーベストも積極的に取り入れた。グリーンハーベストとは、夏季に、成熟していない房を取り落として残した房に養分を行き渡らせ、少量ながら品質の高いブドウを収穫する技術である。いまでは、上質なワインを造る生産地では一般的な方法だが、2度の大戦で深刻な食糧難を生き延びたオスラヴィアの長老には、自然の賜物であるブドウを切り落として地面に捨てる行為は、神をも畏れぬ悪業に見えた。グラヴネルがこれを始めたのは1982年からだが、長老連中はグリーンハーベストを阻止しようと何年間にも渡ってグラヴネルの邪魔をしたらしい。

　1985年から1999年にかけて、グラヴネルと同様、ワイン造りを改革したいとの情熱にあふれる醸造家がグラヴネルの元に集まり、試飲や勉強会を開いていた。スロヴェニア系の醸造家が中心で、メンバーには、スタニスラオ・スタンコ・ラディコン、エディ・カンテ、ヴァルテル・ムレチニック、ニコロ・ベンサ、ジョルジョ・ヨルディ・ベンサ（ラ・カステッラーダ）、アンジョリーノ・マウレ（ラ・ビアンカーラ）、アレッサンドロ・スガラヴァッティ（カステッロ・ディ・リスピーダ）がいた。1980年代末から1990年代初期に撮影した古い写真には、ワイン改革の推進力となった新進気鋭の醸造家が映っており、整列して気取ったポーズをしているが、情熱でギラギラしている。グラヴネルは、「G ^(*23)」というタイトルの小冊子を2冊書いた。初めの章で、このグループのことを以下のように非常に好意的に記している。

　ニコ、バルテル、アンジェリーノ、スタンコ、エディ、アレッサンドロは友人であり、ワイン造りの仲間でもある。真剣にワインと取り組み、すぐに金になる安易な方法に逃げることはない。質の高いワインを造るためにすべきことをわきまえ、醸造所でもブドウ畑でも、朝から晩まで、その通りに働く誇り高きコンタディーニ^(*24)だ。

　　　皆で集まっては、アイディアを出し、ワインを飲み比べた。それぞれが進む道は険しい。
　　　何年も苦労するし、失敗し、時には報われる。我々はその失敗から学ぶのだ。
　　　そして失敗は、いつの日か、今まで造ったどんなワインよりも優れたワインを造るのに
　　　役に立つ。

　しかし、皮肉なことに、1997年にこの小冊子を出版したすぐ後、グラヴネルはこの仲間との関係を完全に断ち、独りで探求の道へ入ってしまう。

---

*23　1997年、グラヴネルが個人で出版。友人やワイナリーの訪問者に配った。

*24　農民のこと。第4章の冒頭にもあるように、侮蔑のニュアンスを含む。

左から、アレッサンドロ・スガラヴァッティ、ジョルジョ・ベンサ、アンジョリーノ・マウレ、スタンコ・ラディコン、ヨスコ・グラヴネル、エディ・カンテ、ヴァルテル・ムレチニック、ニコロ・ベンサ。1990年代半ばの撮影

　このグループのメンバーは、指導者、同業者、弟子が入り混じった非常に複雑な関係にあったが、グラヴネルが求心力になっているのは確かで、常に写真の中心に映っていることからも明らかだ。エディ・カンテも当時を振り返ってはっきり言っている。「グラヴネルが先生で、僕たちは生徒だった」。グラヴネルは、スキオペットが広めたようなスチールタンクで発酵させ、果実味がありフレッシュな白ワインを造るだけでは満足しなかった。さらなる高みを目指し、ワイン王国、フランスの、中でも上質なブルゴーニュワインにヒントを求めた。1980年代半ば、凝縮感と複雑さを出すため、フランス産オークの新樽（バリック）でワインを熟成させるようになる。ワインは、多方面から絶賛され、数々の賞も受けたが、グラヴネルは満足しなかった。

醸造所に最新鋭の設備を揃え、高価なフレンチバリック（小型のオーク樽）を使ったことは、逆に、グラヴネルのワインにあったフリウリのアイデンティティを殺すことになった。近代的で科学志向のワイン造りにより、フリウリが大戦後、イタリア全土で有名になったことを思うと、壮大な皮肉といえる。カリフォルニアで目が覚めたグラヴネルは、自分のワイン造りの基本を他所に求めようとした。2人の友人、ルイージ・ジーノ・ベロネッリ（イタリアの高名なワイン評論家。詩的にワインを表現したことで有名）と、ミラノ大学のアッティリオ・シエンツァ教授（ブドウ生物学と遺伝子学におけるイタリアの権威）と話した時、ヒントが偶然見つかった。2人は揃って、ワインの発祥地とされる古代メソポタミアのワイン造りを調べてはどうかとアドバイスした。グラヴネルは、言われた通りに古代のワイン造りの情報を集めるうちに、メソポタミアの北西、コーカサス山麓のジョージアへたどり着く。

　現在、ワイン発祥の地として世界で広く認知されているのがジョージアである。ワインを飲んでいた記録は8000年前に遡り、考古学的な史実として8000年前のクヴェヴリ（ジョージア式のアンフォラ）の底部の破片からブドウの種が見つかった[*25]。ジョージアは、1991年までロシア連邦の一部だった。グラヴネルが古代製法に興味を持った1980年代後半も、ジョージアは鉄のカーテンの中にあり、気軽に観光で訪れるのは不可能だった。熾烈な軍事クーデターに端を発して、テロが10年近く続き、1993年には内戦が起き、慢性的に政情不安となる。それでもグラヴネルは、古代の伝統的な製法に強く惹かれ、地中に埋めたアンフォラの中で、人間がまったく介入することなく発酵させるワイン造りに没頭した。

　グラヴネルがオレンジワイン造りで最初に試したのは、アンフォラを使うことではなく、白ブドウを皮ごと発酵させることだった。1994年、少量ではあるが成功したことで、シンプルにワインを造ること、および、原点への回帰が鍵になると分かる。グラヴネルは、戦後のワイン造りの象徴となった近代的な技術による醸造を捨て、父親や祖父の代にやっていたようなシンプルなワイン造りへ戻った。1996年の夏、雹のまじった嵐に二度も襲われ、丹精して育てたリボッラ・ジャッラの95％が壊滅する。リボッラ・ジャッラとは、グラヴネルの畑で最も重要なフリウリの固有品種の白ブドウである。

　この「神が与えた試練」は、結果的には破壊から再生へとつながる、大異変であった。家屋の壁に守られて嵐の被害に遭わなかったひと握りのブドウをかき集め、培養酵母を添加する・しない、長期スキンコンタクトをする・しないなど、いろいろな手法を試した。そのときにできたワインは商品にはならなかったが、グラヴネルには進むべき道が見えた。

———

*25　Patrick McGovern et al,'Early Neolithic wine of Georgia in the South Caucasus' 2017年11月、米国科学アカデミー紀要のウェブサイトに掲載（https://doi.org/10.1073/pnas.1714728114）。

アンフォラの到着。ヨスコ・グラヴネルのもとへクヴェヴリが届く。2006年。

　1997年、世界自然保護基金のジョージア支部に勤める友人が、グラヴネルのために、230リットルの小さなクヴェヴリを密かに持ち出してくれた。底が尖ったこのテラコッタは、首まで地に埋め、小さな口だけを地上に出して使う。同年の秋、グラヴネルはこの壺で実験的に少量の白ワインを醸してみた。場所はフム(*26)にある祖父の家の小さな醸造所。何年も何度も試行錯誤を繰り返してきたし、その間、ずっと行きたいと思っていたジョージアへの訪問も叶わないままだった。そんな万感のの想いを胸に、感動の瞬間を迎えた。「テラコッタの中でワインが発酵するのを見て、心が震えたよ」。歓喜に震え、その瞬間、「もう二度と、ワインの発酵を分析したり、人の手で制御するようのは止めよう」と心に決めた。

　同年から、グラヴネルは、スラヴォニア製のオーク大樽のみを使い、発酵、熟成させる。高価な温度制御機能付きタンクとフランス産のバリックは、密かに地元の他のワイナリーに売り払った。白ブドウはすべて12日間、果皮と一緒に発酵させ、濾過も清澄作業もせず瓶詰めした。そうしてできたワインは深い琥珀色で、無濾過のため少しにごっている。スパイスと乾燥ハーブ、秋の甘い果物の蜜のような心浮き立つ香りがした。

———

*26　イタリアとの国境近くにあるスロベニアの広大な村。ヨシュコ・グラヴネルの住居、および、ワイナリーから2kmの距離。

このワインは、コッリオで当時生産していたワインと全く違う。それどころか、今まで、ボトルに詰めて出回っていたイタリアのどの白ワインとも一線を画す。発酵で果皮とマセレーションする醸造法は、フリウリ・コッリオの丘と同じくらい古い歴史があるが、ボトルに詰めて売れるほど上質のワインになるとの認識はなかった。グラヴネルの最初の試練は、コッリオの生産者協会に自分のワインをDOCとしての原産地呼称を認めさせることだった。イタリアワイン業界で絶大な影響力を持つ老舗雑誌『ヴェロネッリ』を創刊したワイン評論家ルイジ・ヴェロネッリの仲介により、1998年は2回目の申請で、なんとか1997年ヴィンテージのワインがDOCの認定を受ける。

だが翌年、DOC認定で実施する官能検査（委員による試飲）を受ける前に、何の疑いもなく「DOCフリウリ・コッリオ」と記載したラベルを印刷していたのだが、ここでトラブルが発生した。生産者協会は、他のワインと比べて個性が立ち過ぎたアンバーワインを認めず、1998年の「ブレグ」と「リボッラ・ジャッラ」の両方をIGTヴェネチア・ジュリアに格下げした。もちろん印刷済みのDOCのラベルは使えず、刷り直しを余儀なくされる。グラヴネルの協会に対する我慢はここまでだった。この直後、協会とは決別し、以後、戻ることはなかった。

2000年、ラベルに記載した格付けとは別に、さらに大きな試練に見舞われる。グラヴネルが新たな手法で醸造した新ワインの初ヴィンテージ、1997年物が熟成して出荷できるようになり、その年の割り当て分をイタリア全土に発送した。だが、その直後、権威あるイタリアワインガイドブック『ガンベロ・ロッソ』が、グラスの数による評価（最低がゼロ個、最高が3個）を発表し、評価に対するコメント記事に驚愕の見出しが踊った。「ヨスコ、正気を失う。帰って来いヨスコ。みんな待っている」。見出しの下には、フリウリのスター生産者、スキオペット、イエルマン、フェッルーガの詳しい紹介が続くが、1人だけ完全に抜けている。グラヴネルだ。

ヨスコは記事を読むと、涙が止まらなかった。原点に返るという自分のやり方に対する不当な仕打ちと偏見だけではない。この記事の意味するところが分かっていたからだ。『ガンベロ・ロッソ』がイタリアのワイン愛好家と専門家に与える影響は計り知れない。グラヴネル1997年の発注はキャンセルが相次ぎ、配送しても受け取りを拒否する店もあった。1997年物の8割がたをテイスティングすらせず返品してきた。ようやく進べき道を見つけたと確信した今、グラヴネルはひたすら耐えるしかなかった。

1990年代の終わり、さらなる犠牲を払わねばならなかった。グラヴネルを慕って集まり、硬い絆で結ばれていた仲間と袂を分けたのだ。1998年には、グラヴネルは仲間と一緒に議論し、力を合わせてよりよいワイン造りを模索する必要はないと考えるに至った。いろんな意見や考え方が出て衝突し、自分の道から逸れることを恐れた。「エベレスト登頂は、バスに乗ってはできない」がグループ解散の理由だ。仲間の1人だったアンジョリーノ・マウレは言う。「1998年、ヨスコは自分の『子供たち』との臍（へそ）の緒の関係を切りました。私も『息子』の1人でした」。ヨスコの娘マテヤは、政治的に分析する。「目立ってはいませんでしたが、仲間内では常に競争がありました。考えてください。1つの輸入業者が売るのはラディコンか、ウチのワインのどちらか1つ。同じ村で同じようなワインを造る複数の生産者からは買わないでしょう。結局、この競争で、一緒によいワイン造りを目指すことが難しくなったと思います」。

畑に立つスタンコ・ラディコン。2011年

グループの解散を惜しんだり、グラヴネルの成功を快く思わない仲間もいたが、みんなで作り出したものは想像を絶する大きな成果を上げた。グラヴネルのもとで知識や経験を積んだ醸造家が中心となって、さらにワインの質を上げようと情熱を燃やす生産者が、北イタリアやスロヴェニア西部まで広がっている。スキオペットが先頭を切った近代的ワイン製造の革命だけが目指す道ではないと、みんなが確信した。

　グループの解散後、メンバーの多くが次々と自力でアイコン的な生産者となる。エディ・カンテは、最終的には白ブドウのマセレーションは自分には合わないと判断した。石の多いカルソ地区で造る緻密で表現力の豊かな白ワインは有名で、カルスト台地の地下に3層のトンネルを掘り、カンテ自身が描いた躍動感のある抽象画を飾った「規格外」の醸造所とともに、大きな評判になっている。ヴァルテル・ムレチニックの造る「アナ」は、ヴィパーヴァ渓谷のテロワールを鮮やかに表現している。アンジョリーノ・マウレは、ソアーヴェの主要白ブドウであるガルガーネガで画期的なワインを造った。では、スタンコはどうなったか？

　スタンコの住居と醸造所は、グラヴネルの玄関先から丘を400メートル登ったところにある。かつて車の整備士として働き始めたスタンコに、2歳年上のグラヴネルが、ブドウ畑の仕事に戻ってはどうかと勧めた。ラディコンはグラヴネルの言葉に従って畑に戻り、1979年、正式に家業を継ぐ。

　ワイン革命の中心となった2人は、グラヴネルが1990年代にグループを解散するまでのほぼ20年、親密な付き合いが続いた。ラディコンは優しく謙虚な男で、グラヴネルのように1つのことにのめり込むタイプではなかった。顔をしかめて、人を見定めるような眼差しをする癖があるが、実際はニコっと微笑んでクスクス笑う。2世代前、ラディコンの祖父は先を見据え、第二次世界大戦後、荒れ地を買ってブドウを植えた。自分の祖父や父が戦争で壮絶な破壊に巻き込まれたことが、自然とともに生き、環境に配慮することを最重視するラディコンの原点となっているようだ。戦争の悲惨さを忘れないよう、第一次世界大戦から第二次大戦までの不発弾から旧式の弾薬筒まで、敷地のいたる所に置いてある。

　銘醸畑スラトニック^{（訳注1）}は、サボティーノ山に面している。サボティーノ山は、前章でも述べた悲惨なイゾンツォの戦いの主戦場だった。ラディコンの息子サシャは、1990年代になってもまだ、山の上部半分が禿山のままだったことを覚えている。それから20年以上経ってようやく自然が再生し、山頂も緑を取り戻した。

訳注1 「ラディコン・スラトニック」は、息子サシャのアイデアによるセカンドライン。シャルドネとフリウラーノのブ
　　　レンドで、マセレーションの期間は2、3週間と父のワインより短い。

ラディコンにある開放型発酵槽

　21世紀、いまでこそ有機的な自然農法は、世界のトップレベルのワイン生産者にとって無条件に採る選択肢だが、ラディコンが始めた1980年代には、その名のとおり「ラディカル(革命的)」だった。1980年代から1990年代初めまで、グラヴネル同様、ラディコンも近代的な造りの白ワインで大きな利益を上げた。枯れることがないラディコンの熱意はそれに満足しなかった。1995年、突如、ひらめく。リボッラ・ジャッラは、ブドウ畑でそのまま食べると、魅力にあふれた独特の香りと風味があるのだが、ワインになると、それがなくなっていることに気付いた。ラディコンは225リットルの容量サイズの予備のバリックでリボッラ・ジャッラを1週間、スキンコンタクトして発酵させてみた。祖父が50年前にやったのと同じ方法だ。

　発酵が終わったワインは、神が降りたようだった。ラディコンは言う。「最初のひと口を飲んで、全く別物になったと思いました。今までに味わったことがない完全に新しいワインで、どんなワインとも違っていて、ドキドキしました。飲んだだけで、身体中の血が熱くなりましたね」。ラディコンとグラヴネルが2人揃って、ほぼ同時期に、古来の醸造法へたどりついた。これは偶然なのか。2人は「言葉を交わさなくても相手の考えが分かる」とテレパシーで通じているかのごとく言われるのだが、1990年代に集まっていた頃のグラヴネルのグループで、いつかの時点で、長期マセ

レーションというアイディアを検討したのだろう。グラヴネルはこう付け足す。「スタンコか私か、どちらが最初だったかは重要じゃない。オスラヴィアで最初にワインを造った500年前のやり方に、2人とも戻ったんだ」。

何事も中途半端にしないラディコンは、ワイナリーの白ワインをすべてスキンコンタクト方式に切り替えた。後日、この決断の理由をこう話す。「大変革を起こすタイミングは2つ。全てがうまく行っている時と、全てがダメな時。幸い、2人はうまく行っている時だった」。その後、数年間、試行錯誤を繰り返し、ついに最適なスキンコンタクト期間を知るにに至った。最長で6カ月までスキンコンタクトさせた結果、最終的に2、3カ月が最適と判断した。現在、ラディコンの人気の銘柄である「オスラーヴィエ」、「リボッラ・ジャッラ」、「ヤーコット」[27]は、秋の紅葉の色をたたえ、濾過せず濁りを残している。光り輝くように生命感にあふれ、表現力に富んでいる。

ラディコンが新しいタイプのワインを市場にリリースした時、グラヴネルの場合と全く同じで、公然と批判する声はないにしても、消費者はどんなワインなのか判断しかねているようだった。ラディコンは気落ちせず、本物が分かる客がいずれ自分のワインを手に取ると楽観視していた。実際、予想通りになり、しかも、以前とは全く違う客層がラディコンのワインを手にしたのだ。最初に市場に出たラディコンのオレンジワインは1997年物で、グラヴネル同様、雹の被害を受けた1996年物の販売は見送らざるを得なかった。1995年に手さぐりで造ったリボッラ・ジャッラは、ボトルに詰めたが販売には至っていない。2016年に、その1995年物を試飲したラディコンは、なんとも言えない複雑な表情をした。ワインに個性はなく、引きこもりの10代の少年のように、自分に自信がなく、新しいスタイルが合っていなかった。

2016年に死去するまで、36のヴィンテージのワインを造ったラディコンのワイン人生は、常に「革新」を求めた。発明に憑りつかれていたようなところがあり、発酵工程での過酷な作業であるパンチングダウン（訳注：発酵槽の上に固まった果皮や果梗を下に突き崩すこと。発酵槽の上部は二酸化炭素が充満しているし、中に落ちて落命する事故が多く、重労働の上に危険な作業）を自動化する装置を設計した。原始的なロボットアームを台座に据えただけの装置に見えるが、今でも現役で使っている。長期スキンコンタクトの副次的な効用として、ワインを安定させるため添加する亜硫酸の量を減らせる。果皮から出るポリフェノール類が、長期保存に大きな効果があるのだ。2002年には、亜硫酸なしでも劣化しないと自信が持てたため、思い切って亜硫酸の添加をやめた。10年後には世界中で亜硫酸の無添加が急加速するが、その先取りとなった。

———

*27 「ヤーコット」は、フリウラーノ種100％で造ったラディコンのワインで、フリウリの意地が詰まった「反骨的」な名前である。フリウラーノ（別名、ソーヴィニヨンナッセ、ソーヴィニヨン・ヴェール）は、フリウリ地方ではずっとトカイ・フリウラーノと呼んでいたが、2008年EUがその名称の使用を禁じる。ハンガリーが、自国のトカイワインとの混同を懸念して申し立て、EUが認めたことによる。ラディコンは大胆に「反撃策」に転じ、トカイ（Tokay）のスペルを逆にして「ヤーコット（Yacot）」とする。この名前は、フリウラーノ種の「スタイリッシュな別名」として、ダリオ・プリンチッチ、フランコ・テルピン、アレクス・クリネッツなど多数が使う。

2002年、ラディコンとエディ・カンテは、新しいボトルとコルクを試作する。1回の食事で、従来の750ml^(訳注1)ボトルは、1人で飲むには多過ぎ、2人では少ないとの不満を持っていたためだ。ラディコンのプレミアムワインは、現在、500mlと1リットルの瓶に入っている。コルクは特別製で、従来のマグナムボトル^('28)の瓶とコルクに注目し、大きさ・長さの割合・比率と同じにした。エディ・カンテは1リットル瓶について、「2人が飲むのにピッタリだよ。どっちか1人だけが飲むんじゃなければね」との冗談でいつも人を笑わす。

　ラディコンは、甘美なワインを造ることだけに人生を捧げてきた。飾らず見栄もはらないラディコンに相応しい。世界中に熱狂的なファンがいる人気醸造家になっても、質素な家に住み、亡くなった2016年までずっと、訪問客と自宅のキッチンテーブルで試飲していた。ワイナリーも質素を絵に描いたもので、古い醸造所にはスラヴォニアオークの発酵槽が並び、大きなボッティでワインを熟成させている。息子のサシャは、醸造所を訪ねた客に、必ず貯蔵庫の漆喰がはがれた壁を見せる。岩肌がむき出しになって岩塩がこびりつき、水が染み出ている。サシャがおどけて言う。「これがウチの温度調節システムさ」。

　ラディコンの晩年の最後の数年は、癌との壮絶な戦いだった。亡くなる数週間前、ラディコンは、いつものようにキッチンテーブルに座って精力的にワインを試飲し、バックヴィンテージのボトルを次々と開けながら、政治からワイン造りまでいろんな話に花を咲かせた。自分の人生に満足しているかと聞くと、「まぁまぁだね」と答えた。謙虚で知的で強い信念を持つ男の、いつも通りの控えめな答えだ。妻のスザーナは最後まで諦めていなかった。「夫は、今、全力で戦っています。絶対、病気に勝ちます」。

　望みは叶わず、2016年9月11日、収穫が始まる数日前にスタンコは亡くなった。享年62。早すぎる死だった。サシャは、21世紀に相応しくFacebookで父の死を世界中に配信した。悲しみに満ちたその投稿には、こうあった。「今夜、同士であり仲間が天に召された。私にはかけがえのない父だった。さようなら、スタンコ」。

―――
'28　マグナム瓶のような大型ボトルでは、ワインがゆっくりと着実に熟成することは周知の事実である。これは、ネック部（とコルク）と、ボトル部の大きさの比率が関係し、通常の750mlの瓶に比べ、マグナムボトルの方が比率は小さい。比率が小さいと、ワインがボトルやコルクに触れる割合が少なくなり、空気との接触面積が減る。

訳注1　マボトルが750mlになったのには、以下の諸説があるが、決定的なものはない。①昔、英国で、手吹きボトルが600mlから800mlの間だったが、標準化のため、1ガロンの1/5（757ml）にした、②グラスを手吹きで作っていた昔、ガラス職人が一吹きで作れるボトルの平均容量が750ml、③成人男子が1回の食事で飲むのに適量だった（昔のワインはアルコール度数が10%パ前後だったので、1本飲めた）。

ワインの香りを嗅ぐスタンコ・ラディコン。2011年

グラヴネルでは、発酵中、段ボールでクヴェヴリに蓋をする

サシャ・ラディコンは母親とよく似ている。2人とも体格が良く、最初は無愛想に見えるが、ひと言話すと、優しく思いやりにあふれていることが分かる。自分がワイナリーを継ぐ話は出なかったとサシャは言う。ただ、父親と昔から一緒に、ワインを造ってきた。サシャが、自分で造った「Sシリーズ」のワインを発表したのは10年以上前で、シャルドネとフリウラーノをブレンドした「スラトニック」と、「ピノ・グリージョ^(訳注1)」の2種類だ。スキンコンタクトの期間を短くした少し軽めのワインで、熟成期間も短くし、若いうちに市場へリリースする。スタンコのいない生活に慣れるのは辛いが、サシャは、醸造所に父と2人で造ったワインが並んでいるのを見ると、気持ちが温かくなるという。スタンコの手になるワインは伝説となって何年か先にボトルに詰め、ワインショップに並び、世界に広がる熱烈なファンを楽しませるだろう。

訳注1　商品名は「シヴィ」。「ピノ・グリージョ」が「シヴィ」になったのは、政治的な理由がある。マセラシオン発酵の白ワインは2005年のヴィンテージから、「DOCコッリオ」を名乗れるが、「色は麦藁色のエレガントな黄色であること」との細則が付く。また、長期スキンコンタクトをラベルに合法的に表示できない。ラディコンは、許容範囲が緩くDOCより格下の「IGTヴェネツィア・ジュリア」を名乗ったが、これが2017年にDOCへ昇格したため、「色」の要件を満たさないラディコンのピノ・グリージョは新DOCを名乗れない。結局、最下位の「ヴィノ・ダ・ターボラ」にせざるを得ず、「ヴィノ・ダ・ターボラ」では品種名を表示できないため（ヴィンテージも表記できない）、新しい名前の「シヴィ」にした。

スタンコ・ラディコンと息子のサシャ。2014年9月

クヴェヴリで発酵中のリボッラ・ジャッラをパンチングダウンするヨスコ・グラヴネル。こうすると、果皮は中へ沈み乾燥しなくなる

オレンジワインの造り方

オレンジワインは必ず白ブドウで造る。ピノ・グリージョのように、皮がピンク色の品種も白ブドウとみなす。通常の白ワインは、果実、果皮、果梗をプレスし、果汁だけを搾り、発酵させるが、オレンジワインでは、果皮と一緒に、数日、数週間、数カ月、発酵させる（果梗を入れる場合もある）。

スタンコ・ラディコンの息子サシャは、本当のオレンジワインは、人間が発酵を起こすのではなく、自然に起きるのが望ましく、酵母は人工酵母や培養酵母でなく、土着の野生酵母が良いと考えている[*]。また、発酵時に温度制御をしてはならない。現代のワイン生産技術の主流になった低温発酵（12〜14℃での発酵）では、果皮の特徴を十分に抽出できなかったり、全く出ないこともある。天然酵母を使わない場合も、ブドウの特徴を引き出せない。

発酵では、上部が開いた開放発酵槽を使う（例えば、今ではあまり見かけないが、コッリオやスロヴェニアの生産者の大半が使っていた昔ながらの円錐形の木造発酵槽）。ラディコンやグラヴネルは、発酵中、頻繁にピジャージュ（英語でパンチングダウン。発酵槽の上に浮いて固まった果皮、種、果梗を突き崩すこと）する。発酵が終わると、発酵槽の上部まで発酵したワインを満たして空気部を最少にし、密封する。この時、発酵で発生した二酸化炭素がワインの酸化を防ぐ。

ほとんどのオレンジワインは、発酵期間中（通常、1〜2週間）にスキンコンタクトさせる。発酵後は搾って果皮や種からワインを分離し、澱引きすることが多い。澱を引いた後、樫樽、ステンレスタンク、アンフォラなど、生産者が最適と思う容器に入れ、数カ月、数年、熟成させる。

生産者によっては、果皮に抽出成分が十分にあると判断した場合、さらに数週間、数カ月、発酵槽でのスキンコンタクトを続ける。伝統的なジョージアの醸造では、アンフォラやクヴェヴリでワインを造る場合、果皮、果梗、種子（ジョージアでは、これをまとめて「醸母（mother）」と呼ぶ）とさらに長期間（3〜9カ月も）接触させることが多く、その間、生産者は一切、醸造に関与せず、自然にまかせる。

泡性のオレンジワインもある。数週間、数カ月、スキンコンタクトさせた後、ボトルにブドウ果汁を追加して密封し、瓶内で二次発酵させる。この方式で造ると柔らかく発泡し、イタリアでいう「フリッツアンテ」になる。この方式のスパーリングワインは、エミリア・ロマーニャに多い。

---

* 　ピエ・ド・キューヴ法（「発酵槽の足」を意味するフランス語の醸造用語で、野生酵母で発酵させること）では、ブドウ自身についた酵母により、最初に小規模のアルコール発酵を起こして野生酵母に刺激を与え、発酵槽全体の醸造を誘発させる。この方式は、発酵のどの過程でも人工酵母を添加しておらず、分類上は「野生酵母による自然発酵」とみなす。

ラディコン−リボッラ・ジャッラ

サシャ・ラディコンは、ブドウを除梗後、スラヴォニアンオークで作った大きな円錐形の開放式発酵槽に入れる。自然発酵が始まると、1日に4回、ピジャージュを実施し、果帽(果皮や種子が表面に浮かんで固まったもの)を沈める。この期間中、発酵槽は開いたままで、そこから発酵でできた二酸化炭素が逃げる。二酸化炭素が充満しているため、酸化の問題はない。

発酵が終わると、酸素が入らないよう発酵槽をワインで充填し、さらに、発酵槽を密閉して外気と遮断する。ワインは、さらに3カ月、スキンコンタクトさせ、澱を引いてからボッティ(大型のオーク樽)に入れる。ボッティで約4年熟成させてから、瓶詰めする。ラディコンでは、醸造から瓶詰めまでのどの段階でも亜硫酸は添加せず、また、ワインを濾過したり、清澄させることもない。

瓶詰め後、さらに2年間以上、瓶内熟成をさせてから市場に出す。

グラヴネル−リボッラ・ジャッラ

ヨスコ・グラヴネルは、ラディコンと異なり、果梗をつけたまま除梗せずに発酵させる。収穫したブドウはワイナリー内で、ごく微量の亜硫酸の粉をまぶす(これを実施するのは、最初の数箱のブドウだけであり、可能な限り清潔な環境で発酵させるため)。

発酵では、セラーに埋めたジョージア産のクヴェヴリしか使わない。ブドウはポンプではなく重力の作用で自然にクヴェヴリへ流し込み、発酵が自然に始まる。ピジャージュは、時間を厳密に決めており、午前5時〜午後11時まで3時間ごとに実施する。ピジャージュは重労働で、毎回、1時間以上かかる。発酵の期間中、クヴェヴリの口は段ボールで簡単に覆うだけで、ハエを寄せ付けないためである。発酵が終わると、クヴェヴリを厳重に密閉し、酸化を避ける。リボッラ・ジャッラの果皮や果梗は、約6カ月ワインと接触させる。この後、果皮や果梗を取り除いて澱引きし、別のクヴェヴリに移してさらに5カ月熟成させる。

1年後、ワインはスラヴォニア産オークで作った超大型の樽ボッティ(容量は2000〜5000リットル)に入れ、さらに6年間、長期熟成させる。最後に、ワインは濾過も清澄もせずに瓶詰めし、数カ月の瓶内熟成を経て発売する。

グラヴネルは、ワインを澱引きする際、微量の亜硫酸を添加するが、瓶詰めした状態での亜硫酸の総量は非常に少ない。

6

スロヴェニアの
新しい風

The Slovenian
new wave

オレンジワインの歴史では、フリウリのオスラヴィアでオレンジワインを立ち上げたスターとして、ヨスコ・グラヴネルとスタンコ・ラディコンの2人が華やかなスポットライトを浴びるのだが、これは2人が絶妙のタイミングで舞台に立っていたからに過ぎない。グラヴネルとラディコンの仲間には、オスラヴィアから1、2キロしか離れていなかったにもかかわらず、または、西ヨーロッパの比較的豊かな国にいたのにもかかわらず、2人ほど地の利や、時の運に恵まれなかった生産者も多い。

　スロヴェニアは、1991年にユーゴスラヴィアから独立するまで、ワインの生産は共産党の管理下にあり、いろいろな規制を受けた。ブドウは国営醸造所に納入しなければならず、発酵して瓶詰めしたワインには国営ワインのラベルを貼らねばならない。スロヴェニアは、同じ社会主義国でも、ソ連邦の共和国に比べればワイン生産の規制は緩く、個人でのワイン醸造が許されている者もおり、少量ながらワインを造って売る生産者もいた。とはいえ、現在、スロヴェニアの有名なワイナリーのほとんどが「創業は1991年」とうたっており、それより前でないのには理由がある。ユーゴスラヴィアからの独立後も、スロヴェニアのワイン生産者はヨーロッパの市場で苦戦を強いられた。イタリアやオーストリアなどの裕福な隣国に比べ、経済力がなく、国の立場も弱かったためだ。

これを痛感したのが、アレス・クリスタンチッチだった。クリスタンチッチは、ゴリシュカ・ブルダにあるワイナリー、モヴィアの所有者であり、醸造家であり、多くの人を動かせる実力者である。ワイナリーの創業は1700年まで遡り、1820年代にクリスタンチッチ家の所有になった。1947年以来、ブドウ畑はイタリアとスロヴェニアの国境で2つに分かれたが、法律上、収穫したブドウはすべてスロヴェニア産ワインとして瓶詰めすることができた。クリスタンチッチは、いつも動いていないと落ち着かない性格で、日に焼けた顔と坊主頭から、歴戦の闘士に見えるが、子どものような無邪気さもある。ワイナリーは広大で、レストラン、試飲室、ナイトクラブ風の巨大な醸造庫まで備え、小さなセグロ村にそびえる「小さな帝国」の趣がある。首都、リュブリャナには、ワインバーやワインショップも持っている。

　クリスタンチッチは根っからのショーマンで、話も上手かった。不思議だが、この種の人間によくある傲慢さがなく、自尊心を巧く燃やして推進力に変えているのだろう。ひとところに留まるのが苦手なタイプで、何かを話し始めた次の瞬間、「ツアック」と叫び（訳注：クリスタンチッチのオリジナルの言葉で、注意を惹きたい時に言う決まり文句らしい）、新しい話題へ移る。社会主義時代の思い出は苦いものばかりだったし、スロヴェニアとして独立後も、結局はEU内で不当に負け犬扱いを受けたのが不満だった。クリスタンチッチはユーゴスラヴィア時代を振り返って言う。「きちんとした文化や伝統があって、上質のブドウにも恵まれて、正しく生きているのに、人間以下の扱いを受けた」。幼少期の原体験として記憶に強烈に残っている出来事があるという。小学校の授業で、教師が生徒に親の職業を書くように言った。クリスタンチッチは素直に父親の仕事を「農家」と書く。すると、教師はクリスタンチッチを教壇の前に立たせ、こう叱った。「クリスタンチッチ君、違うだろ。君のお父さんは、『非集団農家』なんだよ」。父親が、地域の集団農場の組合員ではなかったがゆえの差別発言だった。クリスタンチッチの父は、ユーゴスラヴィアの普通の農民とは違う道を選び、社会からのけ者にされた。これは、斧で何人も惨殺した凶悪犯罪者と同じ扱いを受けたようなものだった。

　大勢の生徒の前で、教師から受けた屈辱を思い出すと、今でも心に鋭い痛みが走る。だが、最後に笑ったのはクリスタンチッチだった。今では、スロヴェニアで最も知名度があり、人気も高い醸造家となった。クリスタンチッチはその風貌のごとく、多方面で精力的に活動するため、これまでの活動内容を時系列的に正確に記すのは不可能だが、1988年を境に、過度に近代化した醸造技術を捨てたのは確かだ。2000年代の初めには完全に自然へ還り、可能な限り人の手を入れない醸造スタイルへ転換した。その成果として、「ルナー」という頂点に行きつく。使うのは、レブラ[29]とシャルドネで、9カ月間、スキンコンタクトさせる。ルナーのシリーズは、月の満ち欠けに従って、ブドウの収穫、澱引き、瓶詰めする日を決める。酸化防止用の亜硫酸や、その他の添加物は一切使わない。

---

*29　スロベニアではリボッラ・ジャッラをレブラと呼ぶ。

モヴィアの醸造庫に立つアレス・クリスタンチッチ

ヴァルテル・ムレチニックの醸造日誌

醸造家ヴァルテル・ムレチニックは、ヨスコ・グラヴネルと親交があった昔を振返ると、気持ちが震える。ムレチニックは、非常に穏やかな人柄で、聖職者に似た気高い雰囲気があり（並外れて長身ゆえ、酸素濃度の薄い空気を吸っているためか？）、満面に懐かしい表情を浮かべ、「ヨスコ・グラヴネルは、私にとっては父親でした」と振り返る。最初の出会いは1983年で、グラヴネルはムレチニックにたくさんのことを教えてくれた。ムレチニックが造ったワインをグラヴネルが試飲し、「テーブルワインとしては良くできている」と評した。それはほとんど誉めていない辛口の評価だったが、2人は親友となる。ムレチニックはグラヴネルの研究グループに入る。グループ内で唯一人のスロヴェニア人だった。

　ムレチニックは、研究グループのイタリア人醸造家に比べ、資金力で劣っていた。しかし、これが幸いする。イタリア人のメンバーは、最先端の技術を追いかけ、バリック（フランス産の新樽）に大枚をはたいたが、ムレチニックにそんな余裕はない。樽は、ラディコンやグラヴネルから中古を購入した。トレンドが、新樽の風味を利かせない醸造法に移る頃には、逆に流行を先取りする形となる。ラディコンやグラヴネルが温度制御醸造タンクや滅菌瓶詰めラインに巨額の投資をしたが、ムレチニックにはまったく手が出ず、ただ、黙って見ているだけだった。

　数年後、ラディコンとグラヴネルは、最新鋭の装置は不要と判断し、廃棄する。「それでもグラヴネルは、いつも一歩前を行っていました。リボッラ・ジャッラの価値を再認識できたのも、グラヴネルのおかげです」とムレチニックは振り返る。グラヴネルのサポートは、ワイン造りのアドバイスだけに留まらない。コルモンス村で最高級のレストラン、ラ・スビーダ[*30]を経営するスロヴェニア人、ヴァルテル・シルクと引き合わせてくれた。これにより、利幅の大きいイタリアの高級志向の市場で自分のワインを販売できるようになる。

　グラヴネルとの親交は数年続いたが、ある日、突然、グラヴネルは、ムレチニックをはじめ、グループ全員と絶縁する。ムレチニックは、その時を鮮明に憶えている。1999年6月、ちょうど、コソボ紛争を終息させようとNATO軍がセルヴィアを空爆した時だ。旧ユーゴスラヴィア全土の治安が急に悪くなった。グラヴネルからの電話は途絶え、グループのみんなで集まり、試飲して、意見を交わすこともなく、ムレチニックを訪ねてくることもなかった。それから時が経ち、2人が再会したのは2016年12月20日、スタンコ・ラディコンの葬儀の式上だった。「グラヴネルは、先週会ったばかりのように、声をかけてきました」と、ムレチニックは回想する。

---

*30　ラ・スビーダは、現在、ミシュラン一つ星レストラン。ヴァルテル・シルクは今も現役で切り盛りし、息子のミーチャがシェフソムリエを務める。

ヴァルテル・ムレチニック

クランスカゴーラの町にあるヴィパーヴァ渓谷

　ムレチニックは、1990年代の終わりには、余計な飾りがなく無駄をそぎ落とした醸造の道を順調に進み、今は完成の域にある。これには、息子のクレメンの協力が不可欠だった。クレメンは今では、ワイナリーの経営で重責を負う。何世紀も変わらぬ醸造所で、親子は、マティーヤ・ヴェルトヴェッチが1844年に著わした手引書通りの伝統製法を実践し、剪定方法まで手引書に忠実に従うほど徹底している。唯一、最新技術に走ったのが1996年で、空気圧式圧搾機を購入したが、2016年には売り払い、1890年当時のバスケットプレス式圧搾機に変えた。今ではブドウは全てバスケットプレスで圧搾している。不要なものをそぎ落とした結果、ムレチニックはこの方法にたどりついた。グラヴネルと同じ方式だが、道のりは大きく違う。

　遠くジュリア・アルプス山脈を背に、絶景を誇るヴィパーヴァ渓谷には、ムレチニックの他にも多くの醸造家がいる。みんな、スキンコンタクトさせた上質の白ワインを造り、世界中にオレンジワインを広めた功労者だ。みんな、口を揃えて、グラヴネルのおかげで伝統に回帰し、これが正しい道であるとの自信が生まれたと言う。イワン・バティチもその1人だ。1970年代、バティチはセンパという小さい村でワイン造りを始め、訪問販売していた。ラディコン、グラヴネル、エディ・カンテの友人でもある。1989年に激しい心臓発作に襲われたことが転換期になった。地元産のサクランボと水で体調が回復すると、畑から化学物質を排し、環境保全を意識してブドウを育て、そのブドウから飾らないワインを造る道を模索した。その結果、畑のシャルドネやソーヴィニヨン・ブランを引き抜き、土着品種のゼレンやピネラを植える。白ブドウをマセラシオンする伝統的な醸造法も復活させた。息子のミハによれば、「1980年代まで、村では、果皮を果汁に長期

間マセラシオンして白ワインを造るのが主流でした。でも、空気圧式圧搾機が1985年、1986年ごろに登場すると、スキンコンタクト方式は廃れました」という。現在、バティチのワイナリーは、地域をリードする自然派ワインの生産拠点である。また、今やトレンドとなったビオディナミも手掛けている。

　プリモシュ・ラヴレンチッチの新しいワイナリーには、岩塩が見事に露出した壁がある。その前に、樽を吊り上げる門のような形の大きなガントリークレーンがあり、運動神経抜群のラヴレンチッチは、そこへ軽々と飛び乗ってみせた。登山を趣味にしているのが頷ける。ここは渓谷の南東端に位置し、ムレチニックの醸造所は、谷の正反対の北西端にある。ムレチニック同様、ビオディナミ推進派の1人で、健康な土壌作りを信条とする。「醸造者としての腕は最悪だけれど、畑の土が極上なので、いいワインができるんだ」と冗談を飛ばす。

　ラヴレンチッチには、高度に専門的で奥の深い概念を十分に理解し、日常の畑仕事やワイン造りへ簡単に応用する才能がある。地元の醸造史を究めており、後世に多大な影響を与えたヴェルトヴェッチの著書を始め、さらに古いヨハン・ヴァイクハルト・フォン・ヴァルヴァソール作の『Die Ehre des Herzogthums Crain（カルニオラ公国の栄光）』にも精通している。これは1689年にドイツ・ニュルンベルクで出版された本で、ブドウ栽培に適した土地として、すでにクランスキ（現在のゴリシュカ地域）の名前が登場する。2003年、ラヴレンチッチはヨスコ・グラヴネルからリボッラ・ジャッラの苗を譲り受けた。当時は、自分の家族が経営するワイナリー、ストーで働いていた。2008年に家族のワイナリーから離れ（ワイナリーは、兄のミシャが継ぐ）、無駄をそぎ落としたワイン造りという反主流派の道を選ぶ。白ワインは全てスキンコンタクトさせて作り、前世紀のヴェルトヴェッチの書にある伝統的なワイン造りをしている。

　若手の醸造家が、グラヴネルに教えを請い、影響を受けた話は多いが、グラヴネルを経由せず、伝統的なワイン造りへ至った生産者もいる。ブランコ・チョタールはグラヴネルより前、1974年から岩場の多いカルスト地方でマセレーションした白ワインを造ってきた。その証明として、セラーには重厚な褐色に輝く1980年代のワインが何本もある。

　今は、息子のヴァシアがワイナリーを運営しているが、ブランコも定期的にテイスティングルームに現れ、健在ぶりを見せる。髪はアインシュタインのように乱れ、両眼は野性味にあふれて、いたずら坊主のような輝きを宿す。元は、家族が経営するレストラン用に、ボディが軽く酸味の強い土着品種テランの赤と、ハウスワインとしてマセラシオンした白を造っていた。初めてボトルに詰めたのが1988年からで、1997年からはレストランを閉めて、ワイン造りに専念した。こんな大胆な事業転換は、スロヴェニアがユーゴスラヴィアだった時代には想像できなかった。伝統的なマセラシオン方式に専念した醸造家は、地元にはほとんどいない。チョタール以外では、ヨスコ・レンチェエルくらいだろう。本書でチョタールを紹介できるのは、社会主義時代にチョタールの醸造所が無名で、当局の目を逃れたためだ。

プリモシュ・ラヴレンチッチ。醸造所と畑にて

技術レベルが急速に上がって上質のワインを造り、世界のワイン業界から称賛を浴びて好景気に沸くコッリオを、隣国のスロヴェニアの生産者はうらやんだ。同じイタリア側でも、カルソ地方の醸造者も、同じ思いでコッリオを見ていた。カルソ地方は、トリエステを起点にアドリア海に沿って北西に伸びる細長い地域で、フリウリ＝ヴェネツィア・ジュリア州の最南東に位置する。気候は厳しく、スロヴェニアのカルスト地方から伸びるカルスト台地の延長上にあり、土壌は石が多い。農業にもワイン造りにも過酷な土地で、本来、土があるべき地表には、硬い石灰石が覆い、開墾を拒む。冬にはアルプスを越えて凍えるような強風、ボーラが吹き下ろし、しっかり添え木で固定しないと、ブドウの木に限らず、すべての植物が吹き飛ばされる。同じ条件のコッリオが、貧困な農村の汚名を返上した後もしばらく、カルソは貧困にあえぎ、近隣の大都市であるトリエステへの人口の流出が止まらなかった。「土地の民族性」でひとまとめにしたくないが、1つのことに黙って向き合い、ストイックで寡黙だが、やることはやる「カルソ気質」が背景にあるように思う。

パオロ・ヴォドピーヴェッツは、典型的なカルソ人といえる。造るワインは、今では、グラヴネルやラディコンと並んでカルト的な人気を誇るが、本人はスポットライトを浴びるのを嫌い、マスコミからの取材を避け、写真撮影を極度にいやがるらしい[*31]。「人間を表現するためにワインを造っているのではありません。ワインはブドウ畑を表すんです」。それがヴォドピーヴェッツの持論だ。極限まで無駄を排した醸造所は、人間としてのヴォドピーヴェッツ自身をそのまま表している。

ブレザンカ

昔から、ヴィトヴスカはスキンコンタクトさせ、マルヴァジアやグレーラ（プロセッコ）とブレンドし、ブレザンカという白を造ってきた。ブレザンカの素晴らしさは、スロヴェニアの詩人バレンティン・ボドニック（1758−1819）も詩で讃えている。1814年作の2連構成の短い詩、『ピーター・マリ』では、ある晩、上機嫌で餐の席についた主人公が言う。「ブレザンカに乾杯。いつも、われらにこのワインがあることを祈ろうではないか」

る。妥協せず、無駄を削ぎ落とした美しさがあり、毅然としている。北欧系のインテリアデザイナーが設計した雰囲気がある。弟のヴァルターと一緒に、1997年からブドウをカルソ土着のヴィトヴスカ種だけに絞り、スキンコンタクトにより20年に渡って白ワインを造る（現在、ヴァルターはワイン造りから離れている）。スキンコンタクトは、ヴォドピーヴェッツが若い頃には一般的だった。1998年、ヴォドピーヴェッツがグラヴネルを訪ねたが、2人とも非常に頑固で、世捨て人のようなところがあり、親しくはならなかった。ヴォドピーヴェッツは、グラヴネルがやったことは素晴らしいと思ったが、方向性には賛同できなかった。

---

*31 本書ではボドピベックの意思を尊重する。クヴェヴリと写真に納まるのは了承してくれたので、クヴェヴリを背景に後ろから撮影した。

クヴェヴリの中を覗くパオロ・ヴォドピーヴェッツと、醸造所の樽

2000年、ヴォドピーヴェッツは、グラヴネルに知らせないまま、素焼きの容器で試験的にワインを造った。スペイン製の小型の容器ティナハ（アンフォラ）で白ワインを発酵させたが、うまく行かなかった。「ワインもアンフォラも捨てました」と顔色1つ変えずにヴォドピーヴェッツは言った。2004年には1人でジョージアを訪れ、伝統的な醸造法を探るため国内のワイナリーを回った。強固な意志と立派な体格を持っていたヴォドピーヴェッツだが、当時のジョージアの治安の悪さを把握していなかった。クヴェヴリを船でイタリアに発送する際、地元マフィアと揉め、クヴェヴリだけでなく自身も拘束されてしまう。交渉に交渉を重ねた末、相手が納得できる金額を払いようやく解放された。

　紆余曲折を経て、全てがうまく行ったことは非常に喜ばしい。おかげで、ヴォドピーヴェッツは、超長期（通常の「長期」よりさらに長い）のスキンコンタクトにより、際立ってエレガントなワインを造った。手さぐりで伝統的な醸造法を試した当初は、マセラシオンは8日ほどだったが、日数を少しずつ増し、ついに1年間もクヴェヴリで醸す最上級版のワイン「ソーロ」が誕生した。ヴォドピーヴェッツは、自分のワインがオレンジワインに区分されるのを極度にいやがる。「自然派ワイン」は、もっと気に入らない。1つには、既存の分類に無理やりカテゴライズされるのが嫌なのと、自然派ワインの田舎くさく垢抜けしないイメージが嫌いなのだろう。

　グラヴネルやヴォドピーヴェッツが、現代のワイン業界にアンフォラでの醸造ワインを復活させたことになっているが、じつはそうでない可能性がある。ボジダール・ゾルジャンと妻のマリヤは、スロヴェニア北東部のシュタイエルスカ地方で1980年から農業に従事している。早い段階から有機農業を始め、1990年代にはビオディナミへ移行した。ゾルジャンは深い精神性と哲学性を尊重しており、ジチェ修道院に伝わる伝統的な製法で自然派ワインを造ることが使命と考えている。現在、ジチェ修道院には人はいないが、当時を象徴する遺跡として、ポホリェにあるゾルジャンのブドウ畑の近くに残っている。

　ゾルジャンが、白ワインでアンフォラを使い始めたのは1995年だ（白ワインは全て、数週間から数カ月間、スキンコンタクトさせる）。最初はクロアチア製の小型容器を使っていたが、容器を作るクロアチアの職人が亡くなってから、ジョージア産のクヴェヴリを使う。クヴェヴリは屋外に埋め、星空の光を浴びてエネルギーを蓄える。これが非常に重要だとゾルジャンは言う。

　宇宙の神秘的な力により、冬、ブドウがワインに変わる。だからこそ、力に満ち、比類なきワインが生まれる。自我を抱えた人間はただ見守るだけでよい。幼少の折から、醸造所も圧搾機もなしにワインを造ることを夢としてきた。今では、毎晩、美しい夢を見る。これは、私のワインに宿る魂を味わっているからだ。

ゾルジャンとグラヴネルには面識がない。1990年代の終わりに、グラヴネルとラディコンが、全く別のアプローチなのに同じタイミングで、現代的な技術を使わず伝統的なワイン造りを模索した。今は平和な田園地帯であるシュタイエルスカ地方も、グラヴネルやラディコンの地域と同様、かつては激戦地であり、政治的な紛争で国境が目まぐるしく変わった。ゾルジャンにもこの2人に共通する心情があり、伝統的な製法へ至ったのかもしれない。グラヴネル、ラディコンやゾルジャンは、因襲を排し、明確な目的意識を持ち、物事を深く考え、近代化により破壊された民族のアイデンティティをとり戻そうとした。3人は、自分の土地に伝わる伝統を探り、戦禍や民族的な抑圧に耐えて残った昔の文化の知恵を借りて、伝統的な製法に至った。その原点がジョージアだ。

醸造所で、樽にワインを補充しているアレックス・クリネッツ

フランコ・ソソル。イル・カルピノの醸造所にて

畝の間の雑草を鋤き込むダミアン・ポドヴェルシッチ

ミハ・バティチ

アンドレイ・セップ。ゴルディア醸造所にて

高めに枝を仕立てたヴィトヴスカを見るマティ・スケルジ

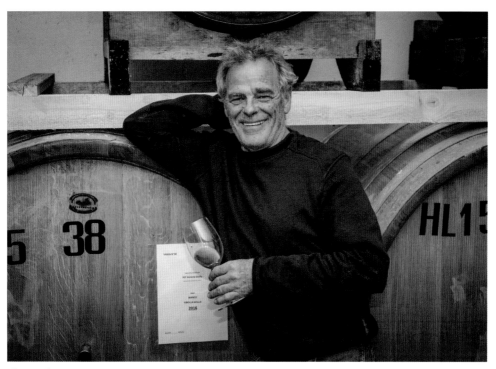

ダリオ・プリンチッチ

醸造所のスタンコ・ラディコン。2005年

オレンジワインで使う主なブドウ

　基本的には、どのブドウでも果皮をつけたまま発酵すればオレンジワインになるが、向き・不向きがある。良質の酸味を多く含むことが重要で、特に、ブドウを何週間、何カ月も醸し、ボディが豊かで骨格のはっきりしたワインを造る場合は必須となる。オレンジワインに適したブドウを以下に挙げる。

フランス品種、および、国際標準品種

シャルドネ

世界中で造っている品種だが、非常に繊細で、テロワールの特徴が出る。長期間、醸すと、骨格のしっかりした複雑味に富むワインになる。

代表的産地：ヴィパーヴァ（スロベニア）、南シュタイヤーマルク（オーストリア）

ゲヴュルツトラミネール
（他のトラミネールも含む）

香り豊かなフローラル系で、長期のスキンコンタクトに適す。香りは、強く特徴的で、数カ月醸しても消えず、逆に際立つ。厚い果皮はタンニンに富み、過度の香りやオイリーな舌触りを引き締める。

代表的産地：アルザス（フランス）、ブルゲンラント（オーストリア）

グルナッシュ・ブラン

比較的、酸味が低く、長期のスキンコンタクトに適さないようだが、果実味に富み、すり寄るように妖艶な香りがあり、官能的でバランスのよいオレンジワインになる。

代表的産地：ラングドック、ローヌ渓谷（フランス）

ソーヴィニヨン・ブラン

長期間、スキン・コンタクトさせると、香りの強さはそのままで、新鮮な柑橘系やスグリの香りから、砂糖漬けのピールや完熟した林檎に変わる。豊かな酸により、複雑で骨格のしっかりしたオレンジワインに仕上がる。

代表的産地：フリウリ・コッリオ（イタリア）、南シュタイヤーマルク（オーストリア）

イタリア品種

マルヴァジア・ディ・カンディア・アロマティカ

エミリア＝ロマーニャ州で上質のオレンジワインができるのは、マルヴァジアの変異種であるこの土着ブドウを使うため。このブドウは、マセラシオンにより、香り高く頑丈な骨格のワインとなる。地元の醸造家は数ヶ月もの長期間、スキンコンタクトさせる。

代表的産地：エミリア＝ロマーニャ、トスカーナ（イタリア）

マルヴァジア・イストリアーナ ／
マルヴァジア・イスタルスカ

房が大きく大量の果実ができるこの品種は、長期のスキンコンタクトに最適。それゆえ、原産地、イストリアではスキンコンタクトが主流。桃の香りが特徴的なフルボディーで、複雑な味わいが絶妙。

代表的産地：イストリア（クロアチア）、イスタル（スロヴェニア）、カルソ（イタリア）

リボッラ・ジャッラ/レブラ

オレンジワインの帝王的なこのブドウは、スキンコンタクトさせないと凡庸なワインになるが、果皮と醸すと、スパイスと蜂蜜を感じる複雑な味わいとなる。リボッラ・ジャッラ（スロヴェニアではレブラと呼ぶ）はコッリオ、ブルダ地方の土着品種で、果皮が非常に厚く、醸さないと旧式のバスケットプレスの隙間が皮で詰まる。

代表的産地：フリウリ・コッリオ（イタリア）、ゴリシュカ・ブルダ（スロヴェニア）

トレッビアーノ・ディ・トスカーナ

フランスでユニ・ブランと呼ぶこのブドウは、ワインにする価値なしと酷評された時期もある。通常の白ワイン製法では面白味に欠けるが、スキンコンタクトで一変する。イタリア北部や中央部のトップのオレンジワインは、このブドウで造る。別名が多く、トレッビアーノ・ディ・ソアヴェ、プロカニコ、トゥルビアーナとも呼ぶ。

代表的産地：多くはブレンドに使用。トスカーナ、ウンブリア、ラツィオ（イタリア）

ヴィトヴスカ

石灰岩が覆い、強風が吹くカルソ地方の土着品種。長期のスキンコンタクトにより、エレガントでしっかりしたワインになる。フローラル系の香りが際立ち、魅力にあふれる。骨格は優雅で、タンニンが出過ぎることはなく、テロワールの特徴がきれいに出る。

代表的産地：カルソ（イタリア）、カルスト（スロヴェニア）

ジョージア品種

ムツヴァネ

ジョージア東部のカヘティ原産のこのブドウは、同国内の白の品種でも、特に果皮が厚く、タンニンに富む。ザラつく渋みを抑えるため、長期熟成と手間をかける必要があるが、上質のものは、ジャスミンや梨のコンポートの芳香を備えたフルボディに仕上がり、果実味が豊かで、香ばしいナッツ系のフィニッシュがある。

代表的産地：カヘティ（ジョージア）

ルカツィテリ

ジョージアで最も栽培面積が多い品種。クヴェヴリで6カ月、スキンコンタクトさせる伝統製法により、個性的なワインに仕上がる。上質のワインは、フローラルな芳香と、完熟した果実の香りがあり、フレッシュな酸に富む。ヘクタール当たりの生産量を抑えなかったり、抽出し過ぎると、タンニンの勝ったワインになる。

代表的産地：カヘティ、イメレティ（ジョージア）

ツォリコウリ

果皮が黄色く、ジョージア西部で人気の品種。クヴェヴリでの伝統的な製法により、独特の土っぽいミネラル感が出て、軽快にも、重厚にもなる。上質のワインは、非常に優雅で、繊細さの極致にある。

代表的産地：イメレティ、カルトリ（ジョージア）

ジョージア
GEORGIA

アラベルディ修道院。遠くにコーカサス山脈を望む

2000年5月

　カルフォルニアのワイナリー見学ツアーへ行ったヨスコ・グラヴネルは、ここで見聞したワイン造りは反面教師であることを悟った。その13年後、ワイン生誕の「聖地」を訪れるという長年の望みが叶う。ジョージアは内戦の荒廃から復興し、ソヴィエト連邦からの理不尽な抑圧もなくなった。さらに、スロヴェニア語が話せるジョージア人が手を貸してくれるという。ラザンという男は、ガイドと通訳を引き受け、カラシニコフ銃で武装したボディガードも手配してくれた[*32]。一行は、首都、トビリシの東にあるカヘティ州に向かう。カヘティは、ジョージアで最も有名なワインの産地だ。グラヴネルには、当地の伝統的な古来のワイン醸造法に関し、本に書いてある程度の知識しかなかった。今でも、アンフォラ（クヴェヴリ）でワインを造っているのだろうか？一刻も早くそれが知りたかった。

　5月20日、グラヴネルは、ガイドのラザンの尽力により、テラヴィという町で協同組合が運営する小さい醸造所を訪れることができた。ジョージアには、「客は神からの贈り物」との文化がある。醸造所はグラヴネルの訪問を名誉に思い、去年の収穫時から密封したままのクヴェヴリも、喜んで開けてくれた。グラヴネルが、できるなら琥珀（こはく）色の濃厚な液体を少し味わいたいと控えめにお願いしたところ、アザルフェシャ[*33]という儀式で使う立派な柄（ひ）杓（しゃく）でワイン[*34]をすくってくれた。

　グラヴネルは、素朴であっさりした味を予想したが、ひと口すって、陶然となる。「ワインを飲んで、心底、驚きました。天に昇る思いでした」。ジョージアで試飲したワインの中で、これが最高だったと、後に語る。旅が終わるころには、11個もクヴェヴリを注文した。ワインを造るには、子宮のような形のアンフォラが完璧だと考えたのだ。しかし、クヴェヴリがグラヴネルのもとへ届いたのが、訪問から半年も経った11月。グラヴネルは怒りで爆発しそうになった。これでは今年のワイン造りに間に合わない。難題は他にもあった。クヴェヴリを作る職人の数が少なく、長距離輸送の経験がない。きちんと荷造りをしないまま、トラックでフリウリへ運んできた。11個のクヴェヴリの中で、壊れずに届いたのは2個だけだった。

---

*32　独立直後からの10年、ジョージアは、個人の旅行者には安全な国ではなかった。特に、ヨーロッパ化した大都市から外へ出るのは危険で、人通りの少ない道では待ち伏せが横行していた。

*33　儀式で使う伝統的な柄杓。金製、銀製、木製があり、ワインを注いだり、直接、飲む。

*34　ルカツィテリ（ジョージアで最も生産量の多い白ブドウ）で造ったワイン。

それでも2001年から、グラヴネルは発酵を少しずつクヴェヴリに切り替える。クヴェヴリは、新しく建てたセラーの地面に埋めた。セラーには、哲学的で厳かな雰囲気にあふれた。4年間で、100個近いクヴェヴリを注文したが、長距離運搬に耐え、土中に埋めても割れなかったのは46個だった[*35]。だが、クヴェヴリを使うことで、ワイン造りが変化した。当初、グラヴネルは家族に代々伝わっていた「数日から1週間、スキンコンタクトさせる醸造」を再現したが、今は、カヘティ州と同じように最低、半年は果皮と一緒に醸している。グラヴネルが初めて造ったオレンジワインを飲んで、昔からのグラヴネルのワインの愛好家は仰天した。それと同時に、今まで鉄のカーテンの後ろに隠れていた素晴らしいワイン文化が、世界へと羽ばたいた瞬間でもあった。

　ヨーロッパの西側諸国ではまだ、ジョージア産ワインが入手困難だった頃、グラヴネルがクヴェヴリで最初のヴィンテージ（2001年と2002年）を造り、ジョージアのスタイルを広めたのだ。20年近く経った今でも、ジョージア人の醸造家や生産者は、稀少な同国の文化遺産の一端を世界に紹介した最初の西側諸国の人間として、グラヴネルに対する尊敬の念は非常に高い。

ジョージアの主なワイン生産地

---

*35　グラヴネルの「ビアンコ・ブレグ」と「リボッラ・ジャッラ」のラベルは、2001年ヴィンテージから、アンフォラのようなオレンジ色の光を背景にしているが、アンフォラで醸したワインが100％になったのは2003年ヴィンテージから。「ロッソ・ブレグ」をアンフォラで造るようになったのは2005年ヴィンテージが最初。2007年ヴィンテージから、「アンフォラで造ったのは自明のことだ」と考え、筆記体の大きな「Anphora」の文字はラベルに入れなくなった。

7

ロシアの横暴と
近代化の波

The Russian Bear
and the
industrialists

ハーマン・ジョン・トゥムの若いころは天国だった。自身の伝記、『The Road to Yaldara: My Life with Wine and Viticulture』からは、そう読める。1912年12月、トゥムは、ジョージアでドイツ人の両親から生まれ、1947年、オーストラリアのバロッサ・ヴァレーでシャトー・ヤルダラを立ち上げた。ヤルダラは、今は老舗ワイナリーだが、当時は先進的な生産者で、同地が高品質ワインで有名になるきっかけを作り、ワイナリー観光の走りともなった。2009年に亡くなるころには、ワイン造りでの大きな功績が認められている。

　トゥムは第二次世界大戦後、オーストラリアに移住したが、それ以前の若いころは、ジョージアにある、1万2000人のコーカサス系ドイツ人が住む外国人居住地で過ごした[*36]。ドイツ人学校や大学での楽しい日々、つややかな実がたくさんなった桑やブドウ、当時のジョージアではドイツ人はお客様扱いを受けたことを自伝で懐かしく綴っている。

　ジョージア在住のドイツ人が同国のワイン文化に与えた影響は、ジョージアのワイン史の中では単なるオマケに過ぎず、どこかに紛れてしまったり、消えてなくなることも多いだろう。ジョージアのワイン文化の中央に燦然と輝く主役は、8000年に渡って受け継いできた「土中にクヴェヴリを埋め込んでワインを造る伝統製法」なのだ。だが実は、表には出てはいないが、この古来の伝統的製法があと少しで永遠に消滅する瀬戸際まで追い詰められたことが何度もあった。

---

*36　残念ながら、正確な場所は不明。ドイツ人のコミュニティは、ジョージア各地にあり、大きな存在感を持つ。
　　　代表的なコミュニティは、首都、トビリシの周辺や、カルトリ州のトビリシに近い地域にある。

クヴェヴリを見る醸造家。ボルニシ村のブラザーズ・セラーにて

ジョージアは、1991年に独立する前の2世紀近く、ロシア、続いてソヴィエト連邦の支配下にあった。ロシアに呑み込まれたジョージアは大きな苦痛を強いられる。ジョージアは、他国とは全く異なる独自の文化と民族性を持ち、同じ旧ソヴィエト連邦に属したウクライナと比べても、違いは顕著である。

　ジョージア語は、軟口蓋音（訳注：舌の後部を軟口蓋に接触・接近させる音。日本語の「か」や「が」が該当）が多くて柔らかく、アジアの言語に近い抑揚がある。文字も同様に、他に例を見ない渦巻形をしている。発音も文字表記も、東スラブ語をルーツに持つロシア語とは一切の接点がない。近隣諸国やロシアと全く異なるのは言語だけではない。昔の歌を合唱する場合、複数の声部で作る和音や不協和音が独特で（訳注：いわゆるジョージアン・ポリフォニー）、コード進行もエキゾチックであり、他国と全く異なる伝統文化が生きている。歌声のあるところには、食事があり、お祝いがある。歌と祝いにはワインが欠かせない。

　ジョージアでのワイン史は非常に古く、歴史のはるかかなた、少なくとも紀元前6000年に遡り、古代からずっと非常に特別な方法で造ってきた。ブドウ、果皮、種、場合によっては果梗も、すべて土中に埋めたクヴェヴリに入れて発酵させ、最大で9カ月間そのまま密閉し、一切手を触れない。この伝統製法が消滅の危機に瀕し、ユネスコと、SFFB（生物多様性のためのスローフード基金）の両者が救済措置を講じた。

　ジョージア在住のドイツ人は、何千年もの歴史があるジョージアのワイン文化を破壊したのはドイツ人と考えている。1800年半ば、ドイツ南西部にあるシュワーベン地方から、ワインの専門家、G.レンツ[37]がジョージア東部のカヘティ州に移住して以来、ドイツから醸造家や樽職人が訪れ、ドイツ式のワイン造りだけでなく、ブドウの収穫法までジョージアに伝えたと歴史書に記している。1830年に出版された書物『The Wine-Drinker's Manual：作者不明[38]』には、ジョージアではワインをたくさん造っているが、「この地の生産者は樽で熟成させることを知らない。樽熟成をさせない限り、ワインの品質は絶対に上がらない。山には樽造りに必要な木が大量にあるのに、樽を造る職人はほとんどいない」と嘆いている。

---

*37　入手可能な文献を調査した限り、レンツのファーストネームは不明。

*38　著者名は、表紙にペンネームで「In vino veritas（訳注：「ワインに真実あり」を意味するラテン語。要は、酔うと本性が出るという意味）」とあり、同書の「はじめに」の最終行には、「筆者　イギリス、リッチモンドにて」としか書いていない。

グラム・アヴコパシュヴィリ。ボルニシ村のブラザーズ・セラーにて

　実際には、レンツはクヴェヴリをワイン造りに理想の容器と称賛したが、誰も耳を傾けなかった[*39]。ハーマン・トゥムが生まれた1921年ごろには、大きな木樽を使ったり、白ブドウを直接搾ってジュースにする方法が一般的になった。グラム・アヴコパシュヴィリとギオルギ・アヴコパシュヴィリの兄弟は、2014年からボルニシ村[*40]の小さな醸造所で、伝統的なクヴェヴリでワインを造っているが、それ以前は、グラムが「ヨーロッパ式」と呼んだ、オークの大樽で熟成させてワインを生産していた。

　グラムは、ドイツのコミュニティに住んでいた祖父が、古代ゲルマン人の一派であるチュートン人の醸造法でワインを造っていたことをはっきり覚えている。グラムとギオルギは、新しく導入したクヴェヴリには大いに満足していたのだが、のんびり平穏に過ごす時には「ドイツ式」ワインに思いを馳せ、また、個人的に飲みたいときには「ドイツ式」を選ぶようだ。「ボルドーの銘醸ワイ

*39　ギオルギ・アヴコパシュヴィリ著、『Making Wine in Qvevri: a Unique Georgian Tradition (Tbilisi: Biological Farming Association「Elkana」、2011年)』より。アラベルディ修道院の醸造アドバイザーで、技術科学博士テムラツ・ゴロンティによる「はじめに」の一節。

*40　ボルニシ村はカルトリ州にあり、首都、トビリシから自動車で1時間の距離。

ンを飲んだことはありませんが、試飲コメントを読むと、ボルニシ村で私が造っている『ヨーロッパ式ワイン』のような味だと思います」と言う。

　グラムの醸造所の前の道路の反対側には、ヴァフタング・チャゲリシュヴィリの醸造所がある。チャゲリシュヴィリは長身の華奢な男で、造ったワインはボルヌリの名前で出荷する。チャゲリシュヴィリの話もアヴコパシュヴィリに似ており、元の醸造所はジョージア在住のドイツ人が建て、後に、クヴェヴリでのワイン造りへ転換した。野ざらしで屋外に放置した昔の大型の木樽は変形し、かつての輝きはない。

　19世紀、ドイツ人の入植者がジョージアの伝統的なワイン文化を歪めたが、ソヴィエト時代の「大規模破壊」に比べれば、影響は微々たるものだった。ロシアは、ジョージアの上質なワインを欲しがった。1922年、ソヴィエト連邦でスターリン体制が確立すると、ソ連はその支配下にあったジョージアに対し、工業化や合理化によるワインの大量生産を求め、品質や伝統にはまったく目を向けることはなかった。

　1929年、ソ連（訳注1）にアルコール専売組織、サムレスト（Samtrest）が立ち上がり、次々にジョージアの醸造所や配送業者を吸収した。その後の数十年、ブドウの品種や醸造所の個性を完全に無視し、利益一辺倒の道を突き進む。ブドウ栽培者は、国中に何百とある「第1ワイナリー」に収穫したブドウを搬入せねばならなかった。「醸造工場」では、ブドウを工業的に処理し大型容器に詰めて、「ワイン素材（wine material）」を造った。このワインは、トビリシなどの大都市周辺にある「第2ワイナリー」に運び、熟成、熱殺菌、ボトル詰めしてラベルを貼り、配給先へ納入する。納入リストも連邦が管理していた。

訳注1　アルコールはロシアの政治や社会に大きく影響した。1914年から禁酒令を出し、1925年まで続く。禁酒令の撤廃後は、勤務中も飲酒するなど、アルコール問題が深刻化し、西側諸国に比べて平均寿命が著しく低くなった。1985年にソ連の最高指導者に就任したゴルバチョフはアルコール嫌いで、ソ連の生産性と平均寿命が低いのはアルコールが原因と考え、強力な「反アルコールキャンペーン」を実施。飲むことしか楽しみがない国民は、酒の生産制限と価格引き上げに激怒し、各家庭でウォッカを密造するため大量の砂糖を使ったことで砂糖不足になり、また、貴重な収入源だった酒税も減少。ソ連の社会や経済の問題は解決されなかった。ゴルバチョフ大統領を辞任してソ連が崩壊し、新生ロシアの初代大統領になったエリツィンは、無類の酒好きで知られ、それゆえに酒飲みの敵であるゴルバチョフを追い落としたとの説もある。ゴルバチョフ政権では、禁酒キャンペーンで酒の消費が減少したが、ソ連崩壊後に爆発的に増えた。1995年に、偽ウォッカ対策として、重い腰を上げて以下のアルコール規制を開始。①非食品由来のエチルアルコールを使用禁止、②ライセンスのないアルコール生産・販売の禁止、③エチルアルコールの飲用販売の禁止、④18歳未満に対するアルコール製品の販売、⑤児童、教育、文化、病院施設に隣接する場所でのアルコール製品の販売禁止。いずれも、日本や西側諸国では「常識」。2000年、エリツィンの跡を継ぎ、健康志向のプーチンが大統領は、午後11時以降の酒類販売禁止、蒸留酒の最低小売価格引き上げ、酒類の広告の制限し、国民の健康志向との相乗効果で、死亡率が下がり、2013年には、人口が初めて自然増に転じた。

　すべてのワインには、サムレストのレベルを貼った。醸造所の名前を印刷することはない[*41]。ワインのスタイルの違いは、「原産地統制呼称（訳注：いわゆるフランス語のアペラシオンで、ブドウ産地の名称）」で区別した。キンズマラウリ、フヴァンチカラ、ムクザニなどの原産地名がワインの商品名の代わりになり、消費者はワインのスタイルを判別した。スターリンが好んだといわれるキンズマラウリは、半甘口、ムクザニはオーク樽で熟成させ、ツィナンダリはルカツィテリとムツヴァネをブレンドした辛口である。

　均一化は、ラベルの記載事項だけにとどまらなかった。1950年代からは連邦の規制が強くなり、栽培してよいブドウを16品種に限定されてしまう。実質的には、白用のルカツィテリと、赤用のサペラヴィの2種類だ。病気に強い交配種（例えば、ヴィティス・ルペストリス種やヴィティス・ラブスルカ種といった、ヨーロッパ系ヴィティス・ヴィニフェラ種とアメリカ種を交配させたもの）も、この時期に人気となった。在来種は、大量に農薬、殺虫剤、除草剤を噴霧しなければならなかったが、交配種はその必要がなく、「手間いらずのブドウ」として広く支持を受けた。

　ジョージアにはブドウの土着品種が非常に豊富で、昔は525種類もあったが、1930年代には栽培される品種は約60に減り、20世紀の終わりには6種類にまで激減した。文芸評論家、グルジアワインの専門家にして作家のマルカズ・カルベディアは、次のように書いている。「ペレストロイカ以前は、キディスタウリ、アクメタ・テトリ、ラチュリ・テトラ、イカルト・ジャナヌリ、ツィン

---

*41　当初は、ラベルに印刷したロット番号や記号でどのワイナリーが造ったか分かる場合があった。

ヴァルリ、シャヴカピト、クヴィシュクリ、ナグネウリ、ツォリカウリ・オブチャ、サペラヴィ・サナヴァ
ルド、クヴァレリ・ナベガリ、カルダナキ・ツァラピ、アコエビ・サペラヴィ、クラクナ・シヴリ、ルイ
スピリ・ムツヴァネ、ムツヴァネ・ナサムカリ、アルヴェチュリ・サペレ、ムカナヌリ・サペラヴィ、ア
ラダストゥリ、グナシャウリといったブドウのワインを楽しめたものだが」。これらの土着品種の
大部分は、現在では消滅したかほとんど栽培されていない[*42]。

　ソヴィエト時代、クヴェヴリの伝統製法は絶滅の危機にあった。ジョージアのワイン農家では、
昔はどの家でも伝統的な小さなマラニ（醸造場）や、土中にクヴェヴリを埋めていたものだが、ソ
ヴィエト連邦はそれを価値のない田舎の技術とみなした。クヴェヴリによるワイン製法は連邦の
保護を受けることはなく、記憶の奥へ消えかけた。連邦は、ワインの自家醸造は容認したものの、
販売は禁止する。農家は日々を生き延びることに精一杯で、ブドウはワイン工場に納入するよう
になった。しかし、ごく僅かながら、伝統のクヴェヴリによるワイン造りに固執する農家もいた。

窯出しして石灰をコーティングしたクヴェヴリと、ザザ・レミ・クビラシュヴィリ

―――

*42　最近の情報によると、ジョージア農業科学研究センターが、固有ブドウ品種国立コレクションとして、トビリ
　　シ近くの研究ブドウ園に、400種類以上もの品種を栽培・所蔵している。

破棄したクヴェヴリ。アラベルディ修道院にて

よくできたクヴェヴリは何世紀もの使用に耐えるが、クヴェヴリ職人造りのクビラシュヴィリによると、毎年使うものなので、長い年月、衛生的な状態に保つことは不可能でないが非常に難しいらしい。ソヴィエト連邦の統治の70年で、どれほど多くのクヴェヴリを捨てたり、壊したり、手入れを怠り使えなくなったか、推測するのは簡単ではないが、カヘティにある正統派アラベルディ修道院には、手掛かりが残っている。現在の修道院の建造は11世紀にさかのぼるが、それ以前の遺跡があり、9世紀にはすでにワインを造っていた。息をのむようなコーカサス山脈の絶景を背に建つ荘重なアラベルディ修道院は、ソヴィエト連邦時代と第二次世界大戦でほぼ完全に崩壊し、無残に荒廃した。50個残った歴史的価値の高いクヴェヴリは、ソ連共産党の多数を占めるボルシェビキ派がガソリン貯蔵用に使ってしまい二度とワインを造れなくなった。多数のクヴェヴリは、細かく粉砕して破片を修道院に巻いたため、今でもガソリンの嫌な臭いが残る。

　伝統的なワイン造りが日常から消えるようになると、それを支える「モノ」もなくなった。クヴェヴリ造りは、古代の工芸品のように高度に専門的で、家族代々、父から息子へ直接、伝授する[*43]。クヴェヴリを造る職人は、100年以上前はどこの村にもいたものだが、ソヴィエト連邦が落ち目になった頃には、ジョージア全土で5、6軒しか残っていなかったと思われる。

　ソヴィエトが破壊したのは、ジョージアのクヴェヴリ文化だけではなかった。ジョージア特有の合唱であるジョージアン・ポリフォニーや、口伝で親から子へ代々伝える民族の歌や語りも犠牲になったと、同国を代表するコーラスグループであるエルトバ合唱団のメンバーが語っている。ソヴィエト連邦は、表向きは、キリスト教と極端に癒着していない限り、民族の伝統を尊重した。ジョージアでは、身内の少人数の集まりや公的な集会には、聖歌隊や合唱が付きものだった。対象的に、ソヴィエトは大人数による熱狂的で壮大なコーラスを好んだため、ジョージアのように小さな情緒的な合唱に興味を示さず、伝統を保護する方向には動かなかった。伝統的なジョージアン・ポリフォニーには決まった楽譜がなく、何人かが録音したり記録しようとしたものの、数千曲が歌い継がれることなく、この100年で消滅し記憶のかなたに消えた。現代の音楽の技術では、ジョージアの歌の微妙な揺れを表現する表記法がなく、楽譜に書きおこすのは非常に難しい。

---

*43　ジョージアには今も厳格な男性社会が残っており、筆者が知る限り女性のクヴェヴリ職人はいない。

新酒祭りの合唱隊。2017年5月、トビリシにて

　首都トビリシにある醸造所トビルヴィノは、全盛期にはクヴェヴリは使用せずに空のままではあったが、年に1800万本ものワインを生産していた。ミハイル・ゴルバチョフは、ペレストロイカ（1980年代のソ連内での政治改革運動）時代に、アルコール飲料の販売や消費を厳しく制限する政策を多数、実施した。すると、1985年から1987年にかけて生産量は急落し。ジョージアのワイン工場は苦戦を強いられる。ソヴィエト連邦が崩壊し、1991年にジョージアが独立を宣言すると、巨大な醸造所が音もなく倒産した。自由主義の売買では当たり前の発注書がなく、販売契約もなく、市場で通用するブランド名もない。かつて全国に広がっていたワインを引き取ってくれるサムレストもない。

　ジョージアのワイン産業が暗黒時代から復活したのは、伝統的なワイン造りへ回帰したためと思ってしまうが、現実は紆余曲折をたどり、美しいクヴェヴリのように華麗にはいかなかった。ソヴィエト式の社会制度が崩壊し、経済が破滅寸前まで追い詰められた状況で、最初は、野心に燃える起業家や実業家が台頭し、文化ではなく政治的な仕組みができ上がった。ソヴィエト連邦の崩壊、崩壊直後の内戦、ジョージア産ワインに対する2006年から2013年までのロシアの

医者にして自然農法の第一人者、イラクリ・エコ・グロンティ博士。トビリシの自宅にて

禁輸措置[*44]など、ジョージアの国土が焦土化した後、ジョージアに近代的なワイン産業が芽生える。

ジョージアの農業大臣（訳注1）、レヴァン・ダビタシュビリ[*45]は2010年から2012年までシュフマン（訳注2）という醸造所に勤務した経歴をもつ。独立の1991年以降、市場のサプライチェーンに乗る物流量が激減したことを今でも思い出すという。「受難の時期でした。特に、農業には大きな試練となりました。国有地の大部分は農民に配分しましたが、作るのは、家畜に餌や自給自足用の作物でした。誰も、市場で農産物を売ることなど頭にありません。サプライチェーンはなくなりました。ワインも同じです[*46]」。

ジョージアのブドウ畑が消滅しかけた原因の1つがこれだ。ジョージア農業省傘下の国家ワイン庁（サムレストの後継組織）のイラクリ・チョロバルジアによると、ソヴィエト時代、ジョージアには15万ヘクタールのブドウ畑があったが、2006年には3万6000ヘクタールに激減した。チョロバルジアは言う。「ソヴィエト崩壊後、たくさんの農家が畑からブドウを引き抜き、スイカを植えました。市場の経済原理によるものです」。実際、ブドウの作付面積も、稀少な土着ブドウの種類も、1920年以降、減少の一途をたどる。グリア、アブハジア、アジャラなど、グルジア最古のワイン生産地帯でも、ブドウから小麦やジャガイモへ転作した。畑からブドウを引き抜き、二度とワインを造ることがなくなってしまった土地もあった。

転作を免れたブドウ畑も、状態は最悪だった。テラヴィ・ワイン・セラー（「マラニ」ブランドで有名）の共同創立者、ズラブ・ラマザシュヴィリは昔を思い出す。「農家は、政府からブドウ畑を借りることから始めたのですが、畑は内戦で荒れ、痩せていました。ブドウの木が古かったり、きちんと枝を仕立てていなかったり、ブドウの木を植えてない場所もありました」。高級品種のサペラヴィを栽培しているはずの畑なのに、病害に強いが低品質の交配種イサベラを勝手に植えてあったりした。

---

*44 　1991年より、ロシアとジョージアは国境紛争が絶えない。禁輸措置の表向きの理由は、偽物のジョージア産ワインがロシア市場へ大量に入ってきたことへの対抗策だが、実際は、政治的な圧力であることは明らか。

*45 　2017年現在

*46 　2017年7月の電話取材での談話

訳注1 　農業省は、2018年、環境に関する部局と合併し、「環境保護・農業省」となった。

訳注2 　名手、ゴギ・ダキシヴィリが「ヴィノテラ」として立ち上げ、ドイツ人の実業家のブルクハルト・シュフマンが2008年に買収した醸造所。ダキシヴィリが引き続き醸造を担当。ジョージアの土着ブドウだけでワインを造る。

大きな問題は、ジョージアへ伝わったソヴィエトのブドウ栽培技術は、除草剤や防カビ剤をブドウの木全体に大量に噴霧することだけだった。医者であり、後にワイン造りの道に入り、伝統的な自然農法の第一人者となったイラクリ・エコ・グロンティは、ブドウ農家と一緒になって、化学物質まみれの畑を健康な状態に回復させた。グロンティは土壌を分析し、トラクターで踏みつけられて土が固くなっていることや、カルシウム不足など、いろいろな問題を見つけた。カヘティを調査してこう述べた。「土の中に微生物がおらず、根がミネラル分を吸い上げられません。雨が降っても地表を流れるだけで、土に染み込みません」。

クヴェヴリを作る芸術

クヴェヴリの製造は、紐状に長く伸ばした粘土を円形に積み上げて巨大な甕（かめ）を作るのに似ている。甕はちょうどいい大きさになるまで何層も粘土を積み重ねる。形が完成するまで2、3カ月かかり、2、3週間乾燥させてから、屋外の巨大な登り窯に入れ薪で焼き上げる。クヴェヴリ製造者のザザ・レミ・クビラシュヴィリによると、大きさはおおよその感覚で手造りなので、1つとして同じクヴェヴリはない。

粘土の種類は重要で、イメレティ州の土が最もよい。ヨスコ・グラヴネルによると、ここの土ほど汚染物質がない粘土は世界のどこにもないらしい。

クヴェヴリは窯で焼き（1000℃〜1300℃で最長1週間）、その後、数日かけて粗熱を冷ます。まだ余熱が残っているうちに、内側にざっくりと蜜蝋を塗り、表面を滑らかにする。クヴェヴリによるワイン造りのエキスパートであり、研究者のギオルギ・バリサシュヴィリは、自身の著書、『Making Wine in Kvevri – a Unique Georgian Tradition（2011年刊）』で、蜜蝋は可能な限り塗らない方がよいという。蜜蝋を塗るのは、空気も通さないように密閉するのではなく、陶器の表面の小さい穴を埋めるためである。クヴェヴリの内側を完全密閉すると、ワインが陶器と直接接触しないため、マイクロオキシジェネーション（微酸化）が起きず、オレンジワイン特有の風味が出ない。

外側を灰白色の石灰塗料でコーティングしたクヴェヴリもあるが、クビラシュヴィリが言うように、自然派のワイン生産者は、素焼きのままのクヴェヴリを使う。

クヴェヴリは通常、首まで地中に埋める。設置場所は屋外だけでなく、最近は専用の醸造場（マラニ）に置く。

ギオルギ・バリサシュヴィリ。クヴェヴリの第一人者で、クヴェヴリによるワイン造りのエキスパートにして研究者

ソヴィエト連邦が崩壊した後、業績が低迷したり、倒産した醸造所は、民間セクターが買収していった。起業家は、以前同様、ロシアはジョージア産ワインを飲みたいことが分かっていたからだ。1990年代後半には、GWS（ジョージアンワイン＆スピリッツ）、トビルヴィノ、テラヴィ・ワイン・セラー、テリアニ・ヴァレーなどの株式会社ワイナリーが次々と誕生した。会社の名前や体制は変わったが、造るワインやターゲットにする市場はほとんど変わらなかった。政府レベルにまで汚職ははびこり、ロシアが告発した混ぜ物をしたワインや偽ワインも目につき、ワインの不正を根絶するのに数十年かかった。

　伝統の技が生きるクヴェヴリのワインは、ロシアの消費者には人気がなかった。よく売れるのは、昔も今もアラザニ・ヴァレー（ワイナリー名のようだが、ワインの一般名称）、キンズマラウリのように、大量生産した半甘口のワインだった。このスタイルは、現在でもジョージアのワイン生産量全体の半分を占めているし、ロシアは依然として、圧倒的に大きい市場の取引先であることには間違いないのだ[*47]。

ガーゼで口を覆ったクヴェヴリ。カルトリの醸造所、ボルヌリにて

---

*47　農業省の国家ワイン庁の統計によると、2007年度、ジョージア産ワインの輸出は、総量の60％がロシア向けであった。

新酒祭りの儀式で、キシから造ったワインを注ぐ。2017年5月、トビリシにて

ズラとギオルギのマルゲラシュヴィリ兄弟は、1991年にジョージアがソ連から独立すると、トビルヴィノの株主になった。以降、2人はよくあるストーリーをたどる。ワインに興味があったズラは、カルフォルニアでワイン造りのインターンを終えて帰国すると、1998年、兄弟は家族の貯蓄を投資してトビルヴィノの全株式を買い、経営権を手にした。買収価格は教えてくれなかったが、格安だったと思われる。ギオルギは当時を思い出して言う。「トビルヴィノの全株式を買った1998年、醸造所は決して良い状態ではありませんでした。生産本数はほぼゼロでしたし、以前の納入業者や顧客とは縁が切れていました」。では、投資した金で2人は何を手に入れたのか？トビルヴィノは、自社畑を所有していなかったが、醸造所があった。トビリシに5ヘクタールもの土地があり、醸造設備は旧式ながら非常に状態が良い。予想外だったのは、ワインセラーに300万リットルもワインが残っていたことだ。

　国際的に活躍している友人のワイン専門家に集まってもらい、その「残り物ワイン」を評価してもらったところ、厳しい意見ばかりだった。「これはドブ水だ。ボトルに詰める価値はない」。だが、立ち上げたばかりのワイナリーとしては何としても金が欲しい。ギオルギは当時のことを語る。「そのワインは瓶詰めせず、何とかバルクで売りさばき、借金返済の足しにしました。手元にある現金を握ってカヘティへ行き、ブドウを買ったのです。1999年のことで、これが最初のヴィンテージです」。

　先が見えないスタートだったが、農業指導部から言われるままに大量のワインを造って瓶詰めする旧ソ連のやり方とは全く異なる方針で、兄弟はトビルヴィノでワイン造りを始めた。2人の新戦略とは、ブドウを売ってくれるいろいろな農家との関係を大事にし、収穫にも積極的に参加し、ワインの品質を上げることだった。2006年、ロシアの禁輸措置により、醸造所は売り上げの52％も失うが、結果的にはこれが幸いする。トビリシに所有していた土地のほとんどを売って金を作り、高品質ワインに特化した小規模の醸造所を新たに建てることにした。

　2008年にはトビルヴィノは完全に回復し、これまで以上に醸造所の経営体質がしっかりした。現在では、醸造所は年間400万本のワインを造り、30か国に輸出している。最初の10年は、勘と経験だけで醸造所を運営していたと、ギオルギは無邪気に笑う。「昔は、若くて経験もありません。あらゆる難題が降りかかりましたが、普通の出来事と思って取り組みました。失うものはありません。大金をつぎ込んでワイナリーを始めたわけではありませんし。いろんな苦労をしましたが、とても楽しく思いました」。

ジョージアの主なワイナリーは、ロシアの禁輸措置が大きな転機になったと考えている。テリアニ・ヴァレーのマーケティング部長、テア・キクヴァドゼは語る。「ロシアへは、ここで造ったワインは何でも売りました。でもヨーロッパや他の市場でビジネスをするには、質の高いワインが必要です。ロシアの禁輸措置は、個々のワイナリーには痛手でしたが、ジョージアのワイン産業には良い方向に働きました。ワイナリーは、嫌でも品質を意識しなければならないのですから。これは大変革でした」。また、ロシアの禁輸により、ワイナリーは、中国、ポーランド、イギリスなど、新たな市場を積極的に開拓する必要があった。2013年からロシアは禁輸措置を解除したが、ジョージアワインの輸出における絶対的な優位性は90％から60％へ下がる。

　大きく変わったジョージアのワイン産業で、無くなったものがある。これらの新しく立ち上がった民間ワイナリーでは、ジョージアの伝統的なクヴェヴリでワインを造っていないのだ。白ブドウは収穫直後に果汁を搾り、芳香系の培養酵母で発酵させ、口当たりがよく、淡い色合いの現代的な白ワインを造る。このワインを見ると、ハーマン・トゥムの先祖から始まったヨーロッパ的なワインの醸造を連想させられる。ジョージアの大部分の醸造所は、ヨーロッパや、新世界（訳注：ヨーロッパ以外のワイン生産国。アメリカ、オーストラリア、ニュージーランドなど）のワインコンサルタントと契約し、最先端の技術を導入している。旧式のソヴィエトの設備は、財政が許す限り、ぴかぴかに輝くイタリア製のステンレスタンクや、フランス産のバリック（熟成用の小樽）に替えた。

　クヴェヴリによるワイン造りは、非常に稀少となる。アメリカの女流作家、ダーラ・ゴールドスタインが1993年に出版した料理本、『*The Georgian Feast: The Vibrant Culture and Savory Food of the Republic of Georgia*』の初版でも書いている。「ぜひ、飲みたいと思う本物のカヘティ産のワインは、自家醸造している」。2000年5月、ヨスコ・グラヴネルがカヘティでクヴェヴリに巡り合えたのは、万に一つの幸運だった。

8

農家と土器

Peasants and their clay pots

２００4年、ラマズ・ニコラゼは、古い友人を自宅の夕食に招いた。これが、ワイン業界に入る転機になるとは、本人も予想できなかった。ニコラゼの友人は、日本人の食文化研究家である島村菜津をゲストとして連れてきた。島村は、夕食での地元の料理と、裏庭に埋めたクヴェヴリからニコラゼが直接注いでくれたワインに完全に心を奪われた。島村は、ニコラゼをイタリアのスローフード協会の会員に推薦する。この協会は、世界中で絶滅の危機にある食事や伝統的なワインの保護を目的に設立した団体である。

ニコラゼの家族は、イメレティの西部でワインを造っており、ニコラゼは、全力で両親のワイン造りを支えてきた。一家は醸造所の建物を持っていなかったが、ニコラゼは自分のクヴェヴリを屋外に埋めていた。ありあわせのボロボロのプラスチックのシートで風雨や虫や酸化を防いでいる。これは、「パンク式のDIY」のオレンジワインだ。実際、ニコラゼはパンクロックを聞きながら、時代を越えて正統派の自作オレンジワインをグラスで飲み、チリコンカンを平らげるのを好んだ。

ニコラゼは、スローフード協会で母国の代表になるつもりはなかった。スローフードのイベントに初めて参加し、スローフードによる地球規模プロジェクト「テッラ・マドレ」のトリノで開催されたイベントを訪問した際、英語が通じず苦労したが、参加したイタリア人はそんなことは気にしなかった。イベントの参加者は、島村と同様、ニコラゼが甕で造った素晴らしいワインに仰天した。クヴェヴリによるワイン造りは、協会の幹部会が「正統的なスローフード」と認定するには十分だが、問題は、個々のワイン生産者の話ではなく、産地全体での「運動」として認定を受けるために、産地全体での販売量のような実績を示す具体的なデータがなかったことだ。数年後、ニコラゼは国の反対側にいる経験豊かで腕のいいワイン生産者と出会った。ソリコ・ツァイシュヴィリだ。カヘティでワインを造っており2003年に、友人とプリンス・マカシュビリ・セラーという醸造所を立ち上げた。後に、アワ・ワイン（ジョージア語の名称では「シュベニ・グビノ」）と改称し、広く知られるようになる。

グヴィノ・アンダーグラウンド。トビリシ初の自然派のワインバーで、ラマズ・ニコラゼと友人が立ち上げた。

ソリコと友人は、自分が飲む分のワインを造るという非常に単純な理由でワインビジネスへ入った。ソリコたちは、ジョージアのワイン市場にあふれていたヨーロッパ式のワインではなく、伝統的なクヴェヴリのワインを好んだ。トビリシに住んでいると、クヴェヴリで造ったワインを見つけるのは、ほぼ不可能だ。ブドウ畑を持っていたり、郊外に家を所有する一部の恵まれた人だけが、良質のクヴェヴリワインを造ることができた。5人の友人は、カヘティに土地と小さな家屋を買った。当初はブドウを購入し、クヴェヴリで伝統的なワインを造った。

　ラマズ・ニコラゼは、「クヴェヴリでのワイン造り」がスローフード協会の幹部会で認定を受ける上で、活動の理想のパートナーといえるソリコと出会う。2007年、2人は、それぞれの土地の醸造所を調べた。有機栽培でブドウを育て、伝統的なクヴェヴリで上質のワインを造っているところはないか？ その生産者の何人かを説得し、ワインを瓶詰めし販売してくれるならば、クヴェヴリの伝統技法はスローフード協会の幹部会から保護認定を受けられる。消滅しかけている伝統技術が生き延びる。クヴェヴリワインを商品化して市場で売るための資金援助を受けられるかもしれない。クヴェヴリでワインを造っている家族をいくつか選び、活動に賛同してくれるよう説得した。その結果、ジョージアのクヴェヴリワインは、2008年にスローフード協会から認定を受け、初めて世界から大きな注目を集めた。

　ジョージア以外では、クヴェヴリによる伝統的なワイン造りの保護に、それほど大きな意義を見いだされてはいないが、ジョージアではワインは単なる飲み物ではない。一部のアングロサクソン系の人間のように、ワインはドラッグや泥酔するための飲料ではない。ワインは人生そのものであり、宗教や、あらゆる文化と密接に結びつき、民族の象徴と遺産がしみ込んでいる。ジョージアの伝統の軸になっているのがクヴェヴリであり、文字通り、ゆりかごから墓場まで、人生とともにある。子供が生まれると、造りたてのワインでクヴェヴリを満たし、子供の結婚式で開ける習慣がある。歴史書にも詳しく書かれているが、クヴェヴリは葬儀にも深く関わり、半分に切断したクヴェヴリに遺体を納めて埋葬する。

　クヴェヴリには、象徴として2つの意味がある。クヴェヴリで発酵させる場合、果皮、果梗、種を「マザー」と呼ぶ。母親が幼い子供を守るように、搾りかすはブドウジュースが発酵する最初の数カ月間ワインを守る。発酵で生じたフェノール化合物は、酸化や有害なバクテリアからワインを守る。エコ・グロンティ博士は、ジョージアでの言葉の起源としてこう述べている。「昔から、ワインは造るものではなく、自然に生まれると考えています。人間は土でワインの母胎を作り、女神のように土に埋めるのです」。

イアゴ・ビタリシュヴィリ、"チヌリの魔術師[*48]" は骨身を惜しまずクヴェヴリでのワイン造りに取り組んできた。骨と皮しかないくらいに痩せ、初めてクヴェヴリを使ってチヌリのブドウで白ワインを造った2003年から、満足な食事をしていないように見えるほどだ。当初、イアゴは家族の畑で5年間、有機農法でブドウを育てた。そのわずか2年後、ジョージアで初めて有機農法の認証を受ける。「戦争により、農業地帯は深刻な汚染を受けました。2003年には、ビジネスとしてワインを造っていたのは大企業だけで、ワイン造りの復興にはつながりませんでした」とイアゴは語る。父はクヴェヴリを使って白ワインを造っていたが、発酵は果皮を除去する近代的な方法だった。それでも、イアゴは家族が所有するクヴェヴリにはいつも感動した。2008年、すべてのチヌリを果皮ごと、家族が所有する200年から300年前のクヴェヴリで醸造することにした。父は激怒したが、家族ぐるみで付き合っていた友人は賛成してくれた。友人は、イアゴをクヴェヴリの前に連れて行き、「君のおじいちゃんは、こうやってワインを造っていたんだよ」と言った。

イアゴは、失敗に対して謙虚である。2009年、クヴェヴリでワインを造っているすべての生産者に声をかけ、大試飲会を企画した。参加したのはたった5軒の醸造所だった。「もちろん、私の造ったワインは出しませんでした。私が試飲会を企画する時は、私のワインは出しません」と言って肩をすくめた。5人の生産者とは、アラベルディ修道院、フェザンツ・ティアーズ、ヴィノテッラ（シュフマン・ワインズ）、アワ・ワイン、ラマズ・ニコラゼだった。テイスティング会は毎年の新酒祭の最初のイベントで、2010年から毎年5月に開催している。今では、試飲会はトビリシのムタツミンダ公園で開き、1万人の観客が集まる[訳注1]。参加するワイナリーは100軒で、ほぼ全てが伝統的に造ったクヴェヴリのワインを出す。最近では、イアゴも自分のワインをティスティングに出している。

---

*48　チヌリは白ブドウの品種で、主にカルトリで栽培している。

訳注1　ジョージア文化を全て体験できるフェスティバル。オレンジワインのテイスティングだけでなく、食べ物は、地元のチーズやパン、シャシリクやムツヴァディなどのジョージアの伝統的な串刺しの店が並ぶ。ライヴのパフォーマンスとして、伝統的な歌や踊りのほか、圧巻は、民族衣装に身を固めた合唱団で、会場の道に立ち、伝統的なジョージアン・ポリフォニーを披露する。クヴェヴリ造りの実演も見られる。

イアゴ・ビタリシュヴィリとクヴェヴリ

シグナギ村にある改装前のフェザンツ・ティアーズ

ある日突然、伝統的なワイン造りに憑りつかれ、昔のやり方を真似てワインを醸造する生産者は多い。そのきっかけを作るのはジョージア人だけではない。ヨスコ・グラヴネルのように、西側諸国の人間が重要な役割を果たし、ジョージアや母胎の形をしたクヴェヴリへ至るケースもある。1995年にジョージアを訪れたアメリカ人の画家、ジョン・ワーデマンもその1人だった。

　ポニーテールのワーデマンはニューメキシコ出身で、バイキングの王様のように、世界中を旅して回った。スリコフ記念国立モスクワ芸術大学の大学院生の時にジョージアを訪れ、一瞬でこの国に心を奪われる。1997年にはカヘティのちょうど真ん中にある山深いシグナギ村に家を買った。伝統的な「グルジアン・ポリフォニー」に魅せられ、夜ごとに窓から聞こえる歌にうっとりした。ジョージア人のロマンチックな気持ちと、人間性を高らかに歌い上げる合唱は素晴らしく、天国の歌声を追いかけるうちに1人の女性、ケテヴァン・ミンドラシュヴィリに引き合わされる。2年後、2人は結婚した。

　ワーデマンは画家として働きながら、ケテヴァンと伝統の歌とダンスを広めるための活動をした。そして、2人は子供を授かった。2人の共通の友人で近くの村に住む男ゲラ・パタリシュヴィリは、ワーデマンの将来について違う考えを持っていた。アリス・ファイアリングがジョージアワインについて綴った、2016年出版の書籍、『For the Love of Wine: My Odyssey through the World's Most Ancient Wine Culture』で美しく詩的に歌い上げた伝説の物語のように、ワーデマンは家の近くにブドウ畑を持つ地元のワイン生産者、パタリシュヴィリと出会った。2007年のことだ。パタラシビリは、「仕事の話がある」とワーデマンを夕食に招いた。

　心に響く感動的な夜だった。琥珀（こはく）色の酒をたっぷり飲んだ。若きジョージア人のパタリシュヴィリは、自国の文化であるグルジアン・ポリフォニーを広めているワーデマンの仕事を誉めた。同時に、伝統的製法によるワインも、グルジアン・ポリフォニーと同様、絶滅の危機にあると窮状を訴えた。「ジョージアの心臓の鼓動であり、心そのものであるワインを君は無視している」。パタリシュヴィリは、目に涙を浮かべて熱い気持ちを伝えた。新しくジョージアで立ち上がった大規模ワイン生産社は、どこもヨーロッパ式の生産スタイルを真似ており、このままでは伝統的なワイン造りが絶滅するとパタリシュヴィリは憂慮した。パタリシュヴィリには資金やマーケティング技術はないが、8世代に渡り一族代々で引き継いだ伝統的なワイン醸造技術がある。よいブドウが育つ畑もある。あとは、ワーデマンの手が必要だった。

　パタリシュヴィリは、ブドウで満載のトラックをワーデマンの家の玄関に横付けし、有無を言わさずワーデマンを連れ出して、その返事を聞く前に有無を言わさず、醸造作業を手伝わせた。ワーデマンは、潔く自分の新しい運命を受け入れる。やがて2人は、フェザンツ・ティアーズを立ち上げる。創立当初は小さい醸造所だったが、今ではジョージア中でワインを造り、シグナギ村とトビリシにレストランまで持つ「小さい帝国」に成長した。ワインは世界中のどこでも入手可能で、初めて飲んだアンバーワインがこの醸造所のワインという人も多い。

ゲラ・パタリシュヴィリ。シグナギ村の醸造所、フェザンツ・ティアーズの醸造責任者

　以降、ジョン・ワーデマンは（第2の祖国であるジョージアでは、「ジョニ」の愛称で呼ぶ）、ジョージア文化の大使として人気と尊敬を集め、訪問者を心からもてなし、世界中を旅し、フェザンツ・ティアーズだけでなく、ジョージアを大いに宣伝した^(訳注1)。2012年にロンドンで開催された自然派ワイン試飲会、リアル・ワイン・フェアでは、アラベルディ修道院の醸造家にして修道士のジェラシムが正装に身を固めてジョージア語でワインを解説し、隣に長身のワーデマンが立つというシュールな光景が非常に印象的だった。著者をはじめ、多数の来場者にとって、クヴェヴリのワインを試飲するのは初めてで、大きな衝撃を受けたはずだ。ジェラシムも、オレンジワインのボトルも、英語を話せなかったので、ワーデマンの滑らかな通訳は非常に貴重だった。

訳注1　ワーデマンは、母国語の英語に加え、ロシア語、ジョージア語にも堪能なため、世界中から声がかかる。ワーデマンは、ワイナリーが成功し、レストランも3軒持つ。トビリシにある「ポリフォニア」「アザルペシャ（金や銀でできた柄付きのジョージア古来の器）」、シグナギにある「フェザンツ・ティアーズ」。なお、エミリー・レイルズバックが監督した2018年のアメリカ映画、『ジョージ ア ワインが生まれたところ』は、ロシアの迫害に耐え、クヴェヴリでワインを造ってきたジョージアのワイン生産者を描いたドキュメンタリー映画で、ジョン・ワーデマンと、自身の醸造所、フェザンツ・ティアーズも出てくる。

アラベルディ修道院

ジェラシム神父。2012年

　アラベルディ修道院と、長い歴史のある同修道院のマラニ（ワイン醸造場）は、2005年から2006年にかけて改築した。ダヴィッド司教は、蜂蜜、ヨーグルト、ワインをもう一度、修道院で造り、可能な限り自給自足すべきと考えたのだ。現在、5人の修道士がこの任に当たり、ジェラシムがワインを造る。伸び放題の長いあごひげに厳しい眼差しのジェラシムは、ロンドンのワインフェアにいるよりもずっと、修道院の醸造室の方が落ち着いて見える。

　実は、ジェラシムは非常に謙虚な人物で、クヴェヴリやワイン造りへの熱い思いを断ち切って、神に命を捧げる決心をした。ジェラシムには、ワイン造りは長年の夢だったのだ。ダビッド司教の判断がよかったのか、ジェラシムが幸運だったかは不明だが、司教が新しい醸造施設でワインを造りたいかとジェラシムに聞いたのは、神の祝福の瞬間であろう。

---

*49　現在、ジェラシムは、大手ワイン生産者バダゴニ社から派遣された醸造技術者といっしょにワインを造っている。「アラベルディ・トラディション」シリーズのワインは、バダゴニ社がブドウを買って醸造しており、アラベルディ修道院のワインではない。

ジェラシム神父。2012年

庭の手入れをする修道士。アラベルディ修道院にて

修道院では、可能な限り最も古くて伝統的なカヘティ式でワインを造る。この地域では、6カ月から9カ月、果皮、果梗も一緒に白ブドウを漬け込む。ジェラシム神父には、ワインに硫黄や他の酸化防止剤を添加する・しないの選択肢はない。何をすべきか単純だ。完成した物に不純物が混じっていれば、神の目には価値はないものに映る。ただし、修道院での宗教の儀式で使うのは赤ワインだけなので^(訳注1)、白ワインには微量の亜硫酸を添加する場合がある。

発酵に最適の容器

伝統的に地中に埋める巨大なクヴェヴリには優れた温度調整機能があり、発酵期間中の温度を下げるだけでなく、季節を通して温度を一定に保つ。クヴェヴリは、サイズが大きくなると、発酵時の温度が高くなる。醸造家がクヴェヴリの大きさを選ぶ場合、微妙な要素を考慮せねばならない。熟成用ではなく発酵用にクヴェヴリを使う場合、500〜1500リットルの容量が一般的である。

卵型をしたクヴェヴリ（西側諸国のアンフォラも通常、卵型をしている）では、発酵により内部温度が変化すると、対流が生じる。これにより、澱がゆっくり動き、バトナージュ（死んだ酵母を撹拌してワインと接触させ、風味を豊かにし、ワインを安定させる作業）と同じ効果があるため、醸造家は手を入れる必要はない。

死んだ酵母、果皮、他の固形物（果梗など）は、ゆっくり沈んで、クヴェヴリの底にある突起部に溜まる。突起部では　固形物とワインの抵触面積が小さいため、還元性の化合物ができる可能性は非常に少ない。

何カ月もワインを撹拌せず放置すると、タンニンやポリフェノールがゆっくりゆったりワインに溶け出し、これがじわじわとずっと続く。

長期間のスキンコンタクトとクヴェヴリを組み合わせることで、人の手をほとんど必要とせず、いかなる添加物も必要としないワイン製造が可能になる。

訳注1　最後の晩餐で、キリストが12月人の弟子に、「このパンは私の肉体であり、赤ワインは血である」と言ったことから、赤ワインとパンは特別な意味を持つ。アメリカの禁酒法時代、名門、ボーリューなど、50軒ものワイナリーが教会の儀式用に赤ワインを造って持ちこたえた。なお、実際のミサでは赤か白化の決まりごとはなく、普通の白ワインも飲むらしい。

修道院では、104種ほどのジョージア原産のブドウを育てており、ブドウの研究や学習の場としての役割も果たす。2011年と2013年に開催した第1回、第2回のクヴェヴリワイン国際シンポジウムは、この修道院が主催した。院内は活気にあふれ、感動に満ちており、荘重な礼拝堂の改修が終わった今はさらに輝いている。昔は宗教関係者が訪れたが、必然的に、今では観光客が増え、修道士の代わりにプロのガイドが修道院の中を案内するケースが増えた。今でもジョージアの伝統的な製法を使っている「ワインの聖地」を自分の目で見るため、世界中から訪れる人が増えているのだ。

　ギオルギ・ゴギ・ダキシュヴィリはカヘティ地方のテラヴィ出身で、3代に渡ってワイン醸造に従事している。クヴェヴリでワインを造るダキシュヴィリは、他のクヴェヴリワイン生産者と同じぐらい意欲と熱意にあふれるが、クヴェヴリにたどりついた道のりが少し違う。最初は1997年に民営化された大規模ワイナリー、テリアニ・ヴァレーで、手作業によるヨーロッパスタイルのワイン造りから入り、それを究めた。醸造家としての経歴は、ここから始まる。父はソヴィエト連邦時代、同社の前身となったワイナリーに勤めていた。ただ、テリアニ・ヴァレー社で造るヨーロッパ式のスタイルに固執するつもりはなかった。2002年から個人的い少しずつ小さい区画の畑を買い集め、2005年に小規模の醸造所ヴィノテッラを立ち上げた。本業のテリアニ・ヴァレー社での造りとは異なり、自分の醸造所であるヴィノテッラではワインは全てクヴェヴリで醸造する。

密封したクヴェヴリ。カヘティのシュフマン・ワインズにて

カヘティのオルガ・テラダ・ワイナリーのクヴェヴリ

ダキシュヴィリは、初ヴィンテージのワインを売るのがとても難しかったことを覚えている。「2003年当時、まだ、アンバーワインという言葉はありませんでした。なので、ラベルには『白ワイン』と書きました。でも、ジョージア国外の人々には、どんなワインか分からなかったようです」と回想する。それでも2004年には、少量ながらアメリカへの輸出を始めた。ダキシュヴィリが天才的なのは、ジョージアに昔からある伝統的な醸造法に強い愛着を持ち、それに最新のワイン醸造の知識を組み合わせたことだった。ヴィノテッラのワインは、手ごろな価格で世界中に流通している。しかも品質が安定しており、本物のオレンジワインと言える。そこには、ダキシュヴィリの絶妙なビジネス戦略もうかがえる。

　2008年になって、ついにドイツ人の実業家、ブルクハルト・シュフマンがヴィノテッラ・ワイナリーへの投資を決め、準備にかかった。シュフマンは醸造所を買収し、ダキシュヴィリは共同経営者になる。現在はシュフマン・ワインズに社名を変更し、ヨーロッパスタイルのワインを中心に造っているが、クヴェヴリで醸造したワインは、「ヴィノテッラ」のラベルで出荷しており、その生産量は年間30万本に拡大している。3つの醸造所で計87個のクヴェヴリを所有するシュフマンは、現在、ジョージアのクヴェヴリワインの最大の生産者である。30万本の大部分は白ブドウ（ルカツィテリ、キシ、ムツヴァネ）で造っており、世界最大のオレンジワインの生産者でもある。

　大規模ワイン生産者は、クヴェヴリワインが流行っていると見るや、自社の生産ラインに「ブティック・クヴェヴリ（訳注1）」を追加した。クヴェヴリの伝統製法を保護したいとの思いに加え、新市場の開拓というビジネス面の思惑も見える。「ブティック」は、大会社の生産ラインから見れば「ブティック」だが、実際には「大量」であり、小規模の家族経営ワイナリーの生産量よりはるかに多い。

　テラヴィ・ワイン・セラー社はジョージアを代表する大規模ワイナリーで、同社は、「マラニ」ブランドで、クヴェヴリワインシリーズの「サトラペゾ」を出している。発売開始は2004年からと後発組ではあるが（*50）、同社でのクヴェヴリワイン造りの歴史ははるかに長い。同社のズラブ・ラマザシュヴィリが説明する。「当ワイナリーは、ソ連時代、クヴェヴリワインに特化していました。0.5ヘクタール以上もある半地下の醸造所にはかつてクヴェヴリが並んでいましたが、1980年代にソヴィエト連邦が、クヴェヴリはコストがかかると判断したのです。ほとんどのクヴェヴリを掘り出して売ってしまいました。ソヴィエトが崩壊して会社が新しくなった時、まだ、クヴェヴリは40個残ってましたが、クヴェヴリでワインを造る技術はもはや残っていなかったのです」。ラマザシュヴィリは、「サトラペゾ」の人気が高く、すぐに品切れになることを誇りに思っており、生産量を10万本に増やす予定である。

———

*50　当初、セパラビだけをクヴェヴリで造っていたが、2007年から、ルカツィテリをクヴェヴリで醸造した「サトラペゾ」もラインナップに追加した

訳注1　カリフォルニアの小規模手造りワイナリーを英語で「ブティックワイナリー」と呼ぶように、「ブティック」は意外に世界のワイン業界で使う言葉。

カヘティでのクヴェヴリワイン醸造法

　カヘティの東部では白ブドウ栽培が中心で、現在では、ルカツィテリ、キシ、ムツヴァネが生産量のトップ3を占める。凝縮感があり、しっかりした骨格のあるクヴェヴリワインは、この地でできる。最も伝統的な方法は、以下のように、最も単純である。

▼健康なブドウを収穫し、サツナヘリ（長い木箱）へ入れ、足で踏む。ラガールを使うポートワインの伝統的製法に似ている。
▼ブドウを果皮と果梗ごと一緒にクヴェヴリへ入れる。
▼発酵はブドウの天然酵母で自然に始まる。果皮は定期的に（1日に3〜5回）パンチングダウンし（訳注：浮いてきた果皮を木の棒で下に沈める）、乾燥を防ぐ。
▼約2週間後、もしくは発酵終了後、クヴェヴリを石や木の蓋で閉じ、上部に粘土を重ねて密閉する。
▼6カ月後（それ以上の場合もある）、クヴェヴリを開けると、深い色合いをした透明なワインが現れる。このまま瓶詰めする場合もあるし、ワインの上澄みだけを取り出しきれいなクヴェヴリに移し、熟成させることもある。

　カヘティでの造り方とは異なり、イメレティの西部では、昔から果梗は使わず、スキンコンタクトの期間も短い（最長で3カ月）。

左にサツナヘリ（ブドウを足で潰す木箱）が見える。アラベルディ修道院にて。

年間400万本[*51]を生産するトビリシの大規模ワイン会社トビルヴィノは、2010年にクヴェヴリワインの生産開始を決めると、出荷量は急増して7万5000本になり、今後数年で2倍に増やすという。トビルヴィノとテラヴィ・ワイン・セラーの両社は、伝統的な製造法でクヴェヴリワインを造り、品質も高い。伝統的なスタイルでクヴェヴリワインを大量生産している実例は世界にほとんどなく[*52]、快挙と言える。ジョージア以外の国で、大規模ワイン生産者が造るオレンジワインの生産量は、スキンコンタクトをしたワインという広義なものを含めても、合計でかろうじて年間5万本に届く程度。ジョージアでいえば、その程度の生産量は全て小規模の個人生産のカテゴリーに入る。

　白ブドウを醸してできる深い琥珀（こはく）が色のワインは、世界に例を見ない。これを支えたのは、オレンジワインの熱狂的なファン、美味さを広く宣伝したワイン愛好家、偶然オレンジワインを海外へ伝えた人で、いずれも普通の平凡な人である。オレンジワインに尽力した偉人、ラマズ・ニコラゼ、ソリコ・ツァイシュヴィリ、イアゴ・ビタリシュヴィリ、ゲラ・パタリシュヴィリ、ギオルギ・ダキシュヴィリ、ジョン・ワーデマンに関しても、特筆すべき「伝説」はないかもしれないが、過去10年間（2008～2018年）を見ると、この偉人が最初に点けた小さいマッチの火が大きく燃え上がり、ジョージア伝統のワインを造る新たな生産者が続々と生まれて一生懸命にクヴェヴリワインを造る大きな原動力になったことは確かだ。

　世界中のワイン業界で、オレンジワインのマーケティングや宣伝を展開しているが、クヴェヴリワインはジョージアの総生産量のごく一部との認識が一般的だ（2007年度、7670万本を輸出）。しかし、伝統的なクヴェヴリによるワイン造りは、ソヴィエト支配下の暗黒時代のように衰退するのではなく、ジョージアの現在の主流であるヨーロッパ式のワインには及ばないものの急成長している。ソヴィエト時代に消えかけたオレンジワインの生産が、今、急増していることは、暗黒時代と独立後のジョージアを象徴している。ジョージアのシンボルであるクヴェヴリと、そこで造る琥珀（こはく）色のワインは、ジョージアの文化とジョージア人の人生同様、切り離せない[*53]。

---

*51　2017年度のデータ

*52　ポルトガルのブドウ、アレンテージョで白ワインを造る大規模生産者の中には、タルホス（ポルトガルのアンフォラ）でかなりの量を醸造しているワイナリーもある。

*53　ジョージアでは赤ワインもクヴェヴリで造るが、本書では白ブドウから造るアンバーワインにのみ限定して論じている。

窯で焼きあがったクヴェヴリ。ザザ・レミ・クビラシュヴィリの工房にて

クヴェヴリの衛生状態

クヴェヴリの清掃は想像を絶する重労働であり、ジョージア以外のワイン醸造家には評判が悪い。確かに、何重にも落とし戸があって、蓋もついている近代的なステンレスタンクに比べると、洗浄は簡単ではないが、「禅の心」で向かえば清掃作業は楽になる。

伝統的にクヴェヴリは石灰で灰洗浄して湯ですすぐが、大きなクヴェヴリでは何時間もかかる。清掃用具は、ジョージアでは、セイヨウオトギリソウで作ったブラシや、柄のついた桜の樹皮製のスポンジを使う。どちらも殺菌作用がある。洗浄後、さらに確実に殺菌したい場合、必要に応じてクヴェヴリで硫黄を燃やす。

クヴェヴリの洗浄は、ワイン醸造家には最も重要な作業であり、ギオルギ・バリサシュヴィリは、「洗浄していないクヴェヴリには、絶対にワインを入れてはならない」と言う。

クヴェヴリをきちんと洗浄したがどうかをチェックする方法として、昔は、洗い流した水を飲んだ。美味ければ洗浄は完了だ。

制作途中のクヴェヴリ。ザザ・レミ・クビラシュヴィリの工房にて

ソリコ・ツァイシュヴィリは、膵臓がんでの2年間の闘病生活の後、2018年4月に逝去。クヴェヴリワインの復活に多大な功績のあった偉大な人物を、ジョージアは失った。

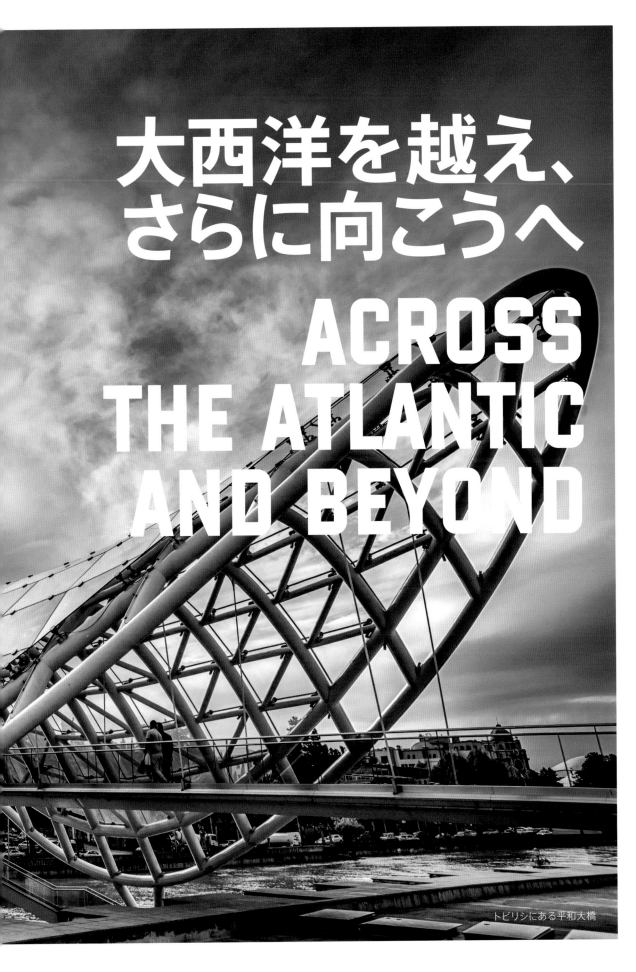

大西洋を越え、さらに向こうへ

ACROSS THE ATLANTIC AND BEYOND

トビリシにある平和大橋

2009年5月

心の準備は全くできていなかった。2009年5月2日、土曜日、悲劇が起きる。ヨスコ・グラヴネルは電話を受けた。息子のミハがバイク事故を起こして重態だという。ヨスコは車に飛び乗り、4時間かけて病院へ向かう。駆けつけても無駄だった。ミハは内出血のため、搬送中の救急車で死亡。グラヴネルは、生きている息子を見ることはなかった。

地元の同業者との研究グループを実際より数年早く解散するより、あるいは、さらに何年間もイタリアのワイン批評家から酷評を受けるより、グラヴネルの虚無感、孤独感は息子を失った今の方が圧倒的に大きい。ミハは長年、父と働き、ゆくゆくは父の跡を継ぐはずだった。グラヴネルは、ビオデナミに興味があり、畑をビオデナミに転換しようとしていたが、息子なしでこの大仕事ができる気はしない。娘のヤーナが思い切って話を切り出し、ようやくシュタイナー農法を採用するのに5年もかかった。

その後数年間、グラヴネルは、ブドウ畑とワインの中へ閉じこもり、ワイナリーの訪問客への対応にも熱意が薄れた。ガンベロロッソやその他のワイン誌で、自分のワインがどれだけ叩かれても、どうでもよかった。この時期のインタビューでは、『私は自分のためにワインを作り、残りを売っている』と呪文のように唱えていた。自らを見つめ、内省する姿勢が伝わる。壮絶な体験だったので無理もない。

少しずつ気持ちを充たしたのは、グラヴネルの2人の娘だった。ヤーナは、父親の悲しみを分かち合い、セラーやブドウ畑を一緒に歩くようになった。社交的で笑顔を絶やさないマテヤ(経験を積んだワイン生産者でもある)は、アルト・アディジェでの新しい生活を捨て、ワイナリーのフロントに入り、2014年から、ワイナリーの顔として、対外的な仕事を全て担当している。

グラヴネルも、じっとしていたわけではない。全面的にクヴェヴリを採用し、すべてのワインをスキンコンタクトで造るグラヴネルには、極端な考え方をし、非常に厳格であるとの印象があった。グラヴネルは、さらに驚きの行動に出る。リボッラ・ジャッラは、いつもグラヴネルのお気に入りだった。クヴェヴリでの醸造によく馴染み、地元の土着品種として500年以上もの歴史がある。厚くて香り高い果皮は、何ヵ月ものスキンコンタクトに耐え、ワインに豊かな風味や芳香を与える。グラヴネルの場合、「白か黒か」の判断基準は実にシンプルだ。最高のブドウかどうか。質

---

*54 ビアンコ・ブレグ 2012 は、2020年に販売開始

の低いブドウを相手にする暇はない。グラヴネルは、シャルドネやソービニヨン・ブランのような国際標準の白ブドウを全て畑から引き抜いた。抜いた跡地は、リボッラ・ジャッラに適した土壌なら、リボッラ・ジャッラを植え、そうでなければ放置して自然に還した。この作業は2012年に完了し、その秋がビアンコ・ブレグの最後のヴィンテージになった。ビアンコ・ブレグは、シャルドネ、ピノ・グリージョ、ソーヴィニヨン・ブラン、ヴェルシュリースリングのブレンドで、20年以上、ワイナリーを支えた主力商品である。

　シンプルな原理に回帰するという還元主義的な考え方により、グラヴネルは、リボッラ・ジャッラ一本に絞りこんだ。世界は、この「最も純粋なオレンジワイン」の素晴らしさを少しずつ分かりかけている。

マテヤ・グラヴネル　2017年10月

9

オレンジワインが
気になって

I am kurious oranj

21 世紀が始まると、ボビー・スタッキーのワイン業界での活躍も始まった。アリゾナ州出身のソムリエであり、仕事熱心で物言いのはっきりしたスタッキーは、コロラド州アスペンの高級ホテル、ザ・リトル・ネルでワイン部門のディレクターを5年間務めた。世界最大の発行部数を誇る『ワイン・スペクテーター』誌の賞をはじめ、食のオスカーと言われるジェームス・ビアード賞など、いろいろな賞を受賞。2000年には、カルフォルニア州ナパのヨントヴィルで名シェフ、トーマス・ケラーが切り盛りする"全米一予約が取れないミシュラン三つ星レストラン"、フレンチ・ランドリーでワインの総合監修を任された。これは、非常に名誉なことだ。

2004年、スタッキーは、世界で249人しかいないマスター・ソムリエ[*55]に合格する。この資格は、何年も学習と経験を重ね、超難問の筆記試験、実技試験とブラインドテイスティングに合格しなくてはならない。スタッキーは、フリウリワインの大ファンである。

スタッキーは1990年代の初めから、コッリオの有名なワインを自分で買って飲んでいた。その中で圧倒的に評価が高いのがヨスコ・グラヴネルの「樽発酵キュベ」だ。フレンチ・ランドリーでの仕事はワインリストの大刷新だった。それまでナパのワインしかなかったリストに、ブルゴーニュやトスカーナなどヨーロッパの銘醸地からも選び、世界の最高峰のワインをすべて網羅する大仕事だった。グラヴネルの1997年ヴィンテージは、リリース直後にオーダーした。ぼんやりしていると、すぐに売り切れる。

*55　2018年2月時点

グラヴネルのワイン

　グラヴネルは、過度に技術に依存したワイン造りを止め、伝統的なオレンジワインに転向した。スタッキーがグラヴネルの新しいワインを初めて飲んだのは、近くのレストランで外食した時だった。リストに同じヴィンテージがあったのだ。ひと口飲んで強烈な衝撃を受けた。「最初に浮かんだ言葉は、『酸化している』でした」とグラスの中の霞がかった琥珀（こはく）色の液体を見ながらスタッキーは振り返る。「次に浮かんだのは、『輸入代理店に電話しなくては』でした」。

　そして、客ではなく、ソムリエとしてワインを分析し、真剣に考えた。アロマからは、ワインの劣化　や酸化は感じない。フレーバーも同様だ。絶対に、確実に、欠陥ワインではない。別次元の別物だ。どんなワインか、必死に考えたが、漆黒の闇で手さぐりするように何も浮かばない。2000年当時、ブログの情報もなく、電子メールでグラヴネルに連絡を取ることもできない。幸い、スタッキーには強力なコネがあった。

ハーバードビジネススクールを卒業したジョージ・バーレ・ジュニアは、1972年から1990年半ばにかけて、ナパ・ヴァレーのワイン業界を牽引してきた実力者だ。1996年からルナ・ヴィンヤーズを立ち上げ、イタリアの品種に絞ってワインを造る。1990年代の終わりに引退するころ、イタリアの伝統的製法や家族経営の小さいワイナリーへさらにのめりこむ。フリウリに熱中し、フリウリにグラヴネルを訪ねて親交ができ、グラヴネルから貴重なリボッラ・ジャッラの苗木をもらった。バーレは苗木をこっそり米国へ持ち帰り、小さな畑に植えた。スタッキーは、バーレにはグラヴネルに接触できる特別ルートがあると考えた。バーレは十分期待に応えてくれた。

　だが、バーレの尽力も及ばず、また、グラヴネルのワインの輸入販路や流通経路を細かく調べても、ワインを仕入れられなかった。スタッキーは当時を振り返る。「そもそもグラヴネルは、当時のフリウリワインの中で、圧倒的なスーパースターでした。『ガンベロ・ロッソ[訳注1]』のトレ・ビッキエーリを毎年受賞していましたし[*56]、やることなすこと全てがドラマチックです」。このままでは1本も手に入らないと考えたスタッキーは、あらゆる手段を尽くし、時間をかけて、「リボッラ・ジャッラ」と「ブレグ」の1997年をフレンチ・ランドリーのワインリストに載せた。

　スタッキーは、未知の世界に付き物の難題にぶつかる。これまで勉強し経験値を上げてきた食事とワインのペアリングの知識が通用しないのだ。「グラヴネルのワインに合うと思う食事をリストアップしましたが、うまくいきませんでした」。ワインが、赤、ロゼ、白のどれでもないのだ。

　2004年、イギリスのワイン輸入会社で働いていた若い男がシチリア島のエトナ山にやってきた。先進的なベルギー人のワイン生産者フランク・コーネリッセンのワイナリーで、セラーラット[*57]として働くためだ。イギリス人の名前はデイヴィッド・A・ハーヴェイ。ハーヴェイも、フレンチ・ランドリーのスタッキーと同じ問題に取り組んでいたが、視点が違った。コーネリッセンはそれまでの生活（金融機関のトレーダー、登山家、高級ワインのブローカー）を捨て、2001年、ワインを造るためにエトナ山へ移った。目標は、「何も手を加えずにワインを造る」こと、すなわち、ブドウ以外は使わないことである。人工培養選酵母は使わないし、酸も亜硫酸も添加しない。

---

*56　3個のグラスを意味するトレ・ビッキエーリは、イタリアのワインガイド誌、『ガンベロ・ロッソ』が毎年主催する試飲会での最高位の賞。

*57　セラーで働くアシスタント。ネズミのように1日中、外に出ないことから、こう呼ぶ。

訳注1　「赤い海老」を意味する「ガンベロ・ロッソ（Gambero Rosso）」は、グルメ雑誌で有名なイタリアの出版社「GRHSpA」が出すガイドブックの総称。ワインを評価するガイドブックが『ヴィーニ・イタリア』で、最高評価はワイングラス3つの「トレ・ビッキエーリ」、2つが優良ワインで「ドゥエ・ビッキエーリ」、1つが平均よりやや上のワインで「アン・ビッキエーリ」、ワイングラスなしが平均以下のワインで「ノー・ビッキエーリ」。同様に、レストランを4段階で評価するのが『リストランテ・ディ・イタリア』。毎年、10月に発行し、レストラン評価本の『ミシュラン・ガイド』のように、評価の上がり下がりが大きな話題になる。

マセレーションでワインが琥珀（こはく）色に輝く。プリモジックにて

コーネリッセンはすぐに注目を集めた。そのワインが好きな愛好家は、コーネリッセンを「天才」と絶賛し、嫌いな人は「狂人」と拒否し、評価が両極端で、真っ二つに分かれた。瓶詰め直後のワインは予測が難しい。瓶の中で二次発酵したり、中途半端に酸化することもあるが、時には極上の味わいに化ける。「ムンジェベル・ビアンコ」[58]は、コーネリッセンの手になる唯一の白ワインで、スキンコンタクトに30日かける。コーネリッセンは、スキンコンタクトというシンプルな方法が気に入っているのだ。グラヴネル同様、2000年、コーネリッセンは偶然にもジョージアを訪れ、クヴェヴリは醸造の容器として完璧だと思った。しかし、アンフォラとの蜜月関係は長くは続かなかった。

オレンジワインの瓶内熟成

果皮と醸すコッリオやブルダの白ワインは、ゆっくり瓶内熟成させると状態が良くなる。「バローロのように扱えば、オレンジワインは美味くなる」とは、アメリカの作家・ブロードキャスターで、元ソムリエのレヴィ・ダルトンの至言だ。3年しか寝かせていないバローロが、朗々と歌い出し、実力を100%発揮するとは誰も思わない。長期間スキンコンタクトさせたリボッラ・ジャッラや、他のオレンジワインも同じだ。

残念ながら、生産本数と在庫量と借入金をにらみ、多数の生産者が若いうちにワインをリリースしている。これは、経済的な基盤が弱く、在庫をかかえる余裕がない新規参入組に顕著である。

ラディコン、グラヴネル、JNKやゾルジャンは、出荷まで最大10年も瓶熟させる。この姿勢には頭が下がる。利益よりも顧客の満足度を重視している。だがこれは誰でも簡単にできることではない。

1、2年しか経っていない時点でワインを出荷する生産者が非常に多い。この状況では、気に入ったワインは最低2本買うのが理想だ。誘惑に負けて1本目を開けても、2本目は冷暗所で1、2年寝かせるとよい。寝かせることで、酸とタンニンのバランスが取れ、複雑さが生まれ、ワインの飲み口が格段になめらかになる。

亜硫酸無添加のワインは長く持たないと心配する声をよく聞く。無添加でも、きちんと造ったワインなら問題はないが、セラーの温度に注意しよう。ワインの保存には、暗くて温度が一定の場所がよい。16〜18℃を大きく外れないこと。コルクはワインの弱点だが、ワインを寝かせ、セラーの湿度を高く設定すれば（80〜90%が理想）、コルクは劣化しない。酸化防止の亜硫酸を添加していないワインは、保存条件が非常に重要となる。

---

*58　最近のヴィンテージでは、「ムンジェベル・ビアンコ VA」（Vigne Alte, 古いブドウの意）もリリースしている。スキンコンタクトは、1〜2週間と短い。

ハーヴェイとコーネリッセンは非常に相性が良かった。2人とも意思が強く、知識が豊富で、凝り性で、ワインの話をすることに喜びを感じる。ワインを飲みながらワインの話をするのは至上の時間だ。「ムンジェベル・ビアンコ用のブドウを収穫し、どのブドウをどの割合で使うかを決める時に、グラヴネル、ラディコン、ヴォドピーヴェッツを飲んで議論しました。問題ははっきりしました。このカテゴリーを称する『名前がない』ということです」とハーヴェイは昔を振り返る。

　後にハーヴェイは、2011年の『ワールド・オブ・ファイン・ワイン』誌で、ワインの新しい名前を「オレンジワイン」に決めたのは消去法だったと書いている。「名前の候補は、『マセレーション（専門的）』、『アンバー（曖昧）』、『イエロー（使用済み）』[*59]、『ゴールド（大袈裟）』、そして、オレンジでした。英語、フランス語、ドイツ語でもオレンジは同じ綴りだったことも決め手になりました」。後に、ハーヴェイは、最適の名称を探す作業は、「白と呼ぶワインが包含する問題を解決する困難な頭の体操」だったと述べている。「あらゆる選択肢を検討し、ヴァン・ジョーヌ（黄ワイン）やリブザルト・アンブレ（琥珀色の酒精強化ワイン、リブザルト）のように、色や製造法が名前についたワインやアペラシオンを全て調べました」。

　ハーヴェイが「オレンジワイン」の名前を顧客向けのニュースレターや記事で使うと、少しずつ業界や消費者に広がった。高名な英国の女性評論家のジャンシス・ロビンソンや、マスター・オブ・ワインのロゼ・マレー・ブラウンのために試飲会も開いた。2人とも、2007年の新聞のワイン欄で、「オレンジワイン」を取り上げた。

『ニューヨーク・タイムズ』紙に寄稿しているワイン評論界の重鎮、エリック・アシモフは、2005年のコラムで、グラヴネルがクヴェヴリへ転向した経緯を書いた。当時のアシモフには、このワインを表す適切な言葉がなかった。2007年には、ラディコンやヴォドピーヴェッツの記事を書いたが、やはり、このワインのカテゴリーをうまく表現できず、「かすんだピンクで、リンゴジュースのような色」とか、「イキイキしている」と書かざるを得なかった。

　しかし2009年、アシモフがコラムで同じトピックを取り上げた時、「オレンジワイン」を使い、次のように書いた。「これは、コンヴィヴィオのソムリエ、レヴィ・ダルトンが『オレンジワイン』と命名したグループのワインで、新鮮なブドウを搾ったジュースと、果皮をいっしょに長期間接触させて造った新しいタイプの白ワインの総称である」。アシモフが、「オレンジワイン」をどう表現するかで四苦八苦したことからも、短くて覚えやすい名称は必須だった。

---

*59　ジュラ地方のサヴァニャンを丁寧に酸化させたワイン、ヴァン・ジョーヌのこと。

2000年代、レヴィ・ダルトンは、腕が良く、人がやらないことをやるソムリエとして、東海岸で名前が売れていた[*60]。3つの高級レストラン、マサ、コンヴィヴィオ、アルトで働くうち、コンヴィヴィオのコース料理ではワインとのペアリングはうまく行くのに、客がコース料理ではなくア・ラ・カルトから選び、出す順番も客が決める場合、合わせるワインで苦労するようになった。そこで、イタリアのマイナーな品種を使い、これまでにないスタイルのワインでギャップを埋めようとした。客は、フラッパート、アリアニコ、マルヴァジア・ディ・カンディアのようなマニアックな品種のワインを食事に合わるようになった。

　チップ・コーエンという輸入業者が、2002年か2003年ごろ[*61]に開催した業者向け無料試飲会で、ダルトンはグラヴネルのリボッラ・ジャッラに心を奪われる。ひと目惚れのレベルを越え、陶酔状態になったとダルトンは後に述懐する。「目の前に天国が現れ、こわごわ、地に足をつけました。神の教えに身体を貫かれた感じです。実は、初めは戸惑いがありましたが、時間が経つと、自分の興味がどこにあるかを映す鏡だと分かりました。どこに興味があるか分からなければ、望むところで、もっと飲めばいいのです。ラベルも素晴らしい。良いワインはラベルも良いのです。とにかく、ハマりました。伝説の怪獣、ヒッポグリフみたいなこの規格外のワインをもっと飲みたい、もっと知りたいと思いました」。

　ダルトンはこのワインを、当時働いていたボストンのレストランのワインリストにすぐに加えたが、予想通り売れなかった。その後、コンヴィヴィオで働いた時に（2008〜2009年）、やっと、客が、グラヴネルやラディコンの素晴らしいワインに食い付いてきた。同じテーブルの客が、まったくタイプの違うメインディッシュをオーダーしたり、ウニやアスパラガスのように、癖のある食材を選んだ場合、オレンジワインは魔法の切り札となった。ダルトンのホームラン級の新発見はマンハッタンのワイン業界ですぐに広まり、2009年5月に、37種のオレンジワインを飲んで食事をするマラソン試飲会を開催してから、一気に加速する。参加者には、アシモフや、ワイン批評家でブロガーのタイラー・コールマン（別名、「ワイン博士」）、トーア・アイバーソンもいて、全員、試飲会を大々的に記事にした。オレンジワインの正体が見えた。マニアックで、プロの評価が高く、強力なファンがいるワインなのだ。

---

*60　2010年以降、ソムリエを辞め、ワインの知識と経験を活かし、ポッドキャスト、「I'll drink to that（意味は「ほんとそうだよね）」の運営とプロデュースをする。ダルトンのポッドキャストは、www.illdrinktothatpod. com で無料視聴できる。

*61　2002年後半か、2003年前半か、ダルトンの記憶は曖昧だが、2003年11月以前であることは確か。ブログには、2000年のヴィンテージをオーダーしたとあるが、グラヴネルによると、2000年のリボッラ・ジャッラを瓶詰したのが2004年の初めなので、不可能らしい。

2009年5月、「コンビビオ」の歴史的オレンジワイン 試飲会のワイン一覧

カーザ・コステ・ピアーネ –"トランクイッロ" プロセッコ 2006

コーネリッセン – ムンジェベル・ビアンコ 4

デ・コンチリス – アンテス 2004

モナステーロ・スオーレ・システルセンシ – コエノビウム 2007

モナステーロ・スオーレ・システルセンシ – コエノビウム　ルスティクム 2007

モナステーロ・スオーレ・システルセンシ – コエノビウム 2006

パオロ・ベア – アルボレウス 2004

マッサ・ヴェッキア – ビアンコ 2005

カ・デ・ノーチ - ノッテ ディ ルナ　2007

カ・デ・ノーチ - ノッテ ディ ルナ　2006

カ・デ・ノーチ - リゼルヴァ・デイ・フラテッリ　2005

ラ・ストッパ – アジェーノ 2004

カステッロ・ディ・リスピーダ – アンフォラ 2002

カステッロ・ディ・リスピーダ – テッラルバ 2002

ラ・ビアンカーラ – タイバーネ 1996

カンテ – ソーヴィニヨン 2006

ダミアン・ポドヴェルシッチ – カプリャ 2003

ダミアン・ポドヴェルシッチ – カプリャ 2004

ラディコン – ヤーコット 2003

ラディコン - リボッラ・ジャッラ・リゼルヴァ 1997

ラディコン - リボッラ・ジャッラ 2001

グラヴネル - リボッラ・ジャッラ 1997

グラヴネル - リボッラ・ジャッラ・アンフォラ 2001

グラヴネル - リボッラ・ジャッラ 2000

グラヴネル - ブレッグ・アンフォラ 2001

ジダリッヒ - ヴィトフスカ　2005

ジダリッヒ - マルヴァジア　2005

ヴォドピーヴェッツ - ヴィトフスカ　2003

ヴォドピーヴェッツ - ヴィトフスカ　2004

ヴォドピーヴェッツ – ソーロ MM4

ジョルジオ・クライ - スウェッティ・ヤッコブ　2007

モヴィア – ルナー 2007

ヴィノテラ – キシ 2006

ウィンド・ギャップ – ピノ・グリ 2007

スコリウム・プロジェクト – サン・フロリアーノ・デル・コッリオ 2006

オレンジワインの選び方

　白・赤・ロゼと同じく、オレンジワインにもいろいろな種類がある。自分の好みを見つけるヒントを以下に挙げる。

フローラルで爽やかな軽いオレンジワイン

　ソーヴィニヨン・ブランやフリウラーノのような、セミ芳香系の品種。スキンコンタクトは1週間以下のものがよい。醸す期間が短ければ、ヴィトヴスカも該当する。

　このカテゴリーのワインは色が明るく、飲まないとオレンジと分からない。オーストラリア、ニュージーランド、南アフリカでは、多数の新興ワイナリーが、このスタイルを確立している。このカテゴリーのワインは、スキンコンタクトから来る酸化の風味は前面に出さず、ワインの果実味をやわらかく支え、重量感と複雑さを出すため、果皮と醸している。

芳香系のオレンジワイン

　ミュスカやゲヴュルツトラミネール（セミ芳香系のトラミネールも）のような芳香系のブドウは、1週間のスキンコンタクトでも、強く濃厚なブーケが出る。香りは、繊細な花の香り系から、鮮烈な香水系まで多岐に渡る。最もオレンジワインらしいオレンジワインであり、飲めば記憶にしっかり残る。しかし、バラやライチの香りが好きでなければ、好きなのに嫌いという微妙なワインになる可能性あり。

ミディアムボディの柔らかいオレンジワイン

　スキンコンタクトに2、3週間かけて柔らかく抽出すると、白ワインのテクスチャーを持ちながら、アロマやフレーバーに富むワインになる。このカテゴリーのワインは自由度が高く、単品で飲んでも食べ物と合わせてもよい。シャルドネと他の白ブドウを半分ずつブレンドした、いわゆるカメレオン・シャルドネや、イタリア中心部（ラツィオ、ウンブリア、トスカーナ）のトレッビアーノで造ったオレンジワインがこのスタイル。

フルボディで渋味があり熟成に耐えるオレンジワイン

リボッラ・ジャッラ、コルテーゼ、ムツヴァネ等、果皮の厚いブドウを1か月以上スキンコンタクトさせたもので、オレンジワインの頂点。数年間、瓶熟させる必要がある。しっかりした骨格のあるフルボディーの赤ワインと対等に争える。飲む場合も赤ワインと同じで、室温でサービングし、十分、空気になじませる。
グラヴネル、プリンチッチ、ラディコンのリボッラ・ジャッラがこの代表。カヘティのクベブリ・ワインも同様。

エレガントで複雑、繊細な口当たりのオレンジワイン

アンフォラ、クヴェヴリ、コンクリートエッグをうまく使うと、卵形の容器内で発生する対流により、柔らかく抽出でき、澱を緩やかに刺激できる。フォラドーリ、イアゴ・ビタリッシュビリ、ボドピーベッツは6か月以上、スキンコンタクトさせるが、繊細で絹のように優雅なワインになる。

ピンク色の果皮のブドウで造るショッキング・ピンクのオレンジワイン

白ワイン用に分類するが、果皮はピンク色のブドウがある（例えば、ピノ・グリージョ、グルナッシュ・グリ）。こ　のブドウをスキンコンタクトして発酵させると、ロゼ色や明るい赤になる。ピノ・グリージョは、数日間醸すだけで、鮮明なピンク色になる。

オレンジワインのスパークリングワイン

スパークリングのオレンジワインもある。プロセッコの生産地帯やエミリア・ロマーニャには、これだけを造る生産者もいる。意外にも、発泡性のオレンジワインには、バター系の酸味や、レモン・ソルベの風味はない。非発泡性のオレンジワインにある深みやハーブ系の複雑さを備えながら、活き活きした泡を楽しめる。心地よいタンニンがあるクローチが代表的。土の香りがするコスタディラのコル・フォント（「瓶の底」の意味で、スキンコンタクトさせた発泡性ワイン）も同様。

10

オレンジワインは
大嫌い

Haters
gonna hate

2000年の終わり、ヨーロッパやアメリカのワインの専門家や評論家は、従来の枠に収まらないグラヴネルやラディコンや、同じ流れのワインを持て余した。また、急速に人気が出てきた自然派ワインも、どう評価するか頭を悩ませたようだ。零細生産者が造り、口コミで浸透したオレンジワインはキワモノ扱いを受けながら、これまで10年以上、根強い人気があった。21世紀に入ると勢力が増し、店頭で目にする機会も増えた。

　自然派ワインの考え方は、従来のワインの枠組みを乱すと異端扱いを受けてきた。大量生産する「人工的ワイン」に敵対し、自然派ワインはその対極と考えたり、もともと、自然派ワインをきちんと分類できないことも混乱した理由だ。有機栽培やビオディナミには認証制度があり、いろいろな規則を守らねばならない。イタリアの零細生産者のように出費を惜しんで認証を出願しない場合でも、規則に従う必要がある。一方、自然派ワインには、きちんとした定義、規定、認定制度がない。「何でもありのパンク系音楽に似ている」と言われるが、現代美術に例えると分かりやすい。ワシリー・カンディンスキーとピエト・モンドリアンは、20世紀初頭を代表する抽象画の巨匠だが、生前、2人は直接会っていないし、「抽象画とはこうあるべき」との意見交換をしたこともない。「抽象画とは何か」という命題は、美術史を振り返ってはじめて定義できる。

自然派ワインも、歴史を振り返れば見える。INAO[*62]で定義を文書化する話はよく聞くし、ワインフェアや生産者が自然派ワインのマニフェストを独自で発行するケースも見るが、自然派ワインの公式の定義はまだない。一般には、畑でのブドウ栽培と、醸造所での発酵の両方で、環境の保全性（サステイナブル）、伝統的技術の保護、人の手を極力入れないことの3つを軸に展開している。具体的には以下の通り。

- 畑は認証を受けている・いないにかかわらず、有機栽培かビオディナミ
- 収穫は手作業
- 土着（野生）酵母で自発的な発酵
- 酵素、補正剤、添加物はどの時点でも使わない
  （酸化や脱酸化せず、タンニンも添加せず、着色もしない）
- 発酵温度を人工的に制御したり、白ワインでもマロラクティック発酵[*63]をすべきでないとの意見あり
- 亜硫酸の添加は最小限、もしくは完全非使用とする。これはワイン製造の全プロセスで順守すべきであり、瓶詰め工程も含む（激しく意見が対立するのがここ）。
- 清澄や濾過もしない
- 過度の人的介在（スピニングコーン、逆浸透膜濃縮、凍結抽出、赤外線C照射）をしない
- ワインにバニラ香をつける新樽をはじめ、強い香りを着ける樽の使用も反自然的との意見あり

　2008年、自然派ワインに情熱を燃やす女性ワイン評論家、アリス・ファイアリングが注目を浴びた。鮮やかな赤毛で、身長は150cmほど。神経質で、早口で、非常に知的で、典型的なニューヨーカーである。2008年に出版した『The Battle for Wine and Love: Or How I Saved the World from Parkerization』で、ファイアリングは、手作りの伝統技法で丁寧に造った自然派ワインを全力で守る「守護神」の立場を鮮明にした。世界中のワインに個性がなく同じ味になったこと、100点満点での採点システムの弊害で急増した、アルコール度数が高く濃厚なワイン[訳注1]に強く反対した。これにより、ファイアリングは自然派ワインの女神となり、自然派ワインの優れた生産者を探す上で信頼できる貴重な情報源となった。

---

*62　国立原産地呼称研究所（Institut National de l' Origine et de la Qualité）。フランスでの葡萄栽培とワイン醸造を監督する機関。

*63　酸味の鋭いリンゴ酸をまろやかな乳酸に変える二次的な非アルコール発酵。予防措置を取らない限り、すべてのワインで起こる。

訳注1　圧倒的な影響力があるワイン評論家、ロバート・パーカーの好きなワインがこれ。パーカーからの高得点を狙い、こんなワインを造ることを「パーカー化：パーカライゼーション」と呼ぶ。

ファイアリングが最初に着目したのはフランスワインで、圧倒的に多くのページを割いた。最初の2冊では、オレンジワインの記述はないが、2016年の『For the Love of Wine』では、ジョージアと同国のワイン文化への熱い思いを綴り、スキンコンタクトさせた赤白ワインを褒め称えている[*64]。ただし、長期間のスキンコンタクトで造ったワインを無条件に好んだわけではなく、2017年2月のウェブサイトに載せた以下のコラムから、それがうかがえる。

　　2006年頃から、ヨーロッパより大西洋のこちら側のアメリカへ、スキンコンタクトさせたワインが上陸したが、ほとんどが酷い味だった。平板で深みがなく、果実味が死んでいたり、タンニンが強すぎて口の中がギシギシした。　しかし、この10年で、スキンコンタクトは無添加ワインを造る方法として認識を受けるようになった。陶製の壺で発酵させる技法が世界に拡がり（バターがトーストに馴染むように、ブドウとクヴェヴリの相性もよい）、醸造家が不必要にワイン造りへ手を入れなくなって、素晴らしい「オレンジ」ワインが増えた。こうなったのも、オレンジワインでは、何を造るかではなく、どう造るかが重要だからだ。

　2011年の夏、イギリスで、イザベル・ルジュロンMW（当時、フランスで唯一の女性マスター・オブ・ワイン）が自然派ワインの英国内最大の輸入業者レ・カーブ・ド・ピレーヌと組み、ロンドン初の自然派ワインフェアを開催した。会場は、1000年の歴史を誇るバラ・マーケットのアーケードで、数千人の熱心なワイン愛好家やプロが、3日間のイベントに詰めかけた。オンラインでもオフラインでも 取材が殺到する。オレンジワインに対する評論家の意見がきれいに2つに割れる歴史的なイベントとなった。ティム・アトキンMW、ロバート・ジョセフ、トム・ワークは自然派ワインを疑問視し反自然派の立場を取る。自然派ワインの流れは、不良ワインや低品質のワインを庇うもので、「裸の王様」と同じであると断じた。一方、ジャンシス・ロビンソン[訳注1]、ジェイミー・グッド、エリック・アシモフは、いろいろな種類がある自然派ワインは多様性の象徴であり、大胆な挑戦をしていると大絶賛する。

---

*64　本書のオリジナルは、2014年刊の小冊子（ジョージア国立ワイン協会とのコラボレーションで作成）で、タイトルは『スキンコンタクト』。

訳注1　セレナ・サトクリフとともに、イギリスが世界に誇る女流ワイン評論家。ワインの評価は、ロバート・パーカーをはじめとして世界の主流となっている100点法ではなく、20点法を使う。多数の本を出しており、日本語訳も多い。中でも力作は、1,368種類のブドウを解説した、「 Wine Grapes: A Complete Guide to 1,368 Vine Varieties, including their Origins and Flavours(2012年) ” 邦訳、『ワイン用葡萄品種大事典：1,368品種の完全ガイド（共立出版、2019年）』」は、1350ページの超大作。

スケルクのワイン

　最初の自然派ワインフェアの後、イザベル・ルジュロンとレ・カーブ・ド・ピレーヌのパートナー契約が折り合わずに決別し、翌2012年、ロンドンでそれぞれが、「リアル・ワイン・フェア」と「ロー・ワイン・フェア」を開催した。両方とも、期間を通じて大いに盛り上がり、取引業者だけでなく、愛好家も多数が来場し、環境保全に向けて今までにないワインを飲む「自然派ワインブーム」に乗ろうとした。

　ファイアリングと違い、ルジュロンは、スキンコンタクトさせた白ワインを全面的に支持すると公言。2011年、醸造家のエコ・グロンティ博士と協力して、クヴェヴリで発酵させたアンバーワインを造った。博士はジョージアでは医者だったが、ワインの道を選んだ。できたワインが「ラグビナリ・ルカツィテリ」で、これが大ヒットし、博士はジョージアでトップの醸造家との評価を受ける。このワインは、2013年のルジュロンズ・ロー・ワイン・フェアのマスタークラスの試飲で披露された。

　一方で、自然派ワインの台頭を批判していた批評家には、オレンジワインは絶好のタッチポイントとなった。通常の白ワインと比較すると、全てが違うからだ。見た目は白ワインだが、口の中がギシギシする粗いタンニンがあり、昔からの正統的な白ワインを好む評論家は拒絶した。

専門家やワインライターは、色が気になって、オレンジワインにきつく当たった。「オレンジワイン？　酸化してるだけだ」と斬って捨てた。プロの世界では、琥珀（こはく）色、赤褐色、金色、橙色は、劣化した白ワインの色とみなされる。

　フランスの醸造学の研究者であるフレデリック・ブロシェは、これを視覚情報から来る思い込みと断じている。ブロシェは2001年、ある実験をした。醸造学を専攻する学生を52人集め、2種類のワインを試飲させた。1つは白で、もう1つは赤。白ワインを試飲した学生は、「花の香り」「桃」「蜂蜜」と表現した。全員、確かな試飲能力を持っている。コメントの通りで、グラスの中身はボルドー産のセミヨンとソーヴィニヨン・ブランのブレンドだった。赤に移ると、学生は、「ラズベリー」「チェリー」「タバコ」とコメントする。この実験の「オチ」は、2つのワインは同じだったこと。ブロシェが用意したのは実は同じワインで、一方はそのまま、他方は無香料の赤い染料を混ぜたものだ。

　このトリッキーな実験で、見た目の要素がワインの味や香りに大きく影響することが分かる。ボビー・スタッキーが2000年に経験した驚きは、実はこれだった。あの時、スタッキーは、初めてオレンジワインを試飲した。スタッキーだけでなく、ラディコンのオスラーヴィエやジダリッヒのヴィトヴスカと対面した愛好家やプロは大混乱した。自分の固定観念を捨てて、オレンジワインを試飲した者もいたが、できなかった人間もいる。

　ロンドンの老舗ワイン専門会社、ファー・ヴィントナーズ社の会長、スティーブン・ブロウエット、および、現在は引退したが、言いたいことを言うことで有名な評論家で、『Superplonk[*65]』に寄稿していたマルコム・グルックの2人は自らの固定観念を払拭することはできなかったようだ。

　2016年6月、パリスの審判[*66]の40周年記念試飲会を祝うイベントをロンドンのワインバー、ザガー・アンド・ワイルドで開いた。ブロウエットとグルックがいるプロのグループには、スティーヴン・スパリエ、ジュリア・ハーディングMW、筆者もいて、6フライトのワインを目隠しで試飲することになった。1フライトで2つのワインを飲む。1つはカリフォルニアで、もう1つはフランス産。中2階はプロ用の「貴賓席」で、満席の1階には、50人の若くて熱心な自然派ワイン愛好家が同じフライトを試飲した。

---

*65 『ガーディアン』誌に　グルックが毎週連載したスーパーマーケットで買えるワインの評価コラム。1980年代に大ブレイクし、2000年代まで、同じタイトルの本が多く出た。

*66 1976年パリで、カリフォルニアのワインとフランスワインが競った伝説の目隠し試飲。スティーヴン・スパリエが主催。無名のカリフォルニアワインが超一流のボルドーを撃破したため、当時のフランスのワイン界が激怒した。2008年に映画化し、アラン・リックマンがスパリエ役を演じる（『Bottle Shock（邦題：ボトル・ドリーム　カリフォルニアワインの奇跡』）。

3番めのフライトは、1976年のパリスの審判にちなんだものではなかった。大胆で何事にも前向きなオーナーのマイケル・サガーが2つのオレンジワイン、スコリウム・プロジェクトの「ザ・プリンス・イン・ヒズ・ケイヴス 2014」と、セバスチャン・リフォーの「サウレタス 2010[*67]」を選んだ。グルックは露骨に嫌な顔を見せる。「顔も見たくもない嫌な奴の葬式でも、この2つは注がんよ」と吐き捨て、グエッと声を出した。サウタレスのタンニン、色、酸化した風味が好みではないようだ。ブロウエットが、「その通りだ」との合図をグルックに送ると、テーブルの隣にいたワイン学校の校長のマイケル・シュスターもそれにならう。グルッグは、2人から背中を押されて気をよくした。悲壮感が満載のサガーがそばへ来るのを待って、とどめのひと言を放った。「今日、集まった人で、このワインが好きな人は1人もいないよ」。

　サガーはめったにヘコむ男ではないが、グルッグの言葉には返答に窮し、満座の会場に向かってぐったりした身振りを見せた。プロが座る中2階のテーブルでサービスしていた2人の若いソムリエも、やれやれの格好で手を上げる。グリュックは、相手をあおる激辛コメントと、業界のバックアップを背景にワイン業界の階段を上がったことは、みんな知っている。それが如実に表れているのが、2008年に出版した最後の本、『The Great Wine Swindle(「銘醸ワインは嘘だらけ」の意味)』だ。

　それでも、この試飲会でのグリュックの厳しいコメントや、仲間が背中を押したことを考えると、オレンジワイン(あるいは、既存の王道的なワインから大きく逸れたワインは何でも)の基本的な考え方を理解するのは簡単ではないと痛感する。ボビー・スタッキーやマイケル・サガーのように、心を開いて何でも受け入れるプロが1人いるとすると、公の場でオレンジワインを飲んでは、意識的・無意識的にかかわらず、「オレンジワインは難しい」、「ちゃんと造ってない」とか、さらに酷いと、単に、「嫌なワイン」と斬り捨てるプロが10人以上いる。この連中に言わせると、「嫌いなので、嫌い」なのだ。

---

*67　リフォーのワインは濃い琥珀色だが、スキンコンタクトさせていない。色は、ゆっくり酸化させたことに由来する。リフォーが最初に造ったスキンコンタクトのワインは、「オクシニス 2013」。また、「ザ・プリンス・イン・ヒズ・ケイブス」は、ソーヴィニヨン・ブランをスキンコンタクトで醸したもの。

ワイン界の帝王、ロバート・パーカーがオレンジワインをどう見ているかは、活字になっていないので不明だが、自身が発行する雑誌、『Wine Advocate』のウェブサイトで2014年に書いた「Article of Merit(注目のコラム)」という有名な特集での爆発ぶりを見ると、好意的ではないと思う。「自然派ワイン十字軍(と、パーカーは自然派ワインを聖地奪回に奔走した十字軍に例えている)」とは関わりたくないとの強硬姿勢を取り、「自然派ワインの一派は、『ボルドーやブルゴーニュの銘醸ワインは人の手が入り過ぎて、醸造工学的だ』とオブラートに包んで非難している」と考えている。パーカーは、比喩として、すべての自然派ワインを一まとめに「吐き壺」と表現し、「酸化と老化が激しく、糞便の匂いがして、見た目は、オレンジジュースや、色の出すぎたアイスティーみたいだ」とこき下ろす。オレンジワインに対する日ごろの不満が爆発した罵詈雑言だが、同時に、パーカーと同世代の代弁でもあり、場外から大勢がパーカーを応援しているのだ。

　イギリス側で、パーカーと同じぐらい影響力の大きいワイン評論家は、許容範囲がもっと広い。例えば、ジャンシス・ロビンソンや、ジュリア・ハーディングMWは、オレンジワインを公平に扱い、通常のワインと同じ方法で評価する。醸造スタイルや、オレンジワインであることや、ワイン造りの背景にある精神的な要素は考慮しない。ロビンソンは2008年の長編記事で、多数のスロヴェニアワインを取り上げて評価し、こう述べた。「この地方のワインの大きな特徴は、発酵が始まった若い白ワインを果皮に漬ける長期間スキンコンタクトを異常に好む生産者がいることだ」。スキンコンタクトであるゆえに評価を下げることはなく、バティチの「ザリア」や、モヴィアの「レブラ」のような銘醸物は、特別枠で取り上げて絶賛する一方、他のワインにはさほど感動しなかったようだ[68]。

　ロビンソンは、試飲の経験が豊富で、公平に試飲する高度な能力を持っている。これを越える評論家がいるなら、ヒュー・ジョンソンだろう。ロビンソンより11歳年上のジョンソンは、1960年12月からワインの記事を書き始めた(最初があの『ヴォーグ誌』のイギリス版)。基本姿勢は流行に左右されないことだが、一方で、自分が出会ったものには何でも関心を示し、心を開く懐の深さもある。しかし、2016年の『ワシントン・ポスト』紙でのインタビュー記事を読むと、当時、人気が出てきた自然派ワインやオレンジワインには良い印象を持っていないようだ。インタビューでこう述べている。「オレンジワインはオマケにすぎません。時間の無駄です。何の目的でそんな造り方をするのでしょう? 本当に良いワインを造る方法は分かっています。それを捨てて、違うことをする意味が理解できません」。

---

*68　ロビンソンは、その記事で「オレンジワイン」という言葉は使っていない。記事の初出は、2008年の『フィナンシャル・タイムズ』紙。以下のウェブサイトで閲覧可。
　　www.jancisrobinson.com/articles/slovenia-land-of-extreme-winemaking

オレンジワインには歴史的に深い意義があり、興味も尽きないのに、なぜこれほど辛口の対応をするのか。理由を知りたいと思い、ジョンソンに取材を申し込んだ。共通の友人で駆け引きのうまいジャスティン・ハワード・スニードMWに仲介を頼み、ロンドンの67ポルモル・クラブで会うことになった。 試飲するワインは8本、私が選んだ。ジョンソンに実際に試飲してもらい、長期間スキンコンタクトさせた白ワインをいろいろ知り、オレンジワインは今のワイン界の重要なカテゴリーであり、単なる「オマケ」ではないと分かってほしかった。

8本のワインを試飲し、2人の意見は大きく違ったが、それ以上に、「オレンジワイン」という名前に引っ掛かってきたことが意外だった。ジョンソンは、オレンジワインが何か知らずにこの席へ来たとしか思えない。ジョンソンにインタビューした『ワシントン・ポスト』紙の記者デイヴ・マッキンタイアが、「自然派ワインは非常に微妙なトピック」と言った通り、ジョンソンは急に気色ばむと、オレンジワインを抹殺する勢いで集中砲火を浴びせた。ただし、ジョンソンの矛先は長期のスキンコンタクトという技術ではなかった。ジョンソンは、ヨスコ・グラヴネルのワインをよく知っていたし、試飲の席でメインとして用意したグラヴネルの「リボッラ・ジャッラ 2007」も熟知していた。ジョンソンと筆者は、友人として別れた。ジョンソンは、スキンコンタクトのさらに細かい分野に触れることができ、心から感謝しているようだった。

プロのワイン関係者は、オレンジワインの肯定派か否定派か、はっきり表明しなければならなかったが、マスコミやブログでは、そんなドタバタとは無縁だった。2015年ごろから、スタイリッ

グラヴネルの「リボッラ・ジャッラ2007」の色をチェックするヒュー・ジョンソン

シュなワインバーで話題になっている新しいトレンドとして、オレンジワインを簡潔に分かりやすく書いた記事が、紙媒体やネットワークを問わず世界中で急に増えた。大部分はきちんと調べず推測で書いた怪しい記事だが、『ヴォーグ』誌の「2015年夏のおススメ」として載せた、「白、赤、ロゼを気にしない。この秋はオレンジで決まり」という記事では、上質のオレンジワインを7本紹介し、マスター・ソムリエのパスカリン・ルペルティエの切れ味鋭く、真実が満載の言葉を引用している。時代は明らかに変化していた。

2000年代にオレンジワインに目覚めたのはワイン評論家だけではない。観光地として、スロヴェニアの人気が急に高まり、格安航空会社がリュブリャナへの直行便の運航を始めると、ヨーロッパのワイン愛好家やグルメが大挙してオレンジワインを造るワイナリーのドアを叩き、スキンコンタクトさせたレブラやマルヴァジアにハマった。イギリスの大手旅行ガイド誌、『Rough Guide』は、2014年、オレンジワインが流行すると見るや、ゴリシュカ・ブルダに代々伝わる伝統的なオレンジワインの特集記事を載せた（最新版では、特にオレンジワインには触れてはいない）。オレンジワインの販売キャンペーンが最も遅かったのが、意外にも、スロヴェニアだった。国内のワイン愛飲家は、オレンジワインを見捨てていたのだ。オレンジワインは過去の遺物であり、垢抜けしない思い出であり、スタイリッシュなヨーロッパ人が飲むものではないとの思い込みがあった。スロヴェニアのオレンジワインの生産者は全員、市場規模として見ると、スロヴェニアで売れるのはほぼゼロと無念さを滲ませる。1991年に共産主義の「足かせ」から解放されたばかりの国民の目は、時代の先頭を行く近代的なワインに向き、歴史を振り返ってオレンジワイン造りの文化的なルーツを見つめる気分ではないのだろう。

隣国のイタリアやオーストリアと違い、スロヴェニアには、ワインや生産者を売り込む専属の組織がない。現在、それを担当しているのが、スロヴェニア観光局である。同観光局は、国内の自然派ワインやオレンジワインの生産者には、国外に熱狂的な愛好者が多数いると、年々、強く感じているが、「オレンジワイン」という言葉を使うのには消極的だ。観光当局のマーケティングでは、「強靭で辛口のプリモルスカ産ワイン（「スキンコンタクト」を意味する暗号）」を使っている。これは、「オレンジワイン」である。

スロヴェニア人は、伝統的なワインに大きな価値があると気付いてないが、高級レストランはしっかり認識しており、優れた生産者にフォーカスして意欲的に売り出している。例えば、ヒサ・フランコ（シェフのアナ・ロスは2017年度の「世界のベスト女性シェフ」に輝いた）(*69) とヒサ・デンクでは、国内最大のオレンジワインのラインナップを揃えており、ワインとのペアリングが難しい食事にもオレンジワインが絶妙に合うことうたっている。ホテル、ゲストハウス・ノボのボリス・ノボ（ソムリエ）とミリアム・ノボ（シェフ）夫妻は、オレンジワイン・フェスティバルの主催者側の中心人物である。このフェスティバルは、イゾラ（イストリア半島のスロヴェニア領）とヴェネツィアで年2回開催する熱狂的な祭りで、60を超える生産者がスロヴェニアや周辺諸国から集い、オレンジワインを飲んで盛大に祝う。

21世紀に入り、コッリオ、ブルダ、ジョージアの生産者は、日本でオレンジワインが売れている と聞いて、驚いたはずだ。日本人の味覚は、同じオレンジワイン系でも、香りがより強く、うま味 （英語で「umami」）に近く深い味わいのオレンジワインと非常に相性がよいようだ。アジア市場 では、全般的にオレンジワインの人気が高い。これは誰も予想できなかった。和食には、苦みや うま味があって西洋料理より味の幅が広く、オレンジワインとよく合うのだろう。もともと自然派 ワインの人気が高かった北欧諸国（特に、デンマーク、スウェーデン、ノルウェー）でも、2000年 代の中終盤から、オレンジワインを求める声が大きくなった。

　オレンジワインを求める消費者に応えるべく、デンマークの輸入業者がオーストリアの生産者 と契約したケースもある。ドナウ川に近いオーストリアのカンプタール地方で、マーティン・アーン ドルファーと妻アンナの若い夫婦が、試しにワインを造っていたところ、いきなりデンマークから 出資話が降ってわいた。投資のオファーがなければ、いろいろな白ブドウをスキンコンタクトさ せてワインを造っていなかったかも知れない。オレンジワインには、マーケットがあっただけでは なく、強く求める声もあったのだ。

　オレンジワインを求めたのはデンマークだけではない。21世紀からワインを飲み始めた若い世 代は、ワインは、飲んで楽しいだけでなく、少し反抗的でスタイリッシュな飲み物と思うようにな り、自然派ワインをメインに出す世界中の新しいワインバーやレストランで、オレンジワインがリ ストに載ることが多くなった。今では、ニューヨークのラシーヌやザ・フォー・ホースメン、ロンドン のテロワール、ザ・レメディ、ザガー・アンド・ワイルド などの人気の老舗名店で、自分の好きなオレンジワインが簡単に見つかる。このワインビジネス に出資した若い実業家、企画したワインオタク、サービスをするソムリエは、ワインの色が実際は 琥珀（こはく）色かオレンジかで悩まなかった。さらには、消費者も全く気にしていない。

---

*69　ウィリアム・リード・メディア社主催の「世界のベスト50レストラン」の賞。女性向けの特別賞は、時代遅れと
　　か侮辱的との意見もあるが、非常に名誉でもある。

オレンジワインの5つの誤解

オレンジワインは酸化している

　ワインのプロが、オレンジワインを飲まず、見た瞬間、「酸化している」とコメントするので、いつも驚く。色からくる第一印象を排除するのは難しいが、先入観無しでコッリオ、ブルダ、ジョージアなどの上質のオレンジワインを試飲すれば、イキイキした独特の刺激が、複雑さと絶妙のバランスを取っていると分かる。

　フランス、ギリシャ、ポルトガルには、酸化の風味を狙ってオレンジワインを造る生産者もいるが、伝統的に白ブドウをスキンコンタクトさせている国では、酸化香を目標にしてはいない。

オレンジワインをめぐる誤解いろいろ（Misconseptions）

オレンジワインは自然派ワイン

　オレンジワインは、醸造技術の1つの名称であり、一方、自然派ワインは、もっと広く、哲学的である。オレンジワインの生産者の大部分が、たまたま、「自然派」のカテゴリーにいるだけで、自然派である必要はない。主流派のワイナリーの中には、従来の醸造法（培養酵母による発酵、温度制御タンクによる醸造、清澄、濾過）により、スキンコンタクトを試すところもある。生産者がオレンジワインを造ろうとしているのか、狙いは別にあるのか、消費者が判断せねばならない。

オレンジワインはアンフォラで造る

　アンフォラを使うものと、そうでないものがある。ステンレスタンク、小樽、大樽、セメント槽、プラスチックの発酵槽、ツボなど、オレンジワインはあらゆる容器で造れる。

オレンジワインはテロワールを表現できない

　オレンジワインを嫌悪するプロがよく使う文句。白ブドウをスキンコンタクトさせると、畑やブドウ品種に由来する個性が消えると考えている。オレンジワインの造り方は、赤ワインと全く同じ。では、赤ワインは、テロワールを表現できないのか？

オレンジワインはみんな同じ味がする

「ヒップホップは全て同じに聞こえる」「ボリウッド映画（インド映画）は全部プロットが同じ」「ワインは全て同じ味」と切り捨てるのに似ている。最上位の大分類や、その下のサブジャンルをしっかり理解しないと、ブドウ品種の深みや、微妙な違いは分からない。

オレンジワインの課題と失敗

オレンジワインが嫌いな人は、一様にオレンジワインには欠陥があり、酸化していて、揮発酸を感じると言う。これは正しくないが、人の手を極力かけないため、いくつか課題がある。また、オレンジワインに欠陥がないわけではない。

揮発酸

オレンジワインを造る上で最大の課題が、揮発酸を出しすぎないことだ。揮発酸(基本的に酢酸)は、酢やマニキュアの除光液の臭いがする。果皮が発酵槽容器の最上部まで上昇すると、乾燥して酸素にさらされ大量の揮発酸が発生する。これを防ぐには、定期的にパンチダウンしたり、他の果房コントロールが必要になる。

とはいえ一定量の揮発酸があると、ワインに複雑味が加わり、立体的なストラクチャーになる。要はバランスの問題なのだ。レバノンの老舗生産者シャトー・ミュザールの古いヴィンテージは、揮発酸のレベルが高いことで有名。ラディコンのワインは、華やかな揮発酸に特徴がある。これにより、フレッシュでわくわくする感覚が舌に生まれる。ワインが揮発酸を適切な割合で含んでいると、素晴らしい飲み物に変身する。

ブレタノマイセス

野生酵母での発酵プロセスで混ざる不良バクテリア。人工培養した酵母なら発酵力が強く、発酵過程も予測可能で、野生酵母よりはるかに早く発酵が終わる。他の菌より圧倒的に強いため、発酵プロセスでブレタノマイセスが発生するのは稀だ。

オレンジワインは自然発酵のため、ブレタノマイセスの対策が必要となる。バクテリアはオーク樽の繊維の奥に潜み、一度樽が感染すると樽を廃棄する選択肢しかない。

ブレタノマイセス臭は、少ないと、クローブやエラストプラスト(英国のバンドエイドのような絆創膏)の匂いが出る。多量だと馬小屋や肥料の臭いとなり、ワインの果実味が隠れたり、感じなくなる。

ネズミ臭

十分な情報がないこともあり混同するが、ネズミ臭はブレタノマイセスの馬小屋臭とは別物。乳酸菌の存在下で発生し、ブレタノマイセス(別名デッケラ)と一緒に交互に現れることがあり、2つを分けるのは難しい。(だだ茶豆やポップコーンの匂いがするため、日本では、このオフフレーヴァーをマメ臭と呼ぶ)

ネズミ臭の発生条件は、温度が高く酸素が十分にあり、pH値が高い(酸が少ない)ことで、ワインで起きやすい。少量の硫黄を加えれば防げるため、亜硫酸無添加のワインで問題になる。

ネズミ臭は、ワインの通常のpH値では揮発せず、匂わない。試飲で、「ネズミ臭を感じる」と、プロっぽいコメントを耳にするが、知ったかぶりかどうかは別にして、これはブレタノマイセス臭である。ネズミ臭のあるワインを試飲したり飲み込むと、ワインが唾液と混じってpH値が上がり、「犬の息」や「腐ったポップコーン」の不快臭となる。ワインを飲んだ10秒から20秒後にこの匂いを感じることが多い。この不快臭は衝撃が大きく、びっくりする。特に、多数のワインを次々に試飲している時に感じると、どれがネズミ臭のワインか特定できず、ショックは大きい。

人により、ネズミ臭を感じるレベルが大きく違い、生産者でも、高濃度のネズミ臭を検出できない割合は、推定で30%を越える。

上記の問題は、オレンジワインに限ったことではないが、なるべく人の手を入れず、亜硫酸の添加量をゼロか、最小限にするオレンジワインでは、発生する可能性が高い。

11

これは白ワイン
ではない

Ceci n'est pas
un blanc

オレンジワインは、ロシアからの弾圧やワイン生産の急速な近代化により、何度も消滅の危機にさらされた。消滅しかけただけでなく、アイデンティティもなくなりそうになった。色が濃い白ワインであるオレンジワインは、ワインショップやレストランでは、自然派の白ワインと同じ扱いを受けたのだ。なぜ、オレンジワインと自然派ワインは合体して、謎のカテゴリーになったのか？

　正確には、自然派ワインは、ワインの「思想」「哲学」であり、赤、白、ロゼ、オレンジ、スパークリングワインまで造る自然派ワイン生産者もいる。一方、「オレンジワイン」は、筆者の考えでは、白ブドウを果皮ごと発酵させたワインである。伝統的な製法をもとにしているので、オレンジワインの代表的な生産者はほとんど、必然的に自然派ワインだが、例外も多い。オレンジワインは、自然派ワインと重なる部分は大きいが、全てが自然派ワインに入る訳ではない^{（訳注1）}。

訳注1　有機農法、ビオデナミ、自然派の関係は入り組んでいる。有機農法とビオデナミはブドウの栽培方法で、除草剤、除虫剤、化学肥料を使わない。有機農法に、占星術の要素を加えたのがビオデナミ。自然派ワインは、ワインの醸造法で、天然酵母と使って自然発酵させ、亜硫酸無添加（微量添加）。

大学で醸造学を教えるトニー・ミラノウスキーも、オレンジワインと自然派の関係に悩んでいた。ミラノウスキーは、無愛想で、オーストラリア人らしく真面目で、世の中の荒波に揉まれ人生経験にも富む。ハーディーズ（オーストラリア）とファルネーゼ（イタリア）で伝統的な醸造法を経験し、現在、イギリス、サセックス州のプランプトン大学ワイン醸造学部で教科主任兼講師を務める^(訳注1)。技術志向のミラノウスキーがオレンジワインに興味を持ったのは意外だが、醸造技術であるオレンジワインと、哲学である自然派ワインをきちんと分けて考えていた。こんな人間は非常に少ない。ミラノウスキーは、フリウリのサシャ・ラディコンを訪ね、同ワイナリーでの醸造法を学ぶ。続いて2013年、ロー・ワイン・フェア^(訳注2)でオレンジワインの上級コースを受講したが、すっきりしない。「講座では、スキンコンタクト（自然志向で人手をかけない製法）の1つを薦めているだけに見えて、不完全燃焼になりました。ロー・ワイン・フェアでの方法が全てではありません。なので、学生にやらせようと思いました」。

　ミラノウスキーは言葉通り、白ブドウをスキンコンタクトさせる実習を授業科目に加え、2年間（2015年、2016年）、オレンジワインの醸造を指導した。清潔で塵一つない学内の醸造施設で、培養酵母、温度管理タンク、滅菌フィルターを駆使して造った(*70)。この結果は素晴らしい。ミラノウスキーは、長期間のスキンコンタクトはただの技術であることを証明し、単なる技術として科学的、分析的に応用すると、ワインからロマンや生命力が消えることを明らかにしたのだ。

　醸造家、ジョシュ・ドナヘイ・スパイアは、ミラノウスキーの教え子で、現在、イギリス最大級の規模と販売量を誇るワイナリー、チャペル・ダウンに勤務する。2014年に、「チャペル・ダウン・オレンジ・バッカス」を造り、市販オレンジワインとしては、イギリス初の商品となった。このワインの場合でも、大学の実習で造ったオレンジワイン同様、必要以上に技術や人間の手が入ると、オレンジワインの特徴が消えることが分かった。

　ドナヘイ・スパイアの懸念は、スキンコンタクトさせると10日あたりからワインに渋みが出ることだった。対策として、フリーランジュース⁽⁷¹⁾のみを使い、オーク樽で9カ月熟成させた。その後、ワインをベントナイト^(訳注3)で清澄し、フィルターをかけた⁽⁷²⁾。このオレンジ・バッカスを貶めるつもりはないが、スキンコンタクトさせたオスラヴィアのリボッラ・ジャッラの堂々たる品格や、

---

*70　大学はジョージアのクヴェヴリを導入、2018年から、「さらに自然な」製法でワインを醸造する予定。

訳注1　2019年7月、同大学を退職、8月からイーストサセックス州のワイナリー、ラスフィニー・エステート（Rathfinny Estate）を運営する。

訳注2　第11章に記述したワインフェア（p.174）。

カルソのヴィトヴスカの妙なる気品を体験した筆者には、オレンジ・バッカスは、主要品種のバッカスからの連想で「酔って楽しい気分になる」との期待が湧くだけで、物足りない。オレンジ・バッカスは、2015年、2016年でフリーランジュースだけでなく圧搾果汁も加え、醸造期間を長くした（各々15日と21日）。ドナヘイ・スパイアは、初ヴィンテージができたことが自信になり、さらに進めると語る。

どこでオレンジワインを買う？

大きなスーパーマーケットで、小規模生産の手造りワインを買おうとしても、まず、ハズレる。苦労して稼いだ金は、地元のワインショップで使うことをすすめる。

全国展開しているチェーン店ではない独立系のワインショップ、特に、自然派、有機栽培、ビオディナミのワインを主に扱う店が有力な入手先となる。そういう店と親しくなり、常連になり、買う前に試飲ができるか聞いてみよう。

世界各地（アメリカなど、アルコール販売が専売になっている国を除く）の小規模なワイン輸入業者や販売店には、消費者個人と直接販売する業者もある。気に入ったワインがあるなら、地元近辺で輸入業者を探そう。不明なら、生産者に直接聞いてから、輸入業者に買えるか問い合わせればよい。

自然派ワインバーや、自然派に特化したレストランでは、特別セールをすることがある。持帰り販売もあり、若干のディスカウントも期待できる。エノテカ方式を採用する店が増えている。店内でグラスワインを試飲し、店のボトルで買う方式である。これは素晴らしい。

本書で紹介した希少なワインや生産者の商品は、ほとんどインターネットで買える。検索エンジンや、wine-searcher.com や Vivino のような専門ウェブサイトから輸入業者を見つけるとよい。

---

*71　発酵槽や破砕機にブドウを入れた時、圧搾せず自重で自然に流れる果汁。

*72　どちらも大手の量産ワインでは通常の工程だが、イタリア、スロヴェニア、ジョージアでの伝統的オレンジワインでは、まずやらない。

訳注3　吸着性の高い粘土で、ワインの澱を取ったり清澄で使う。

バティチのワイン（スロヴェニア）

　ワイン評論家の中には、ミラノウスキーやドナヘイ・スパイアのような生産者は、一般愛好家が
オレンジワインを知るきっかけとして必要と評価するむきも少なくない。一方、反対派もいる。オ
レンジワインの基本は、自然のまま、伝統的な手法で造ることにあり、醸造プロセスでは極力人
の手を入れない。酔えばどんなワインでもよい連中は、安いが本物ではないオレンジワインを
飲んで、オレンジワインの神髄を理解したいとは思わないだろう。2015年、イギリスのスーパー
マーケット、マークス＆スペンサーは、無濾過のジョージア産クヴェヴリ製法のワインを初めて販
売リストに載せた[*73]。このワインの売れ行きがよいのは、従来のワインとは全く違うことを打ち

出したためだ（少なくとも、同店の平均的な客層には目新しい）。オーストリアのディスカウント チェーン店、ホーファーでは、2017年12月から小規模生産者ヴァルトヘル[*74]の「オレンジ・ソー ヴィニヨン・ブラン」を棚に並べた。ラベルの真ん中に大きく印刷した「オレンジ」の文字が目立 つ。これなら、普通のソーヴィニヨン・ブランと間違えて買うことはない。価格は9.99ユーロと店 で最も高いため目立っていると皮肉を言う人もいるが。

　残念ながら、ワインショップやレストランの大部分では、オレンジワインを明快に表示していな い。パリ、ロンドン、ニューヨークや、周辺地域では、自然派ワインを売りにする高級レストランが 急激に増え、ワインリストにはたくさんのオレンジワインが載っている。問題は、リストにオレン ジワインのカテゴリーがない場合が多いことだ。2004年以降、オレンジワインという分かりやす く簡潔な名称ができて、一般の認知も上がったが、レストランでは昔からの習慣がしっかり生き 残り、白、赤、ロゼとは別に、オレンジワインを新たに設ける店は少ない[訳注1]。

　サシャ・ラディコンは、昔から、オレンジワインは他のワインと別の分類にすべきと考えている。 「オレンジワインは、最適の名前ではないかも知れないが、オレンジワインのカテゴリーを作るこ とは重要だ。白ワインのつもりで注文したのに、出てきたのが予想外の琥珀（こはく）色だった ら、驚くだろうし、がっかりする」と語る。これには、次のような反論もある。オレンジワインは認 知度の低い「ニッチなワイン」なので、オレンジワインの知識を持ったソムリエやワインショップの 店員が説明したり、分かりやすくまとめる必要がある。そうすれば客がうっかり間違えて買うこと はないのではないか。

---

*73　マークス＆スペンサーのPBブランドのワインで、ジョージアのワイナリー、トビルヴィーノが造る「クヴェ ヴリ・ルカツィテリ」。トビルヴィーノ社で出す同名のワインと同じもの。

*74　オーストリア、ブルゲンラント州のワイナリー

訳注1　ビオデナミ、有機農法や自然派ワインは、レストランのワインリストや、ワインショップのポップカードで は、てんとう虫のマークをつけるところが多い。これは、視覚的に分かりやすい。オレンジワインも、一目 でわかるシンボルマークができるのではないか。昔からレストランでのオーダーでよくある間違いは、ヴィ ンテージ間違いと、フォーマット違い（375mlを注文したら、750mlがくる等）。また、オー・ブリオンの ように同じ名前で赤白の両方を出しているシャトーでは、白をオーダーしたのに、赤がくる「赤白間違い」 も多い。辛口の白ワインと思ったら極甘口という「甘辛間違い」、シャンパーニュのような発泡性白ワインを 頼んだところ、ランブルスコのように赤のスパークリングだったなど、白ワインに関する間違いが多いよう。 これに比べて赤ワインは、ボルドー系とブルゴーニュ系を間違うなど、取り違える要素はかなり少ない。

どちらの意見も、問題の核心を突いていない。問題は、ワインの原産地呼称を監督する国の機関が、オレンジワインに極めて後ろ向きであることだ。例えば、近代のオレンジワイン発祥の地を標榜しているイタリアでは、高品質のオレンジワインは最上位の格付けとして認めるべきだが、DOCとDOCG[*75]では、スキンコンタクトさせた白ワインを一切認めていない。オレンジワインが名乗れる唯一の格付けは、最下層の「ヴィノ・ダ・ターボラ・ビアンコ（白のテーブルワイン）」しかない。ヴィノ・ダ・ターボラ・ビアンコのカテゴリーは、自然派のラ・ビアンカーラの「ピーコ」や、ヴォドピーヴェッツの「ソーロ」（どちらも淡い黄金色）のようなワインには相応しいが、ラディコンやプリンチッチが造る濃褐色の「リボッラ・ジャッラ」や、ラ・ストッパの光輝く赤銅色の「アジェーノ」には全く当てはまらない。

オレンジワインをDOCとDOCG[訳注1]という最高位に格付けする場合、障害になるのが色と濁りであり、大部分の生産者は、最下位の「ヴィノ・ダ・ターボラ」として出荷せざるを得ない。格付けの規則を見直すようスタンコ・ラディコンとダミアン・ポドヴェルシッチが再三要望した結果、コッリオ生産者協会は重い腰を上げて規制を改定し、マセラシオン発酵させた白ワインは2005年ヴィンテージから、DOCコッリオとして瓶詰めできるようになった。ただし、新規則には「ワインは麦藁色のような、エレガントな黄色であること」との細則が付く。DOCに昇格したが、長期スキンコンタクトで製造していることをラベルに合法的に表示することはできない。

2005年にはオスラヴィアのトップの生産者は、コッリオ生産者協会の対応にしびれを切らし、現在では、グラヴネル、ラディコン[*76]、プリンチッチは、許容範囲が緩くDOCより格下の「IGTヴェネツィア・ジュリア」として瓶詰めしている。この格付けなら、色が鮮やかな琥珀（こはく）色でも問題はない。

---

*75 DOC(Denominazione di Origine Controllata) とDOCG(Denominazione di Origine Controllata e Garantita) は、イタリアの格付けの最高位の2つ。生産地区と製造法を細かく規定している。

*76 ラディコンのワインは、色が原因で昔も今も「DOCコッリオ」に認定されないというのが一般の見方。また、揮発酸が比較的高いことも認定の障害との指摘があるが、コッリオ生産者協会は、「揮発酸は1リットルあたり18ミリグラム以下」とのEUの規定に従っているだけと表明している。

訳注1 DOCGは、かつて、バローロ、バルバレスコ、キアンティ、ブルネロ・ディ・モンタルチーノ、ヴィノ・ノビレ・ディ・モンテプルチアーノの5つしかなかったが、今は、軽く70を越える。日本ソムリエ協会が認定する資格、「ワイン・エキスパート」の受験勉強では、最初に、ボルドー、メドック地区の61の格付けシャトーを覚え、次に、ブルゴーニュの33の特級畑を記憶してから、イタリアのDOCGに行くのが基本。メドックの格付けは絶対に変わらないし、ブルゴーニュの特級も、ほとんど変わらないが、DOCGは毎年増えていく。イタリアの名門生産者、アンジェロ・ガヤにインタビューした時、DOCGについて聞くと、「イタリアのワイン法は複雑でよく分からん。DOCGはよく覚えてないし、いくつあるか知らん」と豪快に笑った。

だが、この逃げ道も、2017年のヴィンテージから暗礁に乗り上げる。「IGTデッレ・ヴェネツィエ」がDOCに昇格し、フリウリの生産者が「DOCデッレ・ヴェネツィエ」という新しい格付けを取得したからだ。この新DOCには、イタリア北東部のほぼ全域で生産するピノ・グリージョ[77]の品種名を冠したワインを自動的に含む。同時に、この地域のピノ・グリージョでは格下となるIGTがなくなった。DOCの要件を満たせないラディコンのピノ・グリージョは、現在、格付けはIGTではなく、最下位のヴィノ・ダ・ターボラとなった。ヴィノ・ダ・ターボラでは品種名を名乗れないため、名前をエレガントな「シビ[78]」に変えた。サシャ・ラディコンは、格付けが下がったことには不満だったが、冷静だった。イタリア商工会議所やコッリオ生産者協会に提出せねばならない書類が机の上に山となっており、格付けと名前の変更により、少し申告書類が増えるだけだからだ。こんな政治的なゴタゴタで消費者が得をすることはない。いつも飲んでいるワインの名前が突然変わり、なぜだろうと首をかしげるくらいだ。

　スロヴェニアでも、ワイン表示法の最適解を出せていない。ワインは白、赤、ロゼのいずれかしかないのだ。マセラシオンさせた白ワインを造る生産者が急増しているのに、オレンジや琥珀（こはく）色という選択肢はない。ジョージアの農業省はつい最近、クヴェヴリワインを示す新しい表記を決めたが、この規定ではスキンコンタクトを義務づけていない。そのため白ブドウで造ったワインは、スキンコンタクトを全くしなくても、書類上はクヴェヴリワインと表示できる。とはいえ、カヘティ地方[79]のルカツィテリ、ムツヴァネ、キシで造ったワインにクヴェヴリのマークを付けて世界へ出荷し、琥珀（こはく）色のワインを体験する絶好の機会となる。

　本書の執筆時点で、オレンジワインの表示を認めている地域は世界に2カ所のみ、オンタリオ（カナダ）と南アフリカである。どちらも近年のことで、両地域には複数の格付け団体があり、団体のメンバーの要請を聴取し、それに沿って対応している。南アフリカのワイン&スピリッツ常任委員会（WSB）では、クレイグ・ホーキンスが造る「テスタロンガ」や、ヤルゲン・ガウズによる新たなプロジェクト「インテレゴ」のような新しいワインの扱いに苦慮し、濁りがあり、スキンコンタクトさせたり、完全にマロラクティック発酵させた白ワインの大半の輸出許可を2010年から2015年まで却下した。例えば、ホーキンスの「コルテス2011」は、ヨーロッパの多くの輸入業者が予約注文していたが、貨物の輸出許可がおりず出国できなかった。

---

[77] 他のブドウもデッレ・ヴェネツィエDOCに入るが、同協会が圧倒的に重点を置いているのがピノ・グリージョ。ピノ・グリージョは、プロセッコ（ヴェネト州、フリウリ＝ヴェネツィア・ジュリア州のスパークリングワイン）に次いで、ヴェネト州とフリウリ州産ワインとして売り上げが多い。

[78] シビ・ピノとはスロヴェニア語でピノ・グリージョの意。ヴィノ・ダ・ターボラは、ブドウの品種、産地、ヴィンテージもラベルに表示できない。

[79] ジョージアの他の地方、特に西側の地域では、カヘティに比べスキンコンタクトさせるワインが少ない。

ホーキンスは、スワートランド地方で新しいタイプのワインを造る生産者（ガウズ、イーベン・サディ、クリス・アンド・アンドレア・マリヌー、カーリー・ロウ、アディ・バーデンホースト）と協力し、既存の格付けに新しいカテゴリーを加えるよう同委員会に要請した。新設したカテゴリーには、スキンコンタクトさせた白、メトード・アンセストラルによるスパークリングワイン[訳注*]、新しいタイプの白や赤がある。基本的には自然派ワインで、硫黄の添加を最小限にし、完全にマロラクティック発酵させたワインが該当する。

　南アフリカの同委員会が定めた「スキンコンタクトさせた白ワイン」の定義は、2015年後半には正式に明文化された。内容は以下の通り。

1. ワインは最低96時間（4日）以上、果皮と発酵、マセラシオンさせる
2. ワインはマロラクティック発酵か完全に終了している
3. ワイン中の亜硫酸の含有量は、1リットルあたり40.0ミリグラムを越えない
4. ワイン中の残留糖分は1リットルあたり4.0グラムを越えない
5. ワインの色は明るい金色から深いオレンジ色である

　オンタリオでも、ブルゴーニュやナパ・ヴァレーにはおよばないが、同地でワイン法を監督する組織は、オレンジワインで有名なのに反応の鈍い他国の呼称統制団体に比べ、オレンジワインに対するハードルが低く、独自の立場で柔軟に対応した。同地では、少なくとも6軒のワイナリーがオレンジワインを造っている。その1つがサウスブルック・ビンヤーズで、代表のアン・スパーリングは、オンタリオのワイン卸商品質同盟（VQA）に対し、自社のワイン「果皮発酵ヴィダル」用に、新たな格付けを新設するよう申請した。2017年7月1日、VQAは「果皮発酵した白」を新設する規定を可決し、対象となるワインとして、以下のガイドラインを示した。

▶ 主に非発泡性ワインで、辛口か半辛口。果皮が白かピンク色のブドウで製造。最低10日間、スキンコンタクトで発酵させる。スキンコンタクトによる発酵で、ワインはタンニン分とハーブの香りが強くなり、果実味が弱くなり、紅茶のような風味となる。このワインを「果皮発酵白ワイン」と定義する。

　分類規定の一部にざっと目を通すと、ワインの格付けや規制には、徹底して細いお役所仕事がきれいに表れている。

訳注＊　スパークリングワインの古典的な製法。二次発酵させず一次発酵の途中で瓶詰めし、残りの糖分が瓶内で発酵してできたガスで発泡する。

▶果皮発酵白ワインである旨は、成分表示欄に記載するブドウの品種より大きい文字で表記し、ラベルの最小文字サイズを基準にして2ミリ以上の大きさであること。

▶ブドウの品種名と「果皮発酵白ワイン」の表記の間には何も記載してはならない。

▶分表示欄にブドウ品種の記載がない場合、「果皮発酵白ワイン」の表記は、最小文字サイズより大きく、3.2ミリ以上であること。

▶生産者の判断により、「アンバーワイン」「オレンジワイン」「バンオランジュ」を表記してよい。

　不可解な箇所はあるが、この2つの格付けは極めて重要である。消費者にも、買うワインの中身が分かり、透明性が飛躍的に上がった。2つの格付けは、特にワイン業界の注意を引かなかったが、オレンジワインでの転機の現れと言える。オレンジワインは、ちゃんとした商品であり、1つの独立した部門であり、明確な定義と確固たる市場がある。

　将来はどうか？　オレンジワインは、試験的なケースも含め世界のあらゆるワイン生産国で造っている。2017年の時点で、1種類でも市販するつもりでオレンジワインを造った生産者は膨大な数に上る。おそらく、数千軒になるだろう。大多数は、微量生産の高級ワインで高値がついていると思われる。オレンジワインは、スーパーマーケットの棚でピーナッツのように安売りする量産品ではない。シェリー、イギリスのスパークリングワイン、イタリア、シチリアのエトナ・ロッソ（訳注＊）のような「ニッチ商品」のように、時間をかけて着実に地位を確立するのだ。理想を言えば、マニアックなニッチ商品ではなく、赤白ロゼに続く第4の色となるのが相応しい。オレンジワインの多彩な色、香り、風味には、赤、白、ロゼに匹敵する豊かさがあり、また、食事とのペアリングは多様で他に類を見ない。

　伝統的な長期スキンコンタクトの技術が世界中の醸造家から大きな注目を集めている中、オレンジワインの生産者は、「興味本位派」と「真剣派」の2つにはっきり分かれる。前者の生産者は、大手の大規模ワイナリーによくあるケースで、試験的にオレンジワインを仕込み、自社の醸造担当者にオレンジワイン製法を経験させ、面白がっている。でき上るワインはいろいろだが、大抵は単発で終わるか微量しか造れず、市場には出ない。オーストリアで有数の規模を誇り、地域最大の生産者であるドメーヌ・バッハウは、ここ数年、果皮醸造した極上のリースリングを生産してきた。だが、生産量が非常に少なく、製法も同ワイナリーのどのワインとも大きく異なるため、流通経路に乗らない。現地まで足を運べば、年産1500本程度しかできないこのワインを購入できる。

興味本位の生産者がいる一方で、自然派志向の立場から、本気でオレンジワインに転向した醸造家がいる。スキンコンタクトさせて白ワインを発酵させると、硫黄のような添加物なしで造ることができ、大幅に自由度が上がることに気が付いた生産者である。ニュージーランドのワイナリー、ハーミット・ラム^(訳注1)のテオ・コールズ、前述の南アのクレイグ・ホーキンズ^(訳注2)、米国カリフォルニア州、パソ・ロブレスのワイナリー、アンビス^(訳注3)のフィリップ・ハートのような醸造家は、生産するワインの大部分をスキンコンタクトさせる。滑らかな舌触り、風味、畑の個性が出るオレンジワインに心底惚れ込んでいるのだ。太古のコッリオ、ブルダ、ジョージアの伝統から正統にバトンを受け、スキンコンタクトと共に歩む醸造家である。

自然派ワインへの関心が高まり、消費が増え、特に、若年層が新しい消費者層として伸びている現状を考えると、オレンジワインは時代の流れにうまく乗ったと思う。分類や呼び方は、ワインは健康によいのかどうかと同様、これからも議論が続くだろう。また、ボルドーの上質な格付けワインを偏愛したり、オレンジワインをひと口飲んで、「面白いが、2杯目はないな」と褒めて貶す保守的なワイン評論家から、これからも強烈な批判を浴びるはずだ。

一方、自然派ワインのバーや試飲会に押しかけた熱烈なオレンジワインの愛好家は、反対派の声を消している。昔の価値観を引きずらず、不必要に細かいワインの蘊蓄とも無縁の消費者には、オレンジワインは単に新しいジャンルであり、恐れたり馬鹿にするワインではない。ヨスコ・グラヴネルやスタンコ・ラディコンが、オレンジワインの先駆者ではなく、単に頭がおかしいと思われていた1990年代後半とは隔世の感がある。

訳注1　イタリアのシチリア島東部の活火山、エトナ山周辺の火山性土壌で生産する赤ワイン。ここ10年程で質が向上し再評価されている。

訳注1　冷涼な南島のカンタベリーにあるワイナリー。ニュージーランドの看板ブドウであるソーヴィニヨン・ブランを1ヵ月以上醸し発酵させている。

訳注2　南アで、オレンジワインの第一人者で、名門、テスタロンガのオーナー。「エル・バンティート」と「マンガリッツァ・パート・ツー」が有名。

訳注3　農薬や化学肥料を一切使わず、亜硫酸も無添加せず、アンフォラでオレンジワインを造る。「グルナッシュ・ブラン」と、4種類のブドウをブレンドした「プリスクス」が有名。

スキンコンタクトの白ワインが大人気になり、グラヴネルは驚いているだろうか？　「そりゃ驚いたよ。みんな最初はあんなに反対したからね」。とはいえ、「革命」は、住み慣れた安住の地から人々を追い出すものだ。琥珀（こはく）色の革命は、生産者、愛飲家、政府の監督官庁、小売業者に大きな試練を与え、一方で、ワインの地平を永遠に切り拓いたのだ。オレンジワインの革命が輝くのは歴史書の中だけではない。オレンジワインを愛する者のグラスの中で燦然と光るのだ。

スロヴェニア、メダナで自家製オレンジワインを造るホテル「クリネッツ・イン」の看板「ピザなし　コカ・コーラなし　フライドポテトなし　ストレスなし」

オレンジワインの提供方法と料理とのペアリング^(訳注)

　オレンジワインは白と赤の中間に位置する。イキイキした酸味と果実感は白ワインを彷彿とさせ、なめらかな舌触りやしっかりした骨格は赤に近い。そのため料理とのペアリングは驚くほど多種多様だ。フルコース料理の最初から最後まで、品種を変えつつオレンジワインだけで通せる。

　提供温度は、軽くて柔らかい口当たりのものから重くて渋く強いものまで、ワインの特徴により大きく変わる。軽いワインは10〜12℃にキリッと冷やし、風味が弱いと思うなら室温に置いて少し温度を上げる。重くて骨格がしっかりしたワインなら、14〜16℃で香りや風味が開く。温度が低いとタンニンのとげとげしさが出る。若いワインをデキャンティングしたりカラフェで出すと、ボトルからグラスに直接注ぐよりもたくさんの酸素に触れ、香りが開く。ワインの沈殿物や澱を均等に混ぜるため、抜栓前に瓶を振ったり逆さにすることを勧める醸造家も多い。好みの問題だが、濁りの少ない方がよいなら、抜栓前、数時間、ボトルを立てておくことだ。

　個人の好みは、グラスの形にも出る。昔からピノ・ノワールに使う広口のバルーン型グラスは、重厚で複雑な風味のオレンジワインの個性を最大に引き出す。グラヴネルやモヴィアのように、フリウリやスロヴェニアの醸造家の中には、自分のワインに合う独自のグラスを作っている所もある。

　以下、食欲を刺激するワインと料理のペアリングをいくつか紹介する。合わないと思うなら、自分の好きな1本を開けて夕食に合わせるとよい。専門家のアドバイスがなくても、偶然、極上のペアリングに出会うことがある。

ジョージアの伝統的なスプラ（宴会）の料理。様々なチーズとハチャプリ（チーズ入りパン）

▶生ガキとウニ

磯の香りに富み、ミネラル分の豊かなうま味があふれる。この食材は、軽め・重めのどちらのオレンジワインも合う。ニーノ・バッラコの手になる「カタラット」は絶妙の相性。エリザベッタ・フォラドリの「ノジオラ」もよい。ニュージーランドのサトウ・ワインズのものはどれも合う。

▶加工肉（シャルキュトリー）、リエット

発泡性のオレンジワインに優る勝る食前酒はない。クローチが造る「カンペデッロ」や、トマツの「アンフォラ・ブリュット」は、酸味としっかりした味わいで絶妙のペアリング。上質のサラミやプロシュートを1切れ味わうごとに、スパークリングのオレンジワインを飲むと最高の口直しになる。

▶クミン、カフェライムリーフ、パンダンなどの香草や薬味が入ったスパイシーなインド、タイ、インドネシア料理

ゲヴュルツトラミネール、ミュスカなどアロマティック系のブドウで造ったオレンジワインは、ごくわずかな甘みがあると（技術的にいうと、糖分を完全に発酵させて辛口にせず、数グラムの残留糖度があるワイン）、スパイシーな料理によく合う。甘みと香りが口の中で香辛料を程よく和らげ、ワインの存在感も損なわない。

▶濃厚なチーズソースのニョッキとパスタ

トスカーナやエミリア・ロマーニャの重厚なワインと合わせよう。ラ・ストッパの「アジェーノ」、ヴィーノ・デル・ポッジョの「ビアンコ」、ラ・コロンバイアの「ビアンコ」など。

▶トマトベースのソースのニョッキとパスタ　ピッツァ・マルゲリータ

ダリオ・プリンチッチのワインは溌剌とした酸味と赤い果実の風味に富み、トマトとよく合う。クレイグ・ホーキンスの「マンガリーザ・パート2」も、特に瓶熟させたものは相性がよい。

▶豚肉、貝料理、脂が多めの豚肉の切身が入ったグラタンやシチュー全般

脂身をスライスした豚肉料理の全てに、ラディコンの「ヤーコット」のシャープで刺激性のある酸味が絶妙の相性。トム・ショブルックの「ジャッロ」や、インテレゴの「エレメンティス」も合う。

▶ビートルートやニンジンを使った甘さ控えめのデザート

エセンシア・ルラルの「デ・ソル・ア・ソル・アイレン」は、ヴィンテージにより、残留糖度が多く、デザートと合わせると非常に相性がよい。この意外な組み合わせは、アムステルダムのレストラン、「シュー（Choux）」のフィーホ・ファン・オーナの発案。

▶チーズの盛合せ

ほぼどのオレンジワインも好相性。濃厚で骨格があり、タンニンが強いオレンジワインは、コンテ、レーメカー、ペコリーノなど、クセが強く熟成したハードチーズがとてもよく合う。柔らかく匂いの強いチーズや、ブルーチーズには、果実味と芳香に富むイル・トゥフィエッロの「フィアーノ」や、アンビス・エステートの「プリスクス」がよい。

訳注　ジョージアの食文化に興味のある読者は、『ジョージアのクヴェヴリワインと食文化（著作：島村菜津、合田泰子、北嶋裕、監修：塚原正章、誠文堂新光社）』を参照。同書によると、「島村菜津はジョージアのワインをイタリアのスローフード協会に紹介し、国外での認知度を上げ、存亡の危機を救った立役者」とのこと。

エピローグ
Epilogue

オレンジワインを造るのと書くのは全く違う。本書を構想し、執筆する中、偶然2度、オレンジワインを造る機会があった。最初は2016年6月で、何気ない会話がきっかけとなる。「ウルフさんは、オレンジワインの造り方をご存知ですよね?」と、ポルトガルの醸造家、オスカー・ケヴェードが、いつもの人懐っこい顔で聞いた。頭のいい男で、私が食いつくと分かった上での質問だ。

ケヴェードのワイナリーは、ポートの中心地、ドウロ川の支流コルゴ上流にあり、ポートだけでなく通常のワインも造っている。7月らしい灼けつく日だった。いきなりそう聞かれて、こう答えた。「知識はありますよ。造った経験はありませんが、優れた生産者と100人ほど会って、話を聞きましたからね」。

それから1時間があっという間に過ぎ、思いつく限りの知識を披露した。ほとんどは、ラディコンやグラヴネルのような大御所から仕入れた知識の受け売りだった。ケヴェードは、実はオレンジワインを造りたいと打ち明けた。通常のワインとは別に、今年、新たに試したいという。筆者の不確かな知識でよければ喜んで協力すると約束した。

2カ月後、サン・ジョアン・ダ・ペスケイラにあるケヴェードの醸造所に戻った。約10日間、ケヴェードの醸造チームと協力し、スキンコンタクトで同醸造所初となるオレンジワインを造るためだ。ドウロ初かもしれない(*80)。目標は1000本。販売計画は立てず、どんなワインになるか、まずは見るだけだ。

ワイン系のジャーナリスト、ライター、ブロガーなら、自分はワインの造り方を熟知していると考えている。技術的な下地があると生産者にアピールするため、マロラクティック発酵[訳注1]やバトナージュなど、マニアックな用語を散りばめてコメントする。で、本当に意味が分かっているのか？　答えは「否」だ。ワイン造りでは無数の決断をし、人や物をやり繰りし、その他、部外者にはうかがい知れない、ワイン評論家にも想像できない事態に対応せねばならない。私も身をもって体験することになった。

最初の課題は、ブレンドするブドウを選ぶことだった。「ドウロ・オレンジワイン」には、ドウロらしさがほしい。であればドウロ産のワインと同様、土着品種のブレンドがよい。いろいろ検討した結果、香り豊かなラビガトと、酸味に富むビオジーニョを合わせることにした。果皮の厚い品種として、シリア（コデガ、ロウペイロなど、いろいろな別名あり）も選ぶ。

さっそく事件が起きた。ケヴェードでは白ブドウを契約農家から調達しているが、ラビガトが予定日になっても到着しない。シリアは2軒の農家から納入済みで、2軒とも同じ日に収穫したのに、一方には良質の酸味があり、他方はへたっている。ビオジーニョは量は十分あり、熟成度はそこそこだが、酸味が素晴らしい。なのに、ラビガトが届かない。オスカー・ケヴェードが、先ほど収穫したゴウヴェイオを使ってはどうかと代替案を出した。ブレンドを急遽変更し、シリア50％、ビオジーニョ25％、ゴウヴェイオ25％にした。

次は、除梗するか否か。シリアを潰して試した結果、除梗することで一致した。果実自体の質はよいが、果梗があると苦く青臭くなったからだ。ケヴェードの醸造所の除梗機は大きすぎる上、除梗処理が粗くてブドウの粒が潰れた。粒はできるだけ完全な形で残したい。小型の除梗機を見つけたが、手作業で除梗する方式だった。最終的には、味が良かったのでゴウヴェイオの果梗を10％入れた。

<hr />

*80　後に調査したところ、ドウロ初のオレンジワインは、老舗ワイナリー、バゴ・デ・トゥーリガが造った「グービヤス・ブランコ・アンバー2010」。

訳注1　糖が酵母でアルコールになるのが主発酵（アルコール発酵）で、その後、乳酸菌によりリンゴ酸を乳酸に変えるのがマロラクティック発酵（乳酸発酵）。赤ワインは、マロラクティック発酵させることが多いが、白はいろいろ。寒冷地の酸の強烈な白は減酸のため、また、ブルゴーニュやシャンパーニュの高級な白では、複雑さを出すため、マロラクティック発酵を実施するが、温暖地の酸の少ない白ではやらない。マロラクティック発酵させているかどうかはラベルに記載はなく、ワイン法上で、実施する・しないも規定していない。

ケヴェードでのブドウの選果

　30分後、修理で少し手を入れた小型の除梗機を木製の台座に据え、作業を始めた。8ケースのブドウを手で投入。手間と時間のかかる作業だった。マリオをはじめとする醸造のアシスタントチーム、アルバイトの学生、醸造長のテレサ・オーパズと、夫で写真家のライアン・オーパズが入れ替わり立ち替わり働き、延々、5時間かかった。

　この時、ケヴェードの醸造長テレサ・オーパズは、マスト（もろみ）に亜硫酸を添加したいと切り出した。オレンジワインなので、もろ手を挙げて賛成とは言えない。テレサによると、蓋のない容器にブドウを入れると発酵前に酸化する危険性があるという。亜硫酸は発酵で全て消えると説得され、承知した。各タンクに微量（750キロのブドウに対し6%の溶解液500cc）添加した。

　夜の10時までかかり、1880キロのブドウを1000リットルのステンレスの開放槽2基に分けて仕込んだ。発酵槽の内のマストは、気味の悪いオリーブのオートミールに見えた。タイミングよく、オスカー・ケヴェードがピザを抱えて戻ってきた。マストが発酵槽に入った記念すべき日を、深夜のパンチダウンで締めくくった。果房を底へ突き下げるパンチングダウンは、スキンコンタクト製法では重要だ。パンチングダウンには、年季の入った木製の器具を使った。テレサ・オーパズが醸造所の奥深くから見つけてきたもので、何十年も日の目を見ない、博物館級の道具だった。

翌日になっても、発酵の兆しがない。そこでケヴェードと一緒に発酵槽に入り（もちろん足はよく洗った）、ブドウを踏んで潰した。ドウロ方式だ。温度が違う層を同時に脚に感じたり、ブドウを潰す足の裏の感触は、何とも不思議だった。それでも、発酵の役には立たず、一向に始まる気配は全くない。続く6日間は祈るばかりで、オレンジワインではなく酸化したゴミの塊ができるのではとオロオロした。ケヴェードの妻、クローディアとテレサ・オーパズは、ずっと、大丈夫だと励ましてくれた。

ドウロに滞在できる期限があと48時間に迫ったが、マストには何の変化もない。その晩。ケヴェードと2人で外食に出かけた。もうすぐ日付が変わるころ、それぞれ家路についた。空を見ると、満月が皓々と輝き、辺りを照らしている。「これが合図だ、間違いない」。願った通り、翌朝、2つのタンクで順調に発酵が始まった。二酸化炭素が果皮を押し上げ、発酵槽の中で泡が盛んに出ている。その日は浮き立つ気持ちで、3時間おきにパンチングダウンした。やっと責任を果たせた気分だった。

ドウロ滞在の最後の夜、1時間離れた別の醸造家を車で訪ねるはずだった。発酵のアロマで気持ちが動揺していたのか、醸造所から道路へ出る数メートルの脇道で、ケヴェードから借りた車で事故を起こした。幸いけが人はなかったが、車は大破し、隣家の壁がへこむ。最悪の週末だが、酸化した酸っぱいブドウジュースではなく、ちゃんとオレンジワインになったのがせめてもの救いだった。

その後、醸造所に出向くことはなく、メールと電話で頻繁に連絡を取り、ワイン造りを続けた。発酵は完璧だった。アルコールは12％で、ほぼ無糖。スキンコンタクトには21日かけた。タンニンが強かったので、しばらくオーク樽に入れることにしたが、ケヴェードはフル操業中で余分な樽がない。そこで、アグアルディエンテ（サトウキビの蒸留酒）の熟成に使った、中古のピパ（600リットルのポルト樽）を2樽調達した。中をきれいに洗浄した後、ワインを1年近く寝かせ、微量の硫黄を加え、2017年2月にようやく瓶詰めした。執筆中の現在、ワインはまだ若く、舌触りも固い。

翌年、また、単発の依頼がきた。アムステルダムでワイン輸入代理店を経営する友人、マルニクス・ロンボートから、オレンジワイン造りを手伝ってほしいと言ってきた。場所はオランダ南部にあるワイナリー、ダッセムスで有機農法の認証を受けている。ぜひ、やりたいと返事した。

オーナーのロン・ランゲフェルトが所有する数ヘクタールの畑は、オランダだけでなく世界的にもユニークだった。PIWI(ピーウィー)という病気に耐性のあるハイブリッド種だけを植え、有機農法で育てるだけでなく、銅や硫黄系の薬剤も散布しない。ほぼ10年で、ブドウの樹はオランダの気候に馴染み、手間の一切かからない「聖域」となった。畑での作業は剪定のみで、ブドウは最上級の美しさを誇る。ビオディナミの畑でも見かける、硫黄散布の白い粉はない。

ダッセムスのブドウは100％自然派だが、発酵は技術を駆使する近代醸造で、培養酵母を使い、糖度が低いと補糖し[81]、フィルターもかける。今回の依頼は、従来とは正反対の手法でワインを造ることだった。補糖はせず、自然発酵させ、添加物は一切入れない。今回の試験的醸造では、ソーヴィニエ・グリを選んだ。ハイブリッド種で、カベルネ・ソーヴィニヨンとソラリス(ソラリスもハイブリッド種)の交配種だ。ローズがかったピンク色の果皮が美しいが、分類上は白ブドウである。酸味が強く、果皮は厚め。オレンジワインに最適と誰もが思った。

熟すのが遅い品種で、収穫は10月15日を予定していた。天候にも恵まれ、友人や家族が畑に集まった。午前中いっぱいで1区画分のソーヴィニエ・グリを収穫したところ、予想外の問題が起きる。分析すると、アルコール度数が10.5％しかない。ロンは愕然とした。補糖しないと決めていたので、ショックは大きい。ロンが代替案を出した。別の古い区画で収穫期を向かえたソーヴィニエ・グリがあり、それを使おうという。予想通り、ブドウは熟度と凝縮度が高く、推定アルコール度数は11％超まで上った。

---

[81] シャプタリゼーションとも言い、砂糖や未発酵のブドウジュースを加えて発酵させ、アルコール度数を上げる方法。日照が少なくブドウの糖度が低い北欧でよく使う技術だが、自然派の醸造家は敬遠する。

除梗し、軽く潰した果実を小型のステンレス発酵槽に入れた。今回のマストは、ポルトガルの時とは違い、ロン・ランゲフェルトが夕食のため醸造所からダイニングルームに入った時点で、もうブクブクと発酵が始まった。2週間で発酵が終了する。さらに3日間スキンコンタクトさせた。ランゲフェルトも、私も、友人のマルニクスも、待ちきれなかった。澱を引いて別のタンクに移し、熟成させた。

2018年3月現在、ワインは人ならまだ、ティーンエイジャーだ。無愛想で刺々しいが、果実味と酸味に富み、熟成に耐える充分な資質がある。あとは待つだけだ。実は、ランゲフェルトに余った樽があればと思っている。少しピンクがかったオレンジワインは、樽熟成で少し厚みを加えた方がよいと思うからだ。

まだ、ポルトガルとオランダでの試験的なオレンジワインが成功したとは言えないが、多くを学んだ貴重な体験だった。ブドウ栽培は1年を通しての作業だが、ワイン醸造は年に1度の勝負ゆえ、時間ごと、日ごとに、短時間で多数の判断を下さねばならない。これを身をもって体験したのが最大の収穫だった。判断を1回間違っても、いきなりワインが酢にはならないが、「極上」と「並み」の違いにはなる。

リスクは全工程のあらゆる場所に潜む。ワインが予想通りの品質にならなかったら？ 顧客が気に入らず買ってくれなかったら？ 去年と全く別のワインになったら？ 2カ国での試験的醸造では、リスクも1樽、2樽だけだった。それに比べ、スタンコ・ラディコンやヨスコ・グラヴネルなどの生産者が、最初の年にどれだけ不安だったろう。造ったワインを去年同様、顧客が買ってくれるのか、悩んだに違いない。イアゴ・ビタリシュヴィリやラマス・ニコラゼも、苦悩は計り知れない。隣の農家のように、スイカやジャガイモを植える方が気楽だったろう。ブランコ・チョタールやヨスコ・レンチェルも、伝統にしがみつかず近代的な醸造に変えるか、あるいは、1本も売れないリスクを取るか、悩んだはずだ。

わき目もふらず自分の信念を貫く生産者。頑固で、思いっ切りがよく、何の疑いもなくオレンジワインを信じる醸造家に、心から祝杯をあげたい。

ダッセムスでの収穫風景。右下はロン・ランゲフェルト

著者が選ぶ
オレンジワイン
生産者

RECOMMENDED
PRODUCERS

コッリオとブルダの国境に沈む夕陽

著者が選ぶ
オレンジワイン
生産者

Recommended
producers

オレンジワインの生産者の総数は、試行錯誤段階や、試験的に1回作っただけの生産者も含めると、世界で軽く1万軒を越える。したがって、本章で取り上げるワイナリーは、客観性のある完全なリストではなく、筆者が集めた情報と独断により、「オレンジワインの王道的醸造所」とか、「デビューしたての将来有望な作り手」と思う生産者を選んだ。

　優良生産者を選ぶにあたり、以下を基準とした。

▶オレンジワインを造った実績（複数のヴィンテージで造り、品質が安定している）
▶全部の白ワイン、あるいは、かなりの白ワインをマセラシオンで作る方針のワイナリー。白ワインを1種類しか作っていなくても、それがスキンコンタクト製法なら、該当する。
▶伝統的な技法を忠実に守っている生産者。すなわち、野生酵母を使って自発的に発酵させ、発酵槽の温度制御をせず、清澄や濾過もせず（軽度の濾過は可）、二酸化硫黄は最小限しか添加しない生産者（少数ながら、この条件に該当しない生産者も例外として取り上げた。理由は本文中に記載）。
▶有機栽培やビオデナミで、認証を受けていることが望ましい。未認証であっても、化学的な殺虫剤、防カビ剤、除草剤を使わず、実質的な有機栽培、ビオデナミであれば問題はない。オレンジワインは果皮ごと醸すので、果皮が健全であることが必須。
▶オレンジワインとして完成しており、筆者が個人的に美味いと思うもの。
▶筆者が訪問したり、生産者と対話したワイナリー。あるいは、訪問や会話はしていないが2回以上、試飲したもの。

上記で優良生産者の基準は設けたものの、基準通りには行かない。ワイン造りが文化として根付いている国の中には、上質のオレンジワインを造りながら、情報が皆無だったり、ほとんどないことがある。そんな地域は、本章に掲載しないのではなく、有望と思える先駆者的な作り手や、新人生産者を挙げた。

　本書では、昔からスキンコンタクトで白ワインを造り、その醸造法式が伝統として定着した国のみ焦点を当てた。必然的に、取り上げた生産者はイタリア、スロヴェニア、ジョージアに偏ったが、弁解はしない。この3カ国の生産者は、オレンジワイン醸造の完成度が非常に高く、経験も圧倒的に多い。言葉ではうまく表現できないが、世界でもこの3カ国には、オレンジワイン醸造に対する絶大な信頼感がある。本書では、主3カ国を含め、全20カ国を取り上げた。重要なワイン生産地なのに除外した国が少なくない。有名産地なのに取り上げない理由は以下の通り。

　セルヴィアでは、オレンジワインを試行錯誤して造っている自然派のワイン生産者を中心に、オレンジワインへの機運が高まっているが、本書の執筆段階で市場に出ているものはなく、高品質とか将来有望と書くには時期尚早。ヨーロッパ東部諸国も同じでルーマニア、ハンガリー、モルドヴァでは、試験的にオレンジワインを造り、注目すべき点は多々あるものの、アドリア海沿岸の諸国の「本家」に比べ、品質や完成度はかなり低い。

　古代のギリシャ、トルコ、キプロスでは、白ブドウを醸してワインを造ったことは歴史的事実だが、文明の進歩にしたがい、事実上、オレンジワインは跡形もなく消滅した。ごく少数ではあるが、いろいろな分野のオレンジワインを試験的に造っているギリシャの生産者がおり、オレンジワイン方式のレツィーナを試飲したことがある。一種の「怖いもの見たさ」であったが、面白いワインではある。サントリーニ島の土着高貴種ブドウ、アシリティコには、大きな将来性を感じた。

　中東諸国（特に、イスラエルやレバノン）でのワイン生産は少なく、フランス式の近代的な造り方をしており、ほとんどが赤ワイン。イスラエルのヤコブ・オリャという生産者がオレンジワインを造った。この中東諸国とアルメニアは、「ワイン発祥の地」を喧伝して、ジョージアに対抗しているが、ジョージアのような客観性のある考古学的な証拠を出せていない。

南アメリカ大陸諸国には、少し変わった古来のワイン醸造法がいくつも残っていたが、大規模生産者や、ワイン生産の主流が完全に近代化へ向かった。チリでは、ペルー同様、ただ一軒のワイナリーがオレンジワインを作っているにすぎない。南アメリカ大陸では、すべての国で、土着品種によりワインを作る素晴らしい伝統があった。白ブドウを圧搾して果汁を搾ったり、果梗を取り除く除梗機がなければ、今でも赤ワインと同じ方法で白ワインを作り、果皮だけでなく果梗の一部も一緒に醸造していたはずだ[*82]。南アメリカ大陸では、マニアックなワインを作る生産者が増えており、多様性が拡大するにつれて、上質のオレンジワインが現れると期待する。

　アジアでは、ワイン造りが大きなブームを迎えている。例えば、生産量では、以前は圏外だった中国が世界第5位に躍進した[*83]。日本では、自然派ワインやオレンジワインの生産が急増しており、本章の最後に概要と優れた生産者を挙げる。インドや中国では、オレンジワインや人力の介在を最小限にしたワイン造りを始めているが、市場に出るのはまだ先で、本書に載るのは少し先で、第2版になる。

　筆者は、上質のオレンジワインが見つかると、筆者自身のウェブサイト、www.themorningclaret.com にレポートをアップしている。自分の好きなオレンジワインが本書のリストにないからと、がっかりすることはない。ウェブサイトも見てほしい。

---

*82　チリでは、昔から「ザランダ（zaranda）」を使い除梗していた。これは、ブドウの粒がちょうど通る隙間を開けて何本もの木製の棒を木枠にはめたもので、この道具を使うと、果皮がそのまま残り、果梗の一部も含んだ状態で発酵が可能となる。

*83　2014年度の国連食糧農業機関（FAO）の統計データによる。

記号説明

 有機農法で認証を取得（ラベルに記載しないことがある）

 ビオディナミで認証を取得（デメテールや、同等のフランスのヴィオディヴァンのような団体から認証を取得。ラベルに記載していないこともある）

 醸造中や瓶詰め時に亜硫酸無添加（アルコール発酵の過程で亜硫酸が自然発生するため、人工的に添加せずとも10～20mg/lの亜硫酸を含む場合がある。「無添加」とは言えるが「ゼロ」とは書けない）

 生産するすべての白ワインをスキンコンタクトで造る生産者であり、オレンジワインのトップの生産者として最初に名前が挙がるような世界的な造り手。

オーストラリア

　オーストラリアでは、ワイン生産の近代化が急激に進んだ。その反動で、ブドウをワインにする過程で人間がなるべく介入せず、醸造工学志向の人工的ワインメイキングはしないと考える新世代の生産者が生まれ、果皮と一緒に醸した白ワインを試験的に造るワイナリーが急増した。今のところ、オレンジワインを極めたリーダー的な生産者はいないが、少なくとも筆者個人としては、ワインのフレッシュさを重視して早い時期に収穫するワイナリーのオレンジワインの質が高いと思う。

　オーストラリアのワイン法が規定するラベル記載条項は、ヨーロッパに比べて自由度が大きく、オレンジワインは原産地名を入れた高品質ワインのカテゴリーに入る。これが基本だが、ニュー・サウス・ウェールズ州は例外で、昔から「オレンジワイン」の呼称を認定しない立場を取る。これは、オーストラリア全土に65あるワイン産地のGI[*84]のうち、同州のオレンジ地区に「オレンジGI」があることによる。オレンジGI委員会は、ラベルに「オレンジワイン」と記載した場合、告訴も辞さないとオーストラリアの他の州の生産者に警告した。代わりに「スキンコンタクトした白ワイン」や「アンバーワイン」の名称を表示することを提案している。これは正論である

---

*84　地理的呼称（Geographical Indication）。オーストラリア政府が規定したワインの産地。アメリカのAVA同様、地域を限定するだけで、ブドウの品種、栽培法。醸造法の規定はない（逆に、ヨーロッパ系のワイン法は厳しく規定している）。

オーストラリア　南オーストラリア州バロッサ地区

ショブルック・ワインズ（Shobbrook Wines）

オーナーのトム・ショブルックは、独自路線を行く一匹狼的な生産者。トスカーナでの6年の修業を終え2007年にバロッサへ帰ると、オーストラリアのワイン造りに大きな影響を与えた。卵型の発酵槽を使い、長期間スキンコンタクトをさせるのが特徴。ミュスカ、リースリング、セミヨンをブレンドした「ジャッロ（Giallo）」、セミヨン100％の「サムロン（Sammlon）」の2つが同所の代表的なオレンジワインで、オーストラリアのワインはひたすら濃厚でフルボディ、との通説を覆す。

住所: PO Box 609, Greenock, South Australia, 5360　　**電話**: +61 438 369 654
メール: shobbrookwines@gmail.com

オーストラリア　西オーストラリア州マーガレット・リヴァー地区

スィ・ヴィントナーズ（Si Vintners）

同ワイナリーを立ち上げたのはサラ・モリスとイーヴォ・ヤキモウィッツの若いカップルで、両者ともワイン業界に無関係な家庭の出身。スペインでの醸造の修業を経て、マーガレット・リヴァーへ戻る。2010年、同地で1978年に植樹の古木があるブドウ畑が偶然、売りに出たとの幸運に恵まれる。卵型のコンクリート製発酵槽を使い、スキンコンタクトさせたセミヨンとソーヴィニヨン・ブランによる「レロ（Lello）」とソーヴィニヨン・ブラン主体ながら、果実味を出すため微量のカベルネ・ソーヴィニヨンをブレンドした「ババ・ヤガ（Baba Yaga）」の2つが看板のオレンジワイン。どちらも豊かな果実味に富み、テロワールがそのまま表れる。2人は、スペインのアラゴン州サラゴサ県のカラタユーでもワインを造る。

住所: ―　**電話**: ―　**メール**: info@sivintners.com

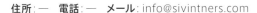

訳注　ワイナリー名の「Si」は、「サラ」と「イーヴォ」の頭文字からの命名。ヨーロッパでは、特別醸造の高級ワインに母親や娘の名前を付け、配偶者の名前はまず付けない。離婚を考慮したもの。「スィ」も末永い発展を望む。

オーストラリア　ヴィクトリア州

モメント・モリ・ワインズ（Momento Mori Wines）

ニュージーランド南島出身のキウィ・デイン・ジョーンズは、オーストラリア中のワイナリーで修業を積む。ラディコンを飲んでスキンコンタクトに衝撃を受け、以降、ワイン造りの目標となる。最初のオレンジワインは、裏庭に埋めたアンフォラを使用。妻のハンナの尽力もあり、古木の残る畑と、小さいながらもオーストラリア産粘土で作ったアンフォラを4基備えたワイナリーを持つに至る。繊細な風味のエレガントな「ステアリング・アット・ザ・サン（Staring at the Sun）」は3カ月もスキンコンタクトをさせた逸品で、ジョーンズの非凡な才能を感じる。要注目の生産者。

住所: Gippsland　**電話**: ―　**メール**: momentomoriwines@gmail.com

訳注　有名な警句、「メメント・モリ（Memento mori）」は、ラテン語で「自分が死ぬことを忘れるな」だが、ワイナリー名は「モメント・モリ」で、「自分が死ぬ瞬間」。同ワイナリーの「ライアー・マウス」のラベルが、江戸時代の奇才の浮世絵師、河鍋暁斎風と思ったら、日本のヤクザの入れ墨の図柄からの着想。ワイナリー名といい、入れ墨といい、ジョーンズの風貌と相まって、非常にユニーク。

オーストリア

　スロヴェニアやイタリア北部と隣接するせいか、オレンジワインに情熱を注ぐ生産者が多い。シュタイアーマルク州の自然派生産者グループ、シュメッケ・ダス・レーベン所属の5つの生産者[85]は、多くの点で主導的な立場にあり、醸しによる白ワインを10年間模索する。広くはないオーストリア全土で、多くの生産者がスキンコンタクトを始めており、大規模生産者バッハウもアンフォラ醸造のリースリングをリリースしている。

　ベルンハルト・オットーは、バッハウがあるニーダーエスターライヒ州の老舗生産者で、2009年以降毎年、クヴェヴリでグリューナー・フェルトリーナーを醸しているのだが、オレンジはこのキュヴェのみなので、本書では取り上げない。優れたオレンジを1つだけ造る生産者も多いが、ここでは多種類を造る生産者に焦点を当てた。

———

*85：アンドレアス・ツェッペ、ゼップ・ムスター、フランツ・シュトロマイヤー、タウス、ベルリッチ

 オーストリア　ニーダーエスターライヒ州
アンドルファー（Arndorfer）

非常に稀なケースだが、ルティン・アンドルファーとアナ・アンドルファーは、オランダの輸入業者からオレンジワインを造ってほしいと融資を受けた。カンプタール地域のローム質の土壌なら素晴らしいオレンジワインができるとの輸入業者の思惑は当たった。「ペル・セ（Per Se）」シリーズの3銘柄は、醸しによりいろいろな品種（ミュラー・トゥルガウ、グリューナー・フェルトリーナー、ノイブルガー）の特徴を引き出した逸品。ペル・セの初ヴィンテージは2012年。筆者には「ノイブルガー（Neuburger）」が出色の出来。

住所：Weinbergweg 16, A-3491 Strass/Strassertal　　**電話**：+44 6645 1570 44
メール：info@ma-arndorfer.at

 オーストリア　ニーダーエスターライヒ州
ヴィンツァーホフ・ランダウアー・ギスペルグ（Winzerhof Landauer-Gisperg）

平野部のテルメンレギオン地区にある醸造所。当主のフランツ・ランダウアーはヨスコ・グラヴネルに触発され、ジョージア産のクヴェヴリを入手。これで醸したワインをブレンドした白と赤を造る。「アンフォラ・ヴァイス（Amphorae Weiss）」は複雑さがあり、味わいが心地よく、同生産者のトップワインのひとつ。ブレンド品種は毎年変わるが、ロートギプラーがメイン。フランツの息子、ステフが醸造チームに加わり、スキンコンタクトさせ、ステンレスタンクで醸造した「トラミナー・ウィルド（Traminer Wild）」もそのラインナップに入った。深い味わいがあるワイン

住所：Badner Strasse 32, A-2523 Tattendorf　　**電話**：+43 2253 8127 2
メール：wein@winzerhof.eu

オーストリア　ニーダーエスターライヒ州
ロイマー（Loimer）

フレッド・ロイマーは大規模生産者で、カンプタール地区に30ヘクタール所有するほか、ニーダーエスターライヒ州ではテルメンレギオン地方にも畑を持つ。後者の畑では、2006年から造る「ミット・アハトゥング（Mit ACHTUNG）」シリーズの5つのオレンジワインのブドウを育てている。ミット・アハトゥングには経験と自信が表れており、品種の特徴が出てエレガントで、あとを引く。オーストリアで伝統的に造られる多品種の混醸ワイン「ゲミシュター・サッツ」は出色の出来で、3～4週間のスキンコンタクトにより、舌触りや果実味の微妙な味わいが出ている。

住所: Haindorfer Vogelweg 23, A3550 Langenlois　　**電話**: +43 2734 2239 0
メール: weingut@loimer.at

オーストリア　ブルゲンラント州
アンデルト・ヴァイン（Andert Wein）

ミヒャエルとエリックの兄弟は、ハンガリーとの国境にまたがる4.5ヘクタールの畑をビオディナミで栽培する。農園全体でビオディナミを実践し、鶏、羊、土地に適した穀物、塩漬け肉やヴェルモットの製造まで手掛ける。「ブドウにはなかなか手が回りませんでした。そのため、少し野生化しています」とミヒャエルは語る。14年間、オレンジワインを造り、国際的な認知度が上がった。多品種のブレンド「パムホナ・ヴァイス（Pamhogna Weiss）」、ピノ・グリージョの「ルランダー（Rulander）」と、詳細不明の「ピー・エム（PM）」はすべてスキンコンタクトを経ている。力強くスパイス感があるため、出荷時期から長く寝かせる方がよい。亜硫酸無添加でボトリングしているワインもあり、驚く。

住所: Lerchenweg 16, A-7152 Pamhagen　　**電話**: +43 680 55 15 472
メール: michael@andert-wein.at

オーストリア　ブルゲンラント州
クラウス・プライジンガー（Claus Preisinger）

クラウスは若く見えるが、ワイン造りの経験は長い。2000年、父が所有する3ヘクタールの畑を引き継ぎ、今では近代的な醸造施設を備え、畑も19ヘクタールまで拡大する。2009年、ジョージア製アンフォラで白ワインの醸造を開始。オーストリア初の試みとなる。現在、「エーデルグラーベン・グリューナー・フェルトリナー（Edelgraben Gruner Veltliner）」と「ヴァイスブルグンダー」など、3つのオレンジワインを造る。なめらかで口当たりが良く、素晴らしい。配偶者のスザンナは、妹のステファニー・レナーと一緒に、本稿でも取り上げた「レナーシスタ」でワインを造る。

住所: Goldbergstraße 60 7122 Gols　　**電話**: +43 2173 2592
メール: wein@clauspreisinger.at

オーストリア ブルゲンラント州

グゼルマン（Gsellmann）

アンドレア・グゼルマンは2010年、イタリア北東部のカルソ地区を訪れた際、オレンジワインに目覚め、14日間のスキンコンタクトを試す。最初にトラミネールとピノ・ブランで試行。ブドウの個性が出ることが分かり、2011年以降、全ての白ワインをスキンコンタクト。注目は「トラミネール（Traminer）」「シャルドネ・エグゼンペル（Chardonnay Exempel）」「ノイブルガー・エグゼンペル（Neuburger Exempel）」だが、良質な21ヘクタールの畑のブドウでできる全てのワインに透明感があり、純粋で、芯が通り、心が躍る。畑はビオディナミに転換中で、一部は未転換。認証は有機栽培のみ。

住所: Obere Hauptstrasse 38 7122 Gols　　**電話**: +43 2173 2214
メール: wein@gsellmann.at

オーストリア ブルゲンラント州

グート・オッガウ（Gut Oggau）

エドアルト・チュッペと配偶者のステファニー・エーゼルベックは、もとはシュタイアーマルク州でワインを造っていたが、2007年にオッガウへ移り、14ヘクタールの古い畑と1820年から使っていた巨大な圧搾機を復活させる。2人が造るワインは、3世代の架空の家族を表現したそうで（ヴィンテージと複雑さにより、3世代に分かれるらしい）、夫妻同様、純粋で熱意にあふれ、世界で愛される。第2世代の「ティモテウス（Timoteus）」と第3世代（ティモテウスの姪）「テオドラ（Theodora）」はスキンコンタクトし、第一世代（ティモテウスの母）の「メヒティルト（Mechtild）」は8〜10日間、全房で醸す。2011年以降、全てのワインで亜硫酸無添加。

住所: Hauptstraße 31, A-7063 Oggau　　**電話**: +43 664 /2069298
メール: office@gutoggau.at

オーストリア ブルゲンラント州

マインクラング（Meinklang）

ビオディナミの認証を持つ、欧州最大の生産者。家族経営で、国境にまたがって700ヘクタール超の農地を持つが、ブドウ畑はごく一部。ニクラス・ペルツァーによると、白ブドウのスキンコンタクトは2009年から試行。「スパイス、果実味、深みは十分ありますが、なめらかさや凝縮感に乏しい時もあります。スキンコンタクトはそのバランスを取ってくれます」。現在、醸した白ワインには、軽快な飲み口の「グラウパート・ピノ・グリ（Graupert Pinot Girs）」と、重厚な「コンクレット（Konkret）」があり、ともに卵型コンクリートタンクで醸造。グラウパートの畑は全く剪定していないが、驚くほど整然としており、凝縮感の高い小粒のブドウができる。

住所: Hauptstraße 86, A-7152 Pamhagen　　**電話**: +43 2174 2168-11
メール: soffice@meinklang.at

オーストリア ブルゲンラント州

レナーシスタ（Rennersistas）

ステファニーとスザンヌ、レナー姉妹のワイナリー。クラシックなレナーのワインとは別に、幅広い自然派ワインを「レナー・シスタ」のラベルで出す。どちらもゴルスにある13ヘクタールの畑のブドウで造る。トム・ルップ（マタッサ）とトム・ショブルックのワイナリーでインターンを経験し、全ての白ワインを長期スキンコンタクトで造るようになる。ワインは躍動感に富み、純度も高い。ラベルも非常に洗練されている。2016年から、姉妹で全部の畑を管理。最初の2ヴィンテージ（2015年と2016年）を飲めば、大きな伸びしろが見える。

住所: Obere Hauptstraße 97, 7122 Gols　　**電話**: +43 2173 2259
メール: office@rennerundsistas.at

オーストリア シュタイアーマルク州

プローダー・ローゼンベルグ（Ploder-Rosenberg）

フレディ・プローダーとマニュエル・プローダーは、ジョージア全域を巡った際、クヴェヴリを購入し、醸造所の前に埋める。4種類のアンバーワインを造り、3つはクヴェヴリ、1つはオーク樽で醸造。「エアロ（Aero）」はソーヴィニヨン、トラミネール、ゲルバー・ムスカテラーのブレンドで、筆者が愛飲する。アンフォラで造るワインのスタイルは、「極上」から「少し微妙」まであり、ひと言で表せない。「いつも前進したい」というこの生産者の情熱と熱意は本物で、病気に強いハイブリッド種（PIWI）をいくつも試している。

住所: Unterrosenberg 86, 8093 St. Peter a. O.　　**電話**: +43 3477 3234
メール: office@ploder-rosenberg.at

オーストリア シュタイアーマルク州

タウス（Tauss）

シュメッケ・ダス・レーベンの5生産者のうち、規模的には最も小さい（6ヘクタール）が、着実に力をつけている。ロランド・タウスは寡黙な男だ。運よく醸造所を見学できればワインが全てを語り、人の言葉は不要。「グラウブルグンダー（ピノ・グリ）」、「ソーヴィニヨン・ブラン」、「ローター・トラミネール」を10日間醸し、個性の際立った極上のワインに仕上げる。環境保全（サステイナビリティ）もワイナリー全体で実施。穏やかで非常に居心地の良い滞在型農村体験ツアー、ヨガスタジオや太陽光を利用したプールも完備。2005年からビオディナミに転換。

住所: Schloßberg 80　8463 Leutschach　　**電話**: +43 3454 6715
メール: info@weingut-tauss.at

オーストリア シュタイアーマルク州

シュナーベル（Schnabel）

5ヘクタールの小規模生産者。風味の豊かな3つのオレンジワイン、「シャルドネ（地元ではモリヨンと呼ぶ）」、「ラインリースリング」と、その2品種のブレンド「シリシウム」を造る。3種ともスキンコンタクトは14日程度。2003年にビオディナミの認証を取得。白ワインは常にスキンコンタクトする。これにより、複雑さとフレッシュさが出るとカール・シュナーベル。ビオディナミへの転換は、1997年と98年にブルゴーニュへ訪れたことがきっかけ。国際的な知名度は低いが、シュタイアーマルク州で最初にオレンジワインを造り、最初に亜硫酸の使用を止めた。

住所: Maierhof 34, 8443 Gleinstätten　　**電話**: +43 3457 3643
メール: weingut@karl-schnabel.at

オーストリア シュタイアーマルク州

ゼップ・ムスター（Sepp Muster）

ムスターは、グラヴネルの「ブレッグ2001」をブラインドで試飲し衝撃を受け、長期スキンコンタクトを導入する。2005年から2つのオレンジワイン、「グラフィン」と「エルデ」を造る。グラフィンは100％ソーヴィニヨンで、2〜4週間かけてスキンコンタクトさせる。筆者の好みは、骨格のはっきりした「エルデ」。ソーヴィニヨン80％、シャルドネ20％のブレンドで、6カ月オーク樽でスキンコンタクトさせた後、アンフォラでさらに熟成させる。ゼップは1998年にインドを訪問した際、ビオディナミにハマる。シュメッケ・ダス・レーベングループの重鎮。

住所: Schlossberg 38, 8463 Leutschach　　**電話**: +43 3455 70053
メール: info@weingutmuster.com

オーストリア シュタイアーマルク州

シュトロマイヤー（Strohmeier）

フランツとクリスティーヌ・シュトロマイヤーは殺虫剤で健康を害し、10年前から畑の耕作を大きく見直す。主力だったスパークリングワインだけでなく、2010年から全面的にビオディナミを採用し、亜硫酸も完全に廃止。同所のオレンジワイン（当初、Orange No.1, No.2とラベルに記載あり）は、ゼップ・ムスター、ラディコン、ジョルジョ・クライの影響を受ける。「バイン・デア・スチル」は、シュタイアーマルク州が誇る醸しソーヴィニヨン・ブランで、12カ月スキンコンタクトさせた逸品。主力商品ではないが、ゼクトも素晴らしい。

住所: Lestein 148, 8511 St. Stefan o. Stainz　　**電話**: +43 676 3832430
メール: office@strohmeier.at

オーストリア　シュタイアーマルク州
アンドレアス・ツェッペ（Andreas Tscheppe）

アンドレアス・ツェッペは真顔でブラックジョークを口にするも、ワイン造りは非常に真面目。シュメッケ・ダス・レーベンの他の生産者と同様、ビオディナミを採用。2006年から造る、大地の樽を意味する「エルドファス（Erdfass）」は、ジョージアのクヴェヴリワインの影響を受ける。冬季、大きな樽を地中に埋め、地下の生命力を吸収させるらしい。地球上で最高レベルのスキンコンタクトワイン。口の中で巨大なテクスチャーとフレーバーが広がり、見事なバランスを見せる。「シュバルベンシュバンツ（Schwalbenschwanz）」は、ゲルバー・ムスカテラーを醸したワインで、秀逸。

住所: Glanz 14 8463 Leutschach　　**電話**: +43 3454 59861
メール: office@at-weine.at

オーストリア　シュタイアーマルク州
ヴェルリッチ（Werlitsch））

エーバルド・ツェッペは、兄のアンドレアと醸造施設は共有するが、高品質の畑は自身が所有する。当初、醸したワインは、畑と同名の「ベルリッチ」だったが、現在は「グリュック（Gluck）」に変更。また、2007～2010年にクヴェヴリで造ったキュヴェ「アンフォーレンヴァイン（Amphorenwein）」も「フロイデ（Freude）」に変更。フロイデは、果梗も入れて丸1年スキンコンタクトさせるため、同州で最も重厚で精緻なオレンジワイン。ツェッペはクヴェヴリに満足せず、大樽へ戻る。筆者個人は、この2つのオレンジワインは彼らの「エクス・ヴェロ（Ex Vero）」シリーズよりも安定感に優れると思う。

住所: Glanz 75, 8463 Leutschach　　**電話**: +43 3454 391
メール: office@werlitsch.com

オーストリア　シュタイアーマルク州
ヴィンクラー・ヘルマーデン（Winkler-Hermaden）

家族経営の生産者で、3世代にわたりワイナリーとレストランも手掛ける。クリストフ・ビンクラー・ヘルマーデンはベルナルド・オットーに誘われ、ジョージアのクヴェヴリを2010年に2個購入。「ゲヴュルツトラミネール・オレンジ（Gewurztraminer Orange）」が2011年に誕生。6カ月スキンコンタクトさせた逸品。以降のヴィンテージと比べて、バランスが取れ、フレッシュ感に富む。2013年からクヴェヴリを廃止。ステンレスタンクで醸造後、オーク樽で熟成させ、スキンコンタクトを短くした（約1カ月）。2016年の新しいワイン、「ズンダー（Zunder）」のスキンコンタクトは3日。垂直試飲をすると、スキンコンタクトさせたトラミネールがよく分かる。

住所: Kapfenstein 106, 8353 Kapfenstein　　**電話**: +43 3157 2322
メール: weingut@winkler-hermaden.at

ボスニア・ヘルツェゴビナ

　バルカン半島にある同国では、キリスト教徒が多い地域にワイン生産者も多く、土着種の白ブドウ、ジラフカでワインを造る。本書の執筆段階では、自然派ワイン生産者は以下に挙げる1人だけ。ほかに注目の生産者を挙げるとすれば、ビナリヤ・シュケグロ（Vinarija Škegro）で、2015年からスキンコンタクトさせたジラフカを商品に加えている。

　同国での民族対立が緩和し、ワインを正しく評価する文化が根付けば、この国にも大変化が起こるだろう。バルカン半島やアドリア海沿岸諸国と同様、家庭用ワインは白も赤もスキンコンタクトさせる。

ボスニア・ヘルツェゴビナ　モスタル
ブルキッチ（Brkić）

ボスニアで畑をビオディナミに転換するには決断が必要だが、ヨシップ・ブルキッチは2007年に断行。キリスト教の信者が多いバイブル・ベルトの中心地、チトルク（近くにメジュゴリエがある）を拠点にする同所は、ボスニアでも非常にユニーク。3種類の白ワインはすべて醸し、祖父の醸造技術を継承している。ムーンウォーカーを意味する「ミエセカー（Mjesecar）」は、ジラフカの芳香にあふれ、9カ月のスキンコンタクトで深みと複雑さが出た逸品。

住所: Kralja Tvrtka 9, 88260 Čitluk, Bosnia and Herzegovina
電話: +387 36 644 466　　**メール**: brkic.josip@tel.net.ba

ブルガリア

　社会主義体制の崩壊後、個人への農地再分配で農業が混乱し、その後、ワイン産業がようやく復活する。ただし、大多数の生産者は、外国から資本提供を受けて最新鋭の醸造設備やバリック（フランス産の新樽）を揃え、最先端の技術でワインを大量生産することが成功につながるとの「昔からの誤った道」をたどった。

　小規模な生産者の中には、職人志向の王道を進み、急成長しているところもある。現在、オレンジワインは2軒で試行するが、どんなスタイルか、活字による記載はない。

ブルガリア　トラキア
ロッシーディ（Rossidi）

エネルギーにあふれ、オシャレな装いのエドワルド・クーリアンは、自身が「ブルガリアで唯一無二のオレンジワイン」と呼ぶワインを2ヴィンテージで造る。グラヴネルやラディコンの影響を大きく受け、人力を可能な限り介さない農法を愚直に守り、初めに「シャルドネ2015」、次いで「ゲヴュルツトラミネール2016」を生産。とても良く出来たワインだが、飲み頃になるまで時間が必要で、若いうちにリリースしたのは残念。同国の大規模ワイナリー、ビラ・メルニック（Vila Melnik）でもスキンコンタクトしたソーヴィニヨン・ブランをリリースしたが、こちらは水で薄めた印象がありオレンジライトと言うべきか。

住所: Southern Industrial Zone, Sliven 8800　　**電話**: +359 886 511080
メール: info@rossidi.com

カナダ

　カナダでオレンジワインができるとは誰も想像しなかったが、実際、上質のオレンジワインを造る。ワイン卸商品質同盟が定めた「VQAオンタリオ」の規定に、「果皮と一緒に醸した白ワイン」がある。小規模ながら情熱にあふれるオレンジワインの生産者が増えている証拠であり、サステイナブル（環境保全）な方法で、ブドウ栽培や醸造での人の介在を最小限にしている。気候変動の影響で、カナダはハイブリッド品種やアイスワインだけの聖地ではなくなった。

　オレンジワインの原型は、かつて、この国にはなかったが、勉強熱心な生産者は、西のブリティッシュ・コロンビア州から東のオンタリオ州まで、ハイブリッド種や伝統的なフランスの品種でスキンコンタクトを試行している。

カナダ　ブリティッシュ・コロンビア州
オカナガン・クラッシュ・パッド（Okanagan Crush Pad）

2005年、クリスティーヌ・コレッタはワイン造りを辞めるつもりだったが、夫のスティーブには壮大な計画があった。2人が運営する同ワイナリーは、他社のワイン造りを請け負う「カスタム・クラッシュ」を手掛けていたが、自分たちの製品、「ヘイワイアー」シリーズも造り、オレンジワインを生産する。同シリーズには、ソーヴィニヨン・ブランで造るフレッシュ感に富む「フリー・フォーム」や、ピノ・グリを8カ月スキンコンタクトした「ワイルド・ファーメント」がある。ニュージーランド人の生産者マット・デュメインが当初から指導にあたり、醸造と熟成では大きなコンクリートタンクを使用。一部は亜硫酸無添加。なお、クリスティーヌはワイン造りを辞めなかったことを悔いてはいない。

住所：16576 Fosbery Rd, Summerland, BC V0H 1Z6　　**電話**：+1 250 494 4445
メール：winery@okanagancrushpad.com

カナダ　ブリティッシュ・コロンビア州 / オンタリオ州
スパーリング・ヴィンヤード（Sperling Vineyards） / サウスブルック・ヴィンヤード（Southbrook Vineyards）

アン・スパーリングがカナダでワインを造り始めたのは1980年代で、現在は、アルゼンチンのメンドーサでも働く。果梗も含む全房発酵に興味を持ったスパーリングは、グラヴネルとマタッサからヒントを得て、オレンジワインの技術をオンタリオ州へ持ち帰った。ナイアガラのサウスブルックのワイナリーで造った「オレンジ・ビダル（Orange Vidal）」は、オレンジワインの聖地、コッリオへのオマージュとなる逸品。また、オカナガンで造った「スパーリング・ピノ・グリ」は少し控えめながら、全ての面でよく出来ている。畑は、両方ともビオディナミを採用し、デメテールの認証を受ける。なお、スパーリングは、VQAオンタリオにオレンジワインを追加する際の功労者だ。

住所：1405 Pioneer Road, Okanagan Valley, Kelowna, BC V1W 4M6
電話：+1 778 478 0260　　**メール**：info@sperlingvineyards.com

カナダ オンタリオ州
トレイル・エステート（Trail Estate）

アントンとヒルデガルド・スプロール夫妻が2011年に購入した革新的なワイナリー。2人は引退して現在は子供が継ぎ、コンサルタントのマッケンジー・ブリスボアがブドウ栽培とワイン醸造を担当。ブリスボアはなめらかな質感を重視し、2015年からスキンコンタクトを始める。スキンコンタクトさせたゲヴュルツトラミネールは緻密で理性的な造りをする一方、355日醸した「ORNG」は情熱的。控えめではあるが抑え過ぎてもいない。なお、ゲヴュルツトラミネールは普通の製法で造り、マロラクティック発酵させず、無菌濾過をしている。両者の中間的なワインがあればと思う。

住所：416 Benway Road, Hillier　　**電話**：+1 647 233 8599
メール：info@trailestate.com

クロアチア

　昔は、クロアチア全土でスキンコンタクトさせて白ワインを造っていたが、現代ではイストリア地方に集中する。同地では、マルヴァジア・イスタルスカ（イストリアのマルヴァジア種の意）が長期間のスキンコンタクトと相性がよいことが分かっている。イストリアは、食とワインの両方で高度に洗練されており、イタリアの影響もはっきり見える。クロアチア・ハイランド地方（高地クロアチア）でも白ワインを主に造るが、イストリアのレベルにはおよばない。

　アドリア海に面するダルマチア地方の南部では、赤ワイン用のブドウを栽培しているが、スキンコンタクトさせた白ワインに関心を持つ生産者が多く、土着の稀少品種で試行している。クロアチアの起伏に富む沿岸部の沖にはワインを産する島が多く、稀少で貴重なブドウから伝統的な土着品種まで、多岐にわたる品種を造る。コルチュラ島、ビス島、フバル島、ブラチ島がワインで有名。

クロアチア イストリア
ベンベヌーティ（Benvenuti）

小規模ながら長い歴史を持つワイナリー。カルディルに位置し、モトブンへ延びる谷を見下ろす山間の地にある。アルフレッドとニコラの兄弟が、マルヴァジアから2種類の上質なワインを造る。1つは通常の白だが、他方が15日間スキンコンタクトさせた「アンノ・ドミニ」。後者は、スキンコンタクトによりブドウの特徴が出た好例。醸すことでブドウ品種の特徴が強く出ており、芳醇で豊かなワインとなった。

住所：Kaldir 7, 52424 Motovun　　**電話**：+385 98 197 56 51
メール：info@benvenutivina.com

クロアチア イストリア
クライ（Clai）

ジョルジョ・クライは、40年近くトリエステでレストランを経営後、故郷へ戻り、念願のワインを造る。市場出荷の初ヴィンテージは2002年。以降、クライのワインはイストリア自然派ワインのベンチマークとなる。自分が飲みたいワインを生産しており、スキンコンタクトで醸造した2つの白ワインがそれ。1つはマルヴァジアの上質な「スエッティ・ヤコフ」で、もうひとつはブレンドの「オットチェント」。体調を崩してから、後述するピクウェントゥムのディミトリ・ブレシェビッチが、醸造とブドウの栽培を補佐する。

住所: Brajki 105, Krasica, 52460 Buje 　　**電話**: +385 91 577 6364
メール: info@clai.hr

 クロアチア イストリア
カボラ（Kabola）

カボラは全時間と労力を投入して有機栽培の認証を取得。クロアチアでこんな生産者は非常に稀で、尊敬に値する。アンフォラで醸造・熟成させたマルヴァジアはこの地域でも珍しい。7カ月スキンコンタクトさせており、スケールが大きく骨格のしっかりしたワインで、品種の特徴が出ている。他の白ワインは通常の方法で造るが、長年にわたり質が安定しているため、ここで取り上げた。ただし、本ワイナリーは絶景の地に位置し、訪問の価値あり。屋外に埋めたアンフォラが見られる。

住所: Kanedolo 90, Momjan, 52460 Buje 　　**電話**: +385 52 779 208
メール: info@kabora.hr

 クロアチア イストリア
ピクウェントゥム（Piquentum）

ディミトリ・ブレシェビッチは、フランスで育ち、醸造技術も同国で研鑽を積む。2006年、父の祖国、クロアチアに戻り、ワイナリーを設立。醸造所は1930年代にイタリア人が建設した貯水施設にある。白ワインのブドウが自発的に自然発酵せず、苦労を重ねた末、家族や仲間から、果皮が重要とのアドバイスを受ける。以降、同ワイナリー唯一の白で、100％マルヴァジアで造る「ピクエントゥム・ブラン」を数日間スキンコンタクトしている。2016年から、ジョルジョ・クライの醸造所でもワインを造る。。

住所: Sv. Ivan 3/3, 52420 Buzet, Hrvatska ¦ Vinski podrum Buzet d.o.o.
電話: +385 91 5776 364 　　**メール**: dimitri.brecevic@wanadoo.fr

クロアチア　イストリア

ロクサニッチ（Roxanich）

ムラデン・ロクサニッチが2003年に設立したワイナリー。伝統的なブドウを使い、伝統的な製法でワインを造る。白ワインはすべて最大180日醸す（「アンティカ・マルヴァジア」のシリーズ）。8種類のブドウをブレンドした「イネス・ウ・ヴィエロム（Ines u Bijelom）」（白のなかのイネスという女性の意）は、100日間スキンコンタクトしたロクサニッチの逸品。新鮮な果実味に富み、風味が立体的に広がり、長年ファンを魅了する。6年瓶熟させてから出荷するシャルドネの「ミルバ（Milva）」も薦めたい。他の品種は、2日だけスキンコンタクトし短い瓶熟で出荷する。

住所：52446 Nova Vas, Kosinožići 26　　電話：+385 91 6170 700
メール：info@rozarnich.hr

クロアチア　プレシヴィカ

トマッツ（Toma）

トミスラフ・トマッツは、5.5ヘクタールの畑がある家族経営のワイナリーを継ぎ、独創的なワインを造るワイナリーに改造した。父とジョージアを訪れた際、6個のクヴェヴリを購入。2007年からワインを造る。「ベルバ（Berba）」と「シャルドネ」はともに素晴らしいが、最もユニークなのはスパークリングワインの「トマッツ・アンフォラ・ブリュット」。古い土着品種とシャルドネのブレンドで、6カ月アンフォラで発酵、スキンコンタクトさせ、オーク樽でさらに18カ月熟成した後、瓶内二次発酵させる。フレッシュ感に富み、魅力にあふれる。素晴らしいのひと言に尽きる。

住所：Donja Reka 5, 10450 Jastrebarsko　　電話：+385 1 6282 617
メール：tomac@tomac.hr

クロアチア　ダルマチア

ボスキナッツ（Boaskinac）

ダルマチア北部のパグ島にあるこのワイナリーは、同島にしかないゲギッチという土着品種を使う。同ワイナリーは、フレッシュ感のある通常のワインだけでなく、スキンコンタクトさせた「オツ（Ocu）」も造る。21日スキンコンタクトさせ、オーク樽で1年寝かせる。同ワイナリーのオーナー兼ワインメーカー、ボリスの父親世代が造っていたスタイルであり、歴史的なワインと言える。味わい深い逸品。

住所：Škopaljska Ulica 220, 53291 Novalja - Island of Pag
電話：+385 53 663 500　　メール：info@boskinac.com

クロアチア　ダルマチア

ヴィナリーヤ・クリジュ（Vinarija Kriz）

クルチュラ島にある小規模生産者。グルクは稀少品種で、同島以外では見かけられず、スキンコンタクトさせてワインを造ることも珍しい。デニス・ボゴエビッチ・マルシビッチは、自らを「現代派」と称し、苦労を重ねた父のマイルを「伝統派」と呼ぶ。2人は相性がよい。ワイナリーの唯一の白「クリジュ・グルク（Kriz grk）」は豊潤で蜂蜜を思わせ、スキンコンタクトによりなめらかで深みがある。2人はサステイナビリティ（環境保全）にも取り組み、地域初の有機栽培の認証を取得。スローフード協会のメンバーでもある。

住所: OPG Denis Bogoević Marušić Prizdrina 10, 20244 Potomje
電話: +385 91 211 6974　　**メール**: vinarija.kriz@gmail.com

チェコ共和国

　同国で最も広く、上質なワインを造るのが急速に発展しているモラヴィア地方である。若い醸造家が台頭している。ここはオーストリアと、1993年まで同じ国だったスロヴァキアと隣接する地域。オーストリアに近いため、白ブドウのグリューナー・フェルトリーナー、ミュラー・トゥルガウ、ウェルシュ・リースリングが多く栽培する。ブドウ栽培の北限にある同国では、病気への耐性のある品種やハイブリッド種も人気。以下に挙げる2人が、オレンジワインの大御所モヴィアのアレス・クリスタンチッチに触発されたことも興味深い。

チェコ共和国　モラヴィア

ドブラー・ヴィニツェ（Dobrá Vinice）

モラヴィアで夫婦が立ち上げたワイナリーのオレンジワインが、ロンドンのミシュラン星付きレストラン3店のワインリストに載っているのだ。2000年、ペトル・ネイェドリクと妻のアンドレアは、モビアのアレス・クリスタンチッチを訪ねて触発され、素晴らしいオレンジワインを造った。2012年からクヴェヴリで醸す2つの白は、しっかりした骨格があり、フレッシュ感、純粋な果実味が組み合わさった逸品。アンフォラを使うきっかけとなったヨスコ・グラヴネルに対する素晴らしいオマージュ。畑は、ポディイー国立公園の端で、砂、花崗岩、石灰岩が混ざった土壌の森林地域にある。

住所: Do Říčan 592, Praha 9, 109 11　　**電話**: +420 724 026 350
メール: andrea@dobravince.cz

チェコ共和国 モラヴィア
ネスタレッツ（Nestarec）

ミラン・ネスタレッツはアレス・クリスタンチッチの元で修業し、2001年から父が植えた8ヘクタールのブドウでワインを造る。「アンティカ（Antica）」は、リスクを覚悟で造ったオレンジワインで、最長6カ月の長期スキンコンタクトをさせ、亜硫酸無添加。ブドウの種類とスタイルは発展途中だが、スキンコンタクト系ワインの主力は、トラミン（ゲヴュルツトラミネール）と、遊び心のある名前をつけたピノ・グリージョ使用の「ポッドファック（Podfuck）」（訳注1）や、「ミラン・ネスタレッツ」は、リスク満載のワイン。ヴィンテージにより、出来の良し悪しはあるが、目が離せない。

住所: Pod Prednima 350, 691 02, Velke Bilovice 　　**電話**: +420 775 072 624
メール: jan@nestarec.cz

訳注 Podfuckは「フェイク」という意味のチェコ語の "podfuk" に、ミランが遊びでcを付けたもの。

フランス

　フランスの醸造家が少ないので、意外だろう。南部では、昔からスキンコンタクトさせた白を造る伝統があるが、北部にはその習慣はない。南部でも、さまざまな白ワインの中で、マセレーションしたワインを1種類だけ造るワイナリーは多数あるが、オレンジワインに特化した生産者はいない。人気の高い白ブドウ（グルナッシュ・ブラン、マルサンヌ、ルーサンヌ）は酸味に欠け、バランスの取れたなめらかなオレンジワインを造るのは難しい。

　ロワール地方や、サヴォワ・ジュラ地方では、白ワインを酸化熟成させる醸造家が多い。スキンマセレーションに似ているが、製法は全く異なる。サンセール地方の醸造家セバスチャン・リフォーは、発酵前に果皮を取り除く、スキンコンタクトワインの好例だが、最近、正統的なオレンジワインも造っており、将来が楽しみ。

フランス アルザス
ローラン・バーンワルト（Laurent Bannwarth）

ステファン・バーンワルトは、2007年のジョージアを旅行した際、クヴェヴリに憑りつかれる。人的介入を最小限にする究極のワイン造りであり、ビオディナミの次の段階と感じ、クヴェヴリを8基購入する。だが、実際に届くまで4年もかかった。ブドウの特徴がしっかり残る美味なクヴェヴリワインの「シネルジー（Synergie）」に加え、現在は「レッド・ビルド（Red Bild）」、「ラ・ヴィ・アン・ローズ（La Vie en Rose）」というマセレーションした2種類の白もある。クヴェヴリは、今後もジョージアから届く予定。オレンジワインにハマったらしい。

住所: 9 route du Vin, Rue Principale, Obermorschwihr, 68420
電話: +33 3 89 49 30 87　　**メール**: laurent@bannwarth.fr

フランス　アルザス

ル・ヴィニョブル・デュ・レヴール（Le Vignoble du Rêveur）

「夢に見るブドウ畑」を意味する名前を冠するこのワイナリーは、あのマルセル・ダイスの息子マチュー・ダイスが祖父から受け継いだ上質の地にある。畑は、ビオディナミに転換してから活力が戻り、いろいろなブドウを試験的に植える一方、同所の主力ワインのブドウができ、一部はアンフォラで醸造する。トップワインのシリーズとして、ゲヴュルツトラミネールをアンフォラで醸した「アンナンスタン・シュル・テール（Un Instant sur Terre）」と、リースリングとピノ・グリを炭酸ガス浸潤法で醸した「サンギュリエ（Singulier）」がある。オレンジワインにアルザスのブドウの特徴がしっかり出ている。要注目。

住所：2 Rue de la Cave, Bennwhir,68630　　**電話**：+33 389 736 337
メール：contact@vignoble-reveur.fr

フランス　ブルゴーニュ

ルクリュ・デ・サンス（Recrue des Sens）(訳注1)

値上がりが止まらないところをみると（訳注2）、ヤン・ドゥリューは人気が出すぎて困っているらしい。生産量が少ないのは、ブルゴーニュの生産者が全員抱える問題である。醸し白ワイン3種類の1つ、「レ・ポン・ブラン（Les Ponts Blancs）」は、アリゴテを2週間果皮とともに発酵したもの。アリゴテの魅力を最大限に引き出す造りで、ワインは非常に優雅でバランスが良く、少し複雑でグリップがある。ドゥリューは、ドメーヌ・プリューレ・ロックで働き、2010年に自分のワイナリーを立ち上げる。畑はドメーヌ・ド・ラ・ロマネ・コンティのすぐそばにあり、これも価格高騰の原因か？？

住所：11 Rue des Vignes, 21220 Messanges　　**電話**：+33 380 625 064
メール：—

訳注1　「官能の新人」を意味し、「recrudessense（衰退からの回復）」のもじり。
訳注2　売れ過ぎで品薄だが生産量は増やせないので、代わりに値段を上げ、さらに電話にもメールにも応対しないらしい。

フランス　サヴォワ

ジャン・イヴ・ペロン（Jean-Yves Péron）

ペロンのワインには熱狂的なファンが多い。2004年の初ヴィンテージから、赤、白両方を全て全房発酵で醸す。サヴォワ県でもここだけ。小さい区画で、ジャケールやアルテスなどの土着品種を栽培する。「コティヨン・デ・ダム（Côthillon des Dames）」は酸味を好む愛好家向けだが、寝かせると素晴らしい複雑さが生まれ、永遠に成熟する。「レ・バリュー（Les Barrieux）」は、ジャケールにルーサンヌをブレンドし、フルボディに仕上がっている。マセラシオン・カルボニック（炭酸ガス浸潤法）を好み、通常は亜硫酸無添加。。

住所：—　　**電話**：+33 6 83 58 51 21
メール：domaine.peron@gmail.com

フランス ラングドック

ドメーヌ・ターナー・パジョ（Domaine Turner Pageot）

エマニュエル・パジョは、自身が「オレンジワイン法」と呼ぶ醸法を10年、採用しており、ラングドック地方での先駆者。「レ・ショワ（Les Choix）」は、マルサンヌだけを5週間スキンコンタクトさせたもの。瓶熟や飲む前のエアレーションで香りが開くワインで、スケールが大きく骨格がしっかりしている。ルーサンヌとマルサンヌをブレンドした複雑で芳醇な「ル・ブラン（Le Blanc）」と、ソーヴィニヨン・ブランを使った逸品「ラ・リュプチュール（La Rupture）」は、マセレーションで醸す。ビオディナミ（認証は未取得）でブドウを栽培。農薬の代わりにハーブティーを撒布する。

住所：1&3 Avenue de la Gare, 34320 Gabian　　**電話**：+33 6 77 40 14 32
メール：contact@turnerpageot.com

フランス ルーション

マタッサ（Matassa）（訳注1）

トム・ルップは、南アフリカ育ちのニュージーランド人。自然派の大御所のひとつ、ドメーヌ・ゴビーでの見習い研修を終えた後、2002年、コンサルタントのサム・ハロップ（訳注2）とワイナリーを立ち上げる。ハロップにはワインの濾過に強いこだわりがあったようで、自然派を標榜し今では自然派ワインの象徴になった同ワイナリーの方向性と合わなかったため、ワイナリーを去った。醸し35日間の「キュヴェ・アレクサンドリア（Cuvée Alexandria）」と「キュヴェ・マルグリット（Cuvée Marguerite）」は、ミュスカをメインに仕込む。暑い土地のワインだが、特有の塩気がありワインのフレッシュさを引き立てる。

住所：2 Place de L'Aire, 66720 Montner　　**電話**：+33 4 68 64 10 13
メール：matassa@orange.fr

訳注1　ワイナリー名の「マタッサ」はカタルーニャ語で「森」を意味し、実際ワイナリーの畑はロマニッサの森に囲まれている。エチケットにはルップとその妻、そしてハロップの3人でワイナリーを立ち上げたことを表す3本の木が描いてあり、漢字の「森」に見える。

訳注2　サム・ハロップは、マスター・オブ・ワインに世界最年少、最優秀の成績で合格した。

ジョージア

　紙面が許せば、紹介したいクヴェヴリでワインを造るジョージアの生産者は100を超える。5年前は、オレンジワインを販売する生産者は全部で50人もおらず、隔世の感がある。オレンジワインの流行に乗ろうと、昔からの生産者や、新しくワイナリーを立ち上げた起業家まで、オレンジワインに参入している。このリストには、業界から尊敬を集めるアイコン的な生産者、新しい試みが多くの生産者に影響を与えるパイオニア的なワイナリー、将来有望な新入生産者など、いろいろなカテゴリーから選んだ

　ソヴィエト連邦時代、オレンジワインの生産はカヘティ地方に集中し、他の地域では衰退した。近年再び、グリア地方、サングレロ地方、アジャラ地方など、西部のワイナリーでもが造り始めている。しかし、いまだに白ブドウの主要産地（つまりは、オレンジワインの主要産地）はカヘティで、中央部のカルトリ地方と、西のイメレティ地方でも造っているが、量は少ない。

　大規模生産者でも、高品質のクヴェヴリワインを造っていれば載せた。価格は手ごろで、ごく少数生産のブティックワイナリーのアイテムに比べて入手が容易。

　ジョージア農業省は、2018年産からクヴェヴリワインを正式に認定する。伝統技法は必要要件ではなく、クヴェヴリ発酵であればよい。従って、発酵時の果皮の有無、培養酵母や添加物の有無は問わないが、クヴェヴリがジョージアの過去だけでなく、未来も担うことは明らか。

ジョージア　サングレロおよびイメレティ地方
ヴィノ・マルトヴィレ（Vino M'artville）

　ブドウ栽培家のニカ・パルツヴァニアと、醸造家のザザ・ガグアは、ソ連邦から独立後はワイン生産が完全に衰退した地で、このワイナリーを立ち上げた。土着の赤ワイン用ブドウ、オジャレシが主体だが、隣のイメレティ地方産ブドウで個性的なクヴェヴリワインも造る。ツォリコウリとクラフ　ナのブレンドがこれまでの最上質の白で、今後も期待が高い。2014年からサメグレロ地方でも新たにブドウ栽培を始める。初ヴィンテージは2012年、所有する畑の総面積は現在0.5ヘクタール。

住所：Martvili Municipality, Village Targameuli　　**電話**：995 599 372 411
メール：vinomartville@gmail.com

ジョージア　イメレティ地方

イーネク・ピーターソン（Enek Peterson）

ピーターソンは、アメリカのボストン出身だが、ハンガリー風のファーストネームを持つ。23歳の細身の音楽家で、2014年にジョージアを旅行しそのまま移住した。トビリシのワインバー、ヴィノ・アンダーグラウンドの常連なら、カウンターで働く姿を見かけたはず。今は教科書通りの方法で、繊細にクヴェヴリワインを造る。初ヴィンテージは2016年、ツォリコウリとクラフーナのブレンドで、スキンコンタクトあり・なしの両方を造る。無論、スキンコンタクトが優る。

住所: Fersati, Imereti　　**電話**: 995 599 50 64 27
メール: enek.peterson@gmail.com

ジョージア　イメレティ地方

ニコラゼビス・マラニ / アイ・アム・ディディミ（Nikoladzeebis Marani/I am Didimi）

ラマズ・ニコラゼは、ジョージアで急成長する自然派ワインの牽引役。トビリシ初の自然派ワインバー、ヴィノ・アンダーグラウンドの共同創立者であり、スローフード協会ジョージア支部の代表。クヴェヴリ復活の黎明期からかかわってきた。ニコラゼのワインは上質でクヴェヴリワイン醸造法に忠実で、果皮を残したまま長期に醸す。イメレティよりカヘティ地方で一般的な製法。2015年まで、ワインは星空の下、屋外に埋めたクヴェヴリで造っていた。今では、普通のワイナリーに「アップグレード」し、水も電気も使う。高齢の義父ディディミ・マグラケリズのワインも醸造する。

住所: Village of Nakhshirghele near Terjola　　**電話**: 995 551 944841
メール: georgianslowfood@yahoo.com

ジョージア　カルトリ地方

ゴッツァ（Gotsa）

ゴッツァゼ家は、共産主義時代に中断したが、代々、ワインを造ってきた。2010年、ベカ・ゴッツァゼは、建築士の仕事を辞め、カルトリ地方にあった一家の避暑地に醸造所を建てる。主に土着品種を栽培し全部で15種におよぶが、ツォリコウリ、ツィツィカ、ヒフヴィが代表。初期のヴィンテージは不安定だったが、上質に仕上がったワインが増えている。ベストはツォリコウリだが、ルカツィテリとムツヴァネのブレンドもよい。

住所: G. Tabidze str, village Kiketi, Tbilisi　　**電話**: 995 599 509033
メール: bgotsa@gmail.com

ジョージア　カルトリ地方

イアゴズ・ワイン（Iago's Wine）

イアゴ・ビタリシュヴィリの別名は「チヌリ・マスター」。カルトリ地方の宝、土着品種のチヌリのみを使う。近代製法で造っていた父親は、2008年にイアゴが初めてスキンコンタクト製法でクヴェヴリワインを造った際、激怒。「君のおじいさんのワイン造りと同じだ」との友人の言葉が支えになる。チヌリでスキンコンタクトあり・なしの両方で造るが、いずれもクヴェヴリを使う。2つを飲み比べ、味の違いを楽しむのも良い。共通する清涼感と立体感は比類ない。ジョージアのクヴェヴリワイン文化の普及にも力を入れており、毎年恒例のトビリシの新酒祭を運営する。

住所: Chardakhi, Mtskheta 3318　　**電話**: 995 599 55 10 45
メール: chardakhi@gmail.com

ジョージア　カルトリ地方

マリーナ・クルタニーゼ（Marina Kurtaidze）

　マリーナ・クルタニーゼが造る「マンディリ・ムツヴァネ（ ）」は素晴らしい。品種特有の見事なアロマがあり、しっかりしたタンニンも上手く残す。2012年発売、ジョージア初の女性醸造家の手によるワイン。ブドウは、単位面積当たりの収穫量を低くして凝縮度の高いブドウを造る、信頼度の高い契約農家から買付ける。イアゴ・ビタリシュヴィリの妻でもあり、ジョージアのクヴェヴリ文化を支える最強カップル。

住所: Chardakhi, Mtskheta 3318　　**電話**: 995 599 55 10 45
メール: chardakhi@gmail.com

ジョージア　カヘティ地方

アラヴェルディ修道院「創立1011」（Alaverdi Monastery "Since 1011"）

修道院の建立は1011年以前だが、何度も歴史の荒波を受け、ワイン醸造は何世紀も中断していた。2006年、醸造施設を一新し再稼働させた。バダゴニ醸造所が資金面と技術面を支援。醸造責任者はゲラーシム神父で、ワイン造りを天職とする修道士。カヘティの最高品質の伝統的ワインを造る。タンニンは強めで、若いうちは強く感じるが熟成でまろやかになる。量産品の「アラヴェルディ・トラディション（Alaverdi Tradition）」は買付けたブドウで造り、バダゴニ社が販売する。

住所: 42.032497° N 45.377108° E (Zema Khodasheni-Alaverdi-Kvemo Alvani)
電話: 995 595 1011 99　　**メール**: mail@since1011.com

ジョージア　カヘティ地方
グヴァイマラニ（Gvymarani）

ジョージアには驚きが多い。ユリア・ジダーノワはロシア生まれ、モスクワとフランスでワイン醸造を学び、現在はリベラ・デル・ドゥエロの某有名ワイナリーで醸造技師の職にある。幼少期に住んだ縁もあり、ジョージアへの郷土愛が高じてカヘティで独自のプロジェクトを起ち上げた。マナヴィ村のムツヴァネのみを使用。非常に品質が高く、印象に残る。妥協を許さぬ伝統製法を遵守する。初ヴィンテージは2013年。

住所：Tsichevdavi Village, GG19　　**電話**：無し
メール：info@gvymarani.com

ジョージア　カヘティ地方
ケロヴァニ（Kerovani）

アーチル・ナツヴリシュヴィリは、もとはソフトウェア開発者で、2013年に趣味でワインを造る。従姉で醸造家のイリア・ベザシュヴィリと共に、地元自治体が分譲した畑を少しずつ買いため、クヴェヴリ専用の醸造所を建てた。古木が生えているブドウ畑では、単一品種に絞ることができず、ケロヴァニでは2品種以上を混醸（フィールドブレンド）する。香り高く、立体的な風味のあるルカツティリがよい出来。故郷へ戻ったことに関し、ナツヴリシュヴィリは「血が呼んだから」と言う。

住所：D. Agmashenebeli 18, Signaghi　　**電話**：995 599 40 84 14
メール：ilya_bezhashvili@yahoo.com

ジョージア　カヘティ地方
ニキ・アンターゼ（Niki Antadze）

アンターゼは、ジョージアにクヴェヴリを復活させた功労者の1人。古いブドウを植えた稀少価値の高い畑の救済活動をしつつ、2006年からクヴェヴリワインを造る。ルカツィテリとムツヴァネで造るワインは、カヘティの伝統的ワインの手本であり、深みと複雑さがあり、奔放で素朴な魅力も備える。ジュラ地方出身のローラ・ザイベルと協力して造った「ツィガーニ・ゴーゴー（Tsigani Gogo）」と「モン・コーカシアン（Mon Caucasien）」は、試験的な意味の強いワイン。

住所：Sagarejo District Village Manavi　　**電話**：999 599 63 99 58
メール：nikiantadze@gmail.com

ジョージア　カヘティ地方

オクロズ・ワイン（Okro's Wines）

オクロズ・ワインは、フェザンツ・ティアーズはじめ醸造所の多いシグナギにある。ジョン・オクリアシュヴィリが母国に戻ったのは2004年で、小さい醸造所からスタートした。元は技術者で、イギリスやイラクで仕事をした。帰国した2004年度は、生産量は数百リットルと微量だが、現在は畑の総面積4.5ヘクタール、品種もルカツィテリ、ムツヴァネ、ツォリコウリ、サペラヴィと幅広い。2016年、ムツヴァネのスキンコンタクトあり・なしを造り、亜硫酸を無添加の場合は、果皮を残す方が良いと分かったという。

住所：7 Chavchavadze Street, Sighnaghi　　**電話**：995 551 622228
メール：info@okroswines.com

ジョージア　カヘティ地方

オルゴ／テラーダ（Orgo/Telada）

カヘティでも、特に優れたクヴェヴ・ワイン醸造家、ギオルギ・ゴギ・ダキシュヴィリ個人の醸造所。ダキシヴィリは、シュフマン・ワインズ／ヴィノテッラ（Schuchmann Wines/Vinoterra）で設立当初から醸造責任者を務め、2010年、すぐ近くにこのワイナリーを建てる。ダキシヴィリは非常に優れたクヴェヴリの醸造家で、家族が所有する8ヘクタールの畑からできる素晴らしいワインからも伺える。自社畑のブドウだけを使い、自社で醸造・瓶詰めするドメーヌ方式はジョージアでは珍しい。ルカツィテリは除梗し、クヴェヴリでっ丸6カ月醸す。スパークリングのムツヴァネとサペラヴィも造っている。「テラーダ」は初代のブランド名。。

住所：Kisiskhevi, Telavi　　**電話**：995 577 50 88 70
メール：g.dakishvili@schuchmann-wines.com

ジョージア　カヘティ地方

アワー・ワイン（Our Wine）

2003年に友人5人で立ち上げたプリンス・マカシュヴィリ・セラー（Prince Makashvili Cellar）が前身。後にアワー・ワインと改名。イラスト入りの有名なラベルも斬新だったが、リーダー格の故ソリコ・ツァイシュヴィリはクヴェヴリワイン新時代のパイオニア。5人が設立した動機は、「質の高いジョージア伝統のワインを飲みたい」。当時は、首都のトビリシでも伝統的ワインは入手できなかった。主にルカツィテリとサペラヴィを使う。いろいろな畑で収穫したブドウで造る。有機栽培したもので、ビオディナミへ転換中。経験と専門知識を背景に、カヘティ流の造りを究めたワイン。

住所：Bakurtsikhe Village　　**電話**：995 599 117 727
メール：chvenigvino@hotmail.com

ジョージア　カヘティ地方
フェザンツ・ティアーズ（Pheasant's Tears）

アメリカ人の画家、ジョン・ワーデマンが2007年にジョージアを訪れた際、ブドウ栽培家、ゲラ・パタリシュヴィリから、ワイナリー立ち上げに請われた話は有名。フェザンツ・ティアーズは規模を拡大し、醸造所だけでなく、シグナギとトビリシにレストランも構える。カヘティ、カルトリ、イメレティのブドウを使い、伝統を愚直に守る製法でワインを造る。大規模ゆえ品質にばらつきがあり、「逸品」から「垢抜けない」までいろいろ。とは言え、ワインのジョージア大使としてジョージアの知名度を上げたワーデマンの功績は大きい。

住所：18 Baratashvili Street, Sighnaghi 4200　　**電話**：995 599 53 44 84
メール：jwurdeman@pheasantstears.com

ジョージア　カヘティ地方
サトラペゾ（テラヴィ・ワイン・セラー）（Satrapezo 〈Telavi Wine Cellar〉）

ジョージア最大級のワイン生産会社、テラヴィ・ワイン・セラーのブティック系クヴェヴリワイン部門。2004年から、高品質なクヴェヴリワインを造る。1997年、テラヴィに買収される前は、ソ連邦時代を生き残った数少ないクヴェヴリワイン専門の醸造所だった。巨大クヴェヴリ醸造所の収容量は、最大7.5万リットルにおよぶ。深みのあるムツヴァネが特に良い。ただし、懐古主義的なオレンジワイン愛好家は、クヴェヴリ発酵後に一部をオーク樽で寝かせるのが気に入らないらしい。

住所：Kurdgelauri. 2200. Telavi　　**電話**：995 350 27 3707
メール：marani@marani.co

ジョージア　カヘティ地方
シャラウリ・ワイン・セラー（Shalauri Wine Cellar）

デービッド・ブワゼが、伝統的製法によるクヴェヴリワインを造るため、2013年に友人と立ち上げた醸造所。醸造所と同名のシャラウリ村にある。2014年と2015年のムツヴァネが特に素晴らしい。立体的で複雑さがあり、カヘティ流の自然に任せた素朴な造りならでは。ルカツィテリは、現在はムツヴァネのレベルではないが、将来に期待したい。最初のヴィンテージは、買付けたブドウで造った。その後、2ヘクタールのブドウ畑を購入し、ルカツィテリ、ムツヴァネ、キシ、サペラヴィを栽培する。

住所：2200 Shalauri Village, Telavi　　**電話**：995 571 19 98 89
メール：shalauricellar1@gmail.com

ジョージア　カヘティ地方
トビルヴィーノ（Tbilvino）

ギオルギ、ズラ・マルゲラシュヴィリ兄弟が、倒産寸前の同醸造所を1998年に購入し、ジョージア有数の大手に育てる。生産品の大半は、近代的なヨーロッパ風の製法だが、2010年から、小規模ながら伝統製法でクヴェヴリワイン造りを始め、拡大傾向にある。スキンコンタクトで6カ月醸したルカツィテリを英国のスーパーマーケット、マークス・アンド・スペンサーに卸しているのは異色。コストパフォーマンスに非常に優れたクヴェヴリワイン。総生産量400万本のうち、クヴェヴリ系は7.5万本。

住所：2 David Sarajishvili Avenue, Tbilisi　　**電話**：995 265 16 25
メール：levani@tbilvino.ge

ジョージア　カヘティ地方
ヴィノテラ（シュフマン・ワインズ）
（Vinoterra〈Schuchmann Wines〉）

ギオルギ・ゴギ・ダキシヴィリが立ち上げ、ドイツ人の実業家であり投資家のブルクハルト・シュフマンが2008年に買収した醸造所。買収後もダキシヴィリが醸造長としてクヴェヴリワインを造り、ヴィノテッラをシュフマン・ワインズの上級のブランドとした。旧ヴィノテッラに劣らない出来で、手頃な価格と世界中に広がる販売網により入手が容易。一部、サペラヴィなどは、クヴェヴリで醸したのち樽で熟成させるため、受け入れない愛好家もいる。十分熟成したキシやムツヴァネは絶妙。クヴェヴリワイン生産量は現在、年間30万本超。

住所：Village Kisiskhevi 2200 Telavi　　**電話**：995 7 90 557045
メール：info@schuchmann-wines.com

ジョージア　カヘティ地方
ヴィティ・ヴィネア（Viti Vinea）

ギオルギ・ゴギ・ダキシヴィリの2人の息子、テムリとダヴィティが造るワイン。初ヴィンテージは2010年。中でもカヘティ風の伝統製法によるキシが出色。「ヴィティ・ヴィネア（Viti Vinea）」は、父のオルゴに微妙に似る。どちらもブドウは家族所有の畑で収穫し、醸造場所も同じ。2人の息子は必然的に父の優れた醸造技術と経験の恩恵を受けているはずで、今後が楽しみ。

住所：Village Shalauri, Telavi District 2200　　**電話**：995 577 50 80 29
メール：info@vitavinea.ge

ジョージア　カヘティ地方、カルトリ地方
ドレミ（Doremi）

トビリシ郊外にあるマラニ（小規模醸造所）。3人の友人（ギオルギ・ツィルグァヴァ、マムカ・ツィクラウリ、ガブリエル・ツィクラウリ）が2013年に設立。カルトリとカヘティ地方で有機栽培したブドウを使う。人の手を加えないワイン造りが基本で、亜硫酸無添加、無濾過。雑味がなく香り豊かなキシ、ルカツィテリ、ヒフヴィを飲むと、細部にこだわればここまで上質のワインができると思える。ラベルの素晴らしい絵は、ギオルギの妻の手による。

住所: Gamargveba village, near Tbilisi　　**電話**: 995 14 44 91
メール: doremiwine@yahoo.com

ジョージア　カヘティ地方、カルトリ地方
パパリ・ヴァレー（Papari Valley）

ヌクリ・クルダジがブドウ畑を購入したのは2004年だが、自作のクヴェヴリワインを出荷したのは2015年からとだいぶ時間がかかった。クヴェヴリを熟知しており、トップワインがルカツィテリと、ルカッツィテリとチヌリのブレンド。両方とも丁寧に造った逸品で、品質は筆者が今まで試飲した若いクヴェヴリワインの中でも群を抜く。畑は見晴らしのよい急斜面にあり、コーカサス山脈の絶景を望む。醸造所は地下3階建てのテラス式で、各階にクヴェヴリを設置。最上階で発酵後、ワインにストレスをかけないようポンプではなく重力で自然に下の階へ移し、熟成させる。

住所: Village Akhasheni, Gurjaani Municipality　　**電話**: 995 599 17 71 03
メール: nkurdadze@gmail.com

ジョージア　カヘティ地方、イメレティ地方
モナステリー・ワインズ（ハレバ）
（Monastery Wines〈Khareba〉）

745ヘクタールもの広い畑を持つワイナリー。元は修道院だったことから、2010年から「モナステリー・ワイン」の名でクヴェヴリワインを造る。ラベルのデザインは稚拙だがワインの質は高く、伝統製法で造る。カヘティ産ブドウを使った「ムツヴァネ」は特によい。「ツィツカ（ブドウはイメレティ産）」はイメレティ地方の伝統製法に従い、スキンコンタクトさせたワインと通常の白を半分ずつブレンドする。ワインは全部で9種類。

住所: D. Agmashenebeli 6 km, Tbilisi　　**電話**: 995 595 80 88 83
メール: infor@winerykhareba.com

ジョージア　カヘティ地方、トビリシ
ビーナ・N37（Bina N37）

元医者のズラ・ナトロシュヴィリが立ち上げた「常識外の」ワイナリー。首都、トビリシの都心にあるマンションの8階に43個のクヴェヴリを設置し、同じ建物内にレストランも開く。ブドウはカヘティからトラックで搬入し、ウィンチで8階まで上げるのも常識外だが、初ヴィンテージの「ルカッツィテリ2015」には、クヴェヴリワインの特徴がきちんと出ているので驚く。これに比べると、「サペラヴィ」は少し劣る。さらなる常識外は、近くに住む弟の家にも大型のクヴェヴリが9個も埋めてあること。。

住所: Apartment N37, Mgaloblishvili street N5a, Tbilisi 0160
電話: 995 599 280 000　　**メール**: zurab.i.natroshvili@gmail.com

ジョージア　多数地域
ラグビナリ（Lagvinari）

心臓手術専門の元麻酔医、エコ・グロンティが立ち上げた醸造所。初ヴィンテージは2011年で、イザベル・ルジュロンMWとのコラボレーションによる。グロンティは、有機農法を順守してブドウを育て、畑のテロワールをきちんと出すワイン造りを人生の目標とした。ジョージア全土の農家といっしょになり、薬剤で疲弊した畑を元に戻して健康なブドウを育て、「クラフーナ（Krakhuna）」、「ツォリコウリ」、「アラダストゥリ（Aladasturi）」など、上質のワインを造る。グロンティは、自分の知識や考えを分かりやすく言葉にできる醸造家で、ジョージア中から尊敬を集める。。

住所: Upper Bakurtsikhe, Kakheti 1501　　**電話**: 995 5 77 546006
メール: info@lagvinari.com

ドイツ

　ヨーロッパの主要ワイン生産国中、ドイツは最も保守的で、自然派ワインの流れに乗り遅れた。オレンジワインでも同様。バイエルン州北部のフランケン地方にシルヴァーナーを醸す生産者がいるが、例外的な少数派。飲んで感激するオレンジワインはなかった。以下に載せたのは、フランケン地方の西端で上質のオレンジワインを造る1軒のみ。

　ドイツで最も重要な白ブドウはリースリングだが、これを醸してワインを造るのは簡単ではない。モーゼルの甘口や半辛口のように、ドイツの典型的な白ではマロラティック発酵を完全にブロックし、リースリング特有の芳香や美しい酸味を残すことが多い。リースリングを果皮といっしょに醸造すると、発酵温度が高くなり、完全にマロラティック発酵する確率も上がる。その結果、酸味のキレがなくなり、どこにでもある白ワインとなる。生産者や愛好家はこれを嫌うのだ。

アイマン（Eymann）

ヴィンセント・アイマンは独自に醸し発酵を編み出し、上質のゲヴェルツトラミネールを造る。独自技術とは、4～6週間スキンコンタクトさせた後、ソレラシステムで熟成させるもの。最新のワインは「MDG#3」で、3つのヴィンテージが入っている。「オレンジワインの熟成」という課題をうまく解決し、若いワインでも、複雑さとなめらかな口当たりのある素晴らしいワインになる。オレンジワインの最初の瓶詰めは2014年。

住所: Ludwigstrase35, D67171 Gonnheim　　**電話**:49 6322 2808
メール: info@weinguteymann.de

イタリア

　イタリアのワイン業界は1990年代後半から、一斉にマセラシオンに回帰した。「嵐」はイタリア北東部で起き、瞬時に全土へ広がる。フリウリ・コッリオとカルソは、自他ともに認めるオレンジワイン最強の聖地であり、長期スキンコンタクトで白ワインを日常的に造るのは、イタリアでもこの2つの地方しかない。しかし、この一人勝ち状態が最近、様変わりしている。エミリア＝ロマーニャ州では、マルヴァジア・ディ・キャンディア・アロマティカ種でオレンジワインを造り、中部のラツィオ州、ウンブリア州、トスカーナ州も追随する。土着の白ブドウ品種の数は多くはないが、イタリア中部ではトレッビアーノ・ディ・トスカーナ（各地方で名前が違う）を広く栽培している。この品種は、ニュートラルで特色に欠けるが、マセレーションに適するといつも注目を浴びている。

　シチリア島とサルデーニャ島には、オレンジワインに情熱を注ぐ超個性派の醸造家がいる。それぞれ自然派ワインを育む豊かな土壌があり、オレンジワインを造る生産者も多い。

　イタリアのワイン生産者は2つに分かれる。大規模で産業としてワインを造る生産者（例えば、バローロやキャンティなど銘醸地の生産者）と、小規模で職人気質にあふれる家族経営の生産者である。大手生産者は、醸して造るアンバーワインには消極的だ。DOCやDOCGの認証を受けるのが難しいと考えているからだろう。イタリアのワイン法では、各地域のワインの色、香り、味わいを規定しており、実際に官能試験でチェックする。その結果、オレンジワインの多数が上位のDOCやDOCGではなく、下位のIGT(86)やヴィーノ・ビアンコなど、上質のオレンジワインに相応しくない格付けに甘んじている。いずれも、ヴィンテージやブドウの品種をラベルに記載できない。

---

*86 Indicazione di Origine Protettiva の略。未だ IGT(Indicazione Geografica Tipica) とも表記される。

イタリア　ピエモンテ

カッシーナ・デッリ・ウリヴィ（Cascina degli Ulivi）

ステファノ・ベロッティは、1984年にビオディナミへ転向後、有機農法を広く支援し、自身も自然派ワインに回帰した。1977年にベロッティが同ワイナリーを引き継いだ時、ブドウ畑は1ヘクタールしかなかった。ワイナリーでは、数種類の白ブドウを果皮と一緒に醸しており、中でもティモラッソ、ベルデア、ボスコ、モスカテッラ、リースリングをブレンドした「ア・デムーア（A Demûa）」が有名。ベロッティは、2015年、ジョナサン・ノシター監督の映画『Natural Resistance』に長時間出演している。自然派ワインの推進派として非常に影響力があり、地域活性化を精力的に進めている。

住所: Strada della Mazzola, 12　　**電話**: 39 0143 744598
メール: info@cascinadegliulivi.it

イタリア　ピエモンテ

テヌータ・グリッロ（Tenuta Grillo）

グイド・ザンパリョーネとイジエア・ザンパリョーネは、ピエモンテ州モンフェッラートに17ヘクタール、カンパーニア州イル・トゥフィエッロにも2.5ヘクタールのフィアーノ種を植えたブドウ畑を所有する。長期マセラシオンを異常に好み、通常、45～60日醸す。他の生産者と違い、飲み頃になるまで出荷しない。試飲した「バッカビアンカ（Baccabianca）」2010年ヴィンテージには、コルテーゼとは思えないほどしっかりしたストラクチャーがあり、ハーブの複雑さに富む。筆者の今のお勧めは、カンパーニア州のイル・トゥフィエッロ醸造所がフィアーノ種で造る「モンテマッティーナ（Montemattina）」で、ピエモンテ州産のワインと同じ造りをする。柑橘系の風味にあふれ、品種の特徴が詰まっている

住所: 15067 Novi Ligure　　**電話**: 39 339 5870423
メール: info@tenutagrillo.it

イタリア　トレンティーノ＝アルト・アディジェ

エウジェニオ・ローズィ（Eugenio Rosi）

ローズィは、稀少土着品種の保護を目的にトレンティーノ地方で手造りワインの生産者が10人で作ったグループ「イ・ドロミティチ」のメンバー。地元の醸造会社で経験を積み、1997年、2ヘクタールの畑を借りて自身の醸造所を立ち上げる。ノジオラをメインにした「アニーソス」は、なめらかでフレッシュ感があり、かっちりした造り。ローズィでは、ノジオラに軸を移しており、シャルドネやピノ・ビアンコの古木を抜いてノジオラを植え替えている。未認証だが有機農法を採用。

住所: Palazzo Demartin Via 3 novembre, 7 38060 Calliano
電話: 39 333 3752583　　**メール**: rosieugenio.viticoltore@gmail.com

イタリア トレンティーノ＝アルト・アディジェ
フォラドーリ（Foradori）

エリザベッタ・フェラドーリは小柄ながら、1984年の初ヴィンテージから素晴らしいワインを造り、新しいことに挑んだ。まず、トレンティーノ地方の土着品種、テロルデゴの品種改良に取り組む。2002年、所有する28ヘクタールの畑をビオディナミ農法に転換し、2008年にはアンフォラで発酵させ、素晴らしいワインを造った。シチリアのコス（COS）同様、スペイン製の小型の素焼きの壺、ティナハを使う。「ノジオラ・フォンタナサンタ・アンフォラ（Nosiola Fontanasanta Anfora）」は、2009年が初ヴィンテージで、エレガントで繊細さが際立つ。素焼きの壺での長期スキンコンタクトの効果がきれいに出ている。スキンコンタクトをさせた「マンツォーニ・ビアンコ（Manzoni Bianco）」と「ピノ・グリージョ」も同様。

住所：Via Damiano Chiesa, 1 38017 Mezzolombardo　**電話**：39 0461 601046
メール：info@elisabettaforadori.com

イタリア トレンティーノ＝アルト・アディジェ
プランツェック（Pranzegg）

マルティン・ゴイエルは2008年にこの醸造所を買収し、直ちにビオディナミへ転換する。畑ではブドウ樹を見事に仕立て、高い位置に棚を設置して枝を這わせるペルゴーラ方式を採用。世界で初（恐らく唯一）のブドウ剪定コンサルタント会社に勤めた経験が生きているのだろう。ブレンドした白ワイン、「トンスール（Tonsur）」と「カロリーネ（Caroline）」は、スキンコンタクトさせたワインをメインに使う。「ジーティー（GT）」は、ゲヴュルツトラミネールを果皮付きで醸したもの。どれもすっきりとした、アルト・アディジェらしい味わいで、スキンコンタクト製法ならではの力強さが加わっている。

住所：Kampenner Weg 8, via campegno 8, 39100 Bozen
電話：39 328 4591961　**メール**：info@pranzegg.com

イタリア ヴェネト
コスタディラ（Costadila）

エルネスト・キャッテルは土着品種コル・フォンドを復活させた1人。澱をボトル内に残し、糖分や酵母を足さないアンセルトラル製法で造るプロセッコは、自然に二次発酵させ、発酵が終わった天然酵母も含めて瓶詰めする。濃厚な風味が濁りの中に隠れている。飲む前に瓶を軽くシェイクして澱を混ぜ、グラスにたっぷり注ぐとよい。2009年から造る「280slm」は、畑の標高から命名したもので、25日スキンコンタクトさせる。一方、「450slm」のスキンコンタクトは数日。両方とも飲み心地が非常に良いワインでいくらでも飲めるのは、アンセルトラル方式なのでアルコール度数が低く、亜硫酸無添加のためだろう。初ヴィンテージは2006年。

住所：Costa di la, 36 – Tarzo　**電話**：なし
メール：posta@ederlezi.it

イタリア ヴェネト
ラ・ビアンカーラ（La Biancara）

アンジョリーノ・マウレは、元ピザ職人で、1980年代後半、ソアーヴェ近隣のガンベラーラにワイナリーを創設。当初は、ヨスコ・グラヴネルやグループのメンバーと定期的に交流し、オレンジワインの試飲会に参加していた。醸し発酵を究め、ガルガーネガを繊細でエレガントで複雑さのあるワインに仕上げた腕は天才的。一部ワインは亜硫酸無添加。130人の自然派ワイン生産者が参画するヴィン・ナトゥール協会を2006年に設立。協会では自然派ワインフェア、ヴィラ・ファヴォリータを毎年主催する。

住所: Localita Monte Sorio, 8 – 36054 – Montebello Vicentino
電話: 39 444 444244　　**メール**: biancaravini@virgilio.it

イタリア フリウリ・コッリ・オリエンターリ
レ・ドゥエ・テッレ（Le Due Terre）

　有機農法（認証は未取得）のワイナリーで、畑はわずか5ヘクタールと小規模だが、非常に品質が高く、世界中に熱狂的な愛好家がいる。唯一の白ワイン、「サクリサッシ・ビアンコ（Sacrisassi Bianco）」は、フリウラーノとリボッラ・ジャッラをブレンドし、伝統製法で8日醸す。発酵温度を20〜22℃に制御。その後、軽く濾過する。純粋な自然派ワインの愛好家は嫌うだろうが、エレガントで抑制が効いたワインは十分に楽しめる。流行より質を大切にする造り手の自信作。

住所: Via Roma 68/b, 33040 Prepotto　　**電話**: 39 432 713189
メール: fortesilvana@libero.it

イタリア フリウリ・コッリ・オリエンターリ
ロンコ・セヴェロ（Ronco Severo）

陽気で社交的なステファノ・ノヴェッロは、1999年、それまで採用していた従来型の醸造を捨てる。製法を大きく変え、白は全て醸すことにした。ラベルには、イスの上でバランスをとる少年が描いてあり、リスクを取った覚悟が見える。実際、従来の顧客の多くが去る。白ブドウのマセレーション期間は、28〜46日。「リボッラ・ジャッラ」、「フリウラーノ」、ブレンドの「セヴェロ・ビアンコ（Severo Bianco）」はどれも素晴らしく、重厚だがバランスがよい。ダリオ・プリンチッチを彷彿させる。未承認ながら有機農法を採用。

住所: Via Ronchi 93, 33040 Prepotto　　**電話**: 39 432 713340
メール: info@roncosevero.it

イタリア フリウリ・コッリオ地方

ダミヤン・ポドヴェルシッチ（Damijan Podversic）

ダミアン・ポドヴェルシッチは何事にも積極的に取り組む。1990年代後半、グラヴネルのワインを飲んで感動する。1999年、教えられた従来方のワイン醸造法に疑問を持ち、マセレーションワインに注目。醸造法を巡って父と激しく対立し、家族の醸造所から追い出される。複数人で共有するゴリツィアのワイナリーで何年もオレンジワインの醸造を経験した後、夢だった自分のワイナリーを畑のすぐ隣に建設。ポドヴェルシッチは、「マセレーションが、必ず上質のワインを造るわけではない」と考える。透明感のある「リボッラ・ジャッラ」、「マルヴァジア」、「フリウラーノ」、ブレンドの「カピュラ（Kapla）」には、オレンジワインの完璧な技術が見える。

住所: Via Brigata Pavia, 61 - 34170 Gorizia　　**電話**: +39 0481 78217
メール: damijan@damijanpodversic.com

イタリア フリウリ・コッリオ地方

ダリオ・プリンチッチ（Dario Prinčič）

グラヴネルのワインが「深淵なる知性」、ラディコンのワインが「斬新で奔放な愛」なら、プリンチッチは中間に位置する。ワインは深い琥珀色で、喜びにあふれ、飲まずにはいられない。内気ではなく、傲慢に見下す訳でもない。35日醸しをする「リボッラ・ジャッラ」、「ヤーコット（Jakot）」、「ピノ・グリージョ」、ブレンドで18〜22日マセレーションする「トレベツ（Trebez）」は、すべて秀逸。1988年からブドウを栽培し、1999年、親友のスタンコ・ラディコンの勧めで醸しワインに切り替えた。現在、2人の息子がゆっくりと父のワイン造りを引き継いでいる。

住所: Via Ossario 15, Gorizia　　**電話**: +39 0481 532730
メール: dario.princic@gmail.com

イタリア フリウリ・コッリオ地方

フランチェスコ・ミクルス（Francesco Miklus）

ミティア・ミクルスのメインの白は、通常の醸造法の「ドラガ」で、スキンコンタクトさせた上質のワインはミクルス名で販売する。ミクルスは事業を広げており、現在、醸し30日の「リボッラ・ジャッラ・ナチュラル・アート」、「マルヴァジア（醸しは7日）」、「ピノ・グリージョ」と、新たに「フリウラーノ」がある（筆者の好みは圧倒的にリボッラ・ジャッラ）。ミクルスは、叔父のフランコ・テルピンの手になるワインを試飲して感動し、最初のオレンジワイン、「ミクルス2006」を造る。要注目のワイン。

住所: loc. Scedina 8, 34070 San Floriano del Collio　　**電話**: +39 329 7265005
メール: mimiklus@gmail.com

イタリア　フリウリ・コッリオ地方
グラヴネル（Gravner）

ヨスコ・グラヴネルは、現代のアンバーワイン、オレンジワイン、醸しワインの流れを作った偉大な生産者である。1997年、グラヴネルは近代的醸造法を拒絶。前代未聞の無謀な方針転換は、イタリアだけでなく全世界に巨大な影響を与えた。ジョージアへ旅行し理想の発酵容器に出会い、2001年にクヴェヴリを採用。ジョージアの伝統的醸造法を全世界に紹介し、あらゆる世代の生産者がグラヴネルに続いてオレンジワインを造るようになった。「ブレグ（最後のヴィンテージは2012年）」と「リボッラ・ジャッラ」は、どちらもクヴェヴリで約6カ月スキンコンタクトさせ、7年の瓶熟後にリリース。世界最高級のワイン。

住所: Localita Lenzuolo Bianco 9, 34170 Oslavia　　電話: +39 0481 30882
メール: info@gravner.it

イタリア　フリウリ・コッリオ地方
イル・カルピーノ（Il Carpino）

フランコ・ソソルとアナ・ソソルの17ヘクタールの畑は、ラディコンの畑を上がったすぐにある。この醸造所では、同じブドウで、マセレーションあり・なしを出しており、比較できる。また、アンバーワインを好まない消費者向けに、フレッシュ感に富む「ヴィーニャ・ルンク（Vigna Runc）」を造る。「リボッラ・ジャッラ」は、ボッティで45〜55日スキンコンタクトさせる。長期間醸した風味がワインに出ており、典型的なオレンジワイン。ソソルが目指すワイン造りは明確で、「スキンコンタクトさせないと本物のワインではない。人の手は入れない。ブドウが勝手にワインになるのを見ていればいい」

住所: Località Sovenza 14/A, 34070 San Floriano del Collio
電話: +39 0481 884097
メール: ilcarpino@ilcarpino.com

イタリア　フリウリ・コッリオ地方
ラ・カステッラーダ（La Castellada）

居酒屋だったラ・カステッラーダは、1985年から自社でワインのボトリングを始める。180年代と1990年代、ジョルジオ"ジョルディ"ベンサとニコロ・ベンサの兄弟は、グラヴネルのグループのメンバーだったが、長期マセレーションの採用には慎重で、採用に至るまでかなりの時間を要した。2006年、試行の末、60日のスキンコンタクトに落ち着いた「リボッラ・ジャッラ」は、オスラヴィアでも逸品。「フリウラーノ」と「ビアンコ・ディ・カステッラーダ」（両方ともスキンコンタクトは4日）も素晴らしい。ワイナリーは、ニコロの息子、ステファノとマッテオが主に運営。歴史は一巡して、兄のジョルディは地元のオスミザ（居酒屋）の経営に戻る。

住所: La Castellada 1 - Località Oslavia 34170　　電話: +39 0481 33670
メール: info@lacastellada.it

イタリア　フリウリ・コッリオ地方
パラスコス（Paraschos）

エヴァンゲロス・パラスコスは1998年、ギリシャからコッリオに移住。ヨスコ・グラヴネルに感銘を受け、自然派ワイン造りの考え方だけでなく、アンフォラとマセレーションも採り入れた。同所の「アムフォレウス（Amphoretus）」シリーズにはクレタ島製の小型アンフォラを使用。活力に満ちた繊細さを持つ素晴らしいワイン。「リボッラ・ジャッラ」や「オレンジ・ワン」には、今では古典的な開放型の木製発酵槽（ラディコンはじめ、多数の醸造家と同じ）を使う。2003年以降、亜硫酸その他の添加物は使用しない。

住所: Bucuie 13/a, 34070 San Floriano del Collio　　電話: +39 0481 884154
メール: paraschos99@yahoo.it

イタリア　フリウリ・コッリオ地方
プリモシッチ（Primosic）

シルヴァン・プリモシッチとは1997年、ピノ・グリージョを試験的にマセレーションさせたが成功といえず、大部分の顧客が返品した。商品として完成したのは2007年で、息子のマルコがリッボラ・ジャッラで造ったもの。以降、毎年、醸造する。プリモシッチ家はコッリオの中心的存在で、父のシルヴァンは1967年、当時、黎明期にあったイタリアのワイン法で初めてDOCに認定されたワインをリリース。息子のマルコは、サシャ・ラディコンとともに、オスラヴィア・リボッラ生産者協会の設立に尽力。彼の「リッボラ・ジャッラ」にはオスラヴィアの特異かつ優れたテロワールが出ている。

住所: Madonnina d'Oslavia 3, 34170 – Oslavia　　電話: +39 0481 53 51 53
メール: info@primosic.com

イタリア　フリウリ・コッリオ地方
ラディコン（Radikon）

スタンコ・ラディコンは36のヴィンテージを遺し永眠。明るい未来を背に、息子のサシャが醸造所を切り回す。ラディコンが初めてリボッラ・ジャッラを醸したのは1995年。この歴史的な瞬間以降、ラディコンではオレンジワインに注力する。ブレンドの「オスラーヴィエ（Oslavij）」、「リボッラ・ジャッラ」、「フリウラーノ」（いずれも2〜4カ月スキンコンタクト）は、2002年以来、亜硫酸無添加。ラディコンは、長期間スキンコンタクトさせると、亜硫酸を添加しなくてもワインが安定することが分かったのだ。「スラトニック」と「ピノ・グリージョ」（いずれも8日〜14日のマセレーション）は、サシャの手になるもの。軽快なスタイルで、祖父ラディコンを偲ぶ。

住所: Località Tre Buchi, n. 4, 34071 – Gorizia　　電話: +39 0481 32804
メール: sasa@radikon.itm

イタリア フリウリ・コッリオ地方
テルピン（Terpin）

フランコ・テルピンは、素直にワインを造る。サン・フロリアーノ・デル・コッリオ周辺の砕けやすい土壌でブドウを育て、今ではクラシックとなったコッリオ・スタイルのワインを造る。オーク樽の開放槽で約1週間醸し、ボッティでさらに寝かせて、その後、飲み頃になるまで瓶熟させて市場へリリース。長いと、10年寝かせる。短期のスキンコンタクト（3日）で作った「クイント・クワルト（Quinto Quarto）」のシリーズは、コストパフォーマンスに優れる。フランコは1996年に醸造所を立ち上げ、オレンジワインに切り替えたのは2005年から。。

住所: Localita Valerisce 6/A, San Floriano del Collio, 34070　　**電話**: ―
メール: francoterpin@vergilio.it

イタリア フリウリ・イゾンツォ、コッリ・オリエンターリ、コッリオ地方
ブレッサン・マイストリ・ヴィナイ（Bressan Maistri Vinai）

ブレッサン家は9代に渡り、この村でワインを造る。畑は、フリウリ地方の3つの地区、イゾンツォ、コッリ・オリエンターリ、コッリオにまたがる。3種類の白ワイン、ブレンドの「カラット」、芳醇で辛口の「ヴェルドゥッツォ」、「ピノ・グリージョ」は、ヴィンテージにより、2～4週間スキンコンタクトさせる。今は80歳代のネレオ・ブレッサンは、以前はスキンコンタクトせずに醸造していたが、息子のフルヴィオが1995年に引き継いだ。この醸造家は、人間的にやや気難しいらしいが、造るワインは素晴らしい。

住所: Via Conti Zoppini 35, 34072 Farra d'Isonzo　　**電話**: +39 0481 888 131
メール: info@bressanwines.com

イタリア カルソ地方
スケルク（Skerk）

柔らかい語り口のサンディ・スケルクは、2000年から伝統的なブドウの栽培と醸し発酵を始めて以来、カルソ地方での自然派ワインを推進する原動力になった。醸造所は、カルソ地方の岩で作った石造りで自然派を象徴しており、醸造所がある渓谷のシンボル的な建物になっている。同所では、ヴィトヴスカ、マルヴァジア、ソーヴィニヨン・ブラン、ピノ・グリージョを育て、極上のワインを造る。4品種をブレンドした「オグラデ（Ograde）」は絶品で、1週間醸している。非常にエレガントでバランスがよく、オレンジワイン嫌いも唸らせる。畑は、杭を打って渦巻き状に枝を仕立てるアルベレッロ式で、有機農法の認証を受けている。

住所: Loc. Prepotto, 2034011 Duino Aurisina　　**電話**: +39 040 200156
メール: info@skerk.com

イタリア カルソ地方
スケルリ（Skerlj）

牧歌的なこのワイナリーは、第二次世界大戦後は、冴えないオスミザ（居酒屋）だったが、1996年から、本格的な滞在型農業体験宿泊施設に大転換した。同家では、何代にも渡り、居酒屋や宿泊所の客に出すワインを自社で醸造。2004年、マテイ・スケルリは、ベンジャミン・ジダリッヒの言葉に従い、自社ワインのマセレーション期間を延ばし（従来は2、3日）、人手の介在を最少にしてボトリングを開始。3週間スキンコンタクトさせた「ヴィトヴスカ」は香り高くエレガントで、同ブドウの特徴がきれいに出ている。「マルヴァジア」も素晴らしい。同所の畑では、棚を高く据えたペルゴラ式（棚仕立て）でブドウを育てる。

住所: Sales, 44 – 34010 Sgonico　　**電話**: +39 040 229253
メール: info@agriturismoskerlj.com

イタリア カルソ地方
ヴォドピーヴェッツ（Vodopivec）

ヴィトヴスカ種のワインで、パオロ・ヴォドピーヴェッツのオレンジワインを越えるものはない。ヴォドピーヴェッツの醸造法は、必要最小限を追求するミニマリスムを実践したもので、カルソ地方の土着品種であるヴィトヴスカにこだわり、2005年から、一部はグルジア製のクヴェヴリで、残りは大型の樽、ボッティで発酵させる。スキンコンタクトの期間は非常に長く、1年におよぶ場合ことも。その結果、信じられないほど繊細でエレガントなワインに仕上がる。ヴォドピーヴェッツは、内気で宣伝が苦手。自分のワインが、オレンジワインかアンバーワインのどちらかは気にしていないが、スキンコンタクトは同ワインの最重要の要素。

住所: Località Colludrozza, 4 - 34010 Sgonico　　**電話**: +39 040 229181
メール: vodopivec@vodopivec.it

イタリア カルソ地方
ジダリッヒ（Zidarich）

ベンジャミン・ジダリッヒは、同地方の石灰岩の岩盤にトンネルを掘り、けた外れの醸造所を作った（完成は2009年）。ビオディナミを取り入れた畑（8ヘクタール）で収穫したブドウを醸造する場合も、石作りの醸造施設は都合がよい。白ブドウは全てスキンコンタクトさせ、木製の開放槽で2週間以上、醸し発酵させる。また、特別に設計した石の発酵槽（地元の岩から切り出したもの）が1つあり、これで醸造・熟成させる。「ヴィトヴスカ」とブレンドの「プルルケ」は、どちらも、芳醇でスパイス感があり、ミネラル感にも富み、素晴らしい。。

住所: Prepotto, 23, Duino Aurisina – Trieste　　**電話**: +39 040 201223
メール: info@zidarich.it

イタリア トスカーナ州
コロンバイア（Colombaia）

トスカーナは、自然派ワインやオレンジワインへの取り組みが遅く、コロンバイアのようなワイナリーがあるのは素晴らしい。ダンテ・ロマッツィとヘレナ・ヴァリアラの手になる唯一の白ワイン「コロンバイア・ビアンコ」は、ヴィンテージによっては極上の白になる。この白は、トレッビアーノとマルヴァジアのブレンドで、4カ月醸している。地味なトレッビアーノ種の内なる深みを引き出した逸品で、スキンコンタクトにより、貧しいシンデレラが正装して舞踏会に現れた雰囲気がある。微量の亜硫酸を添加し、長期熟成に耐えるようにしている。

住所: Mensanello, 24, Colle Val d' Elsa, 53034-Siena　　**電話**: +39 393 362 3742
メール: info@colombaia.it

イタリア トスカーナ州
マッサ・ヴェッキア（Massa Vecchia）

2009年、フランチェスカ・スフォンドリーニは、両親から本ワイナリーを引継ぐ。山間のマレンマ地区に位置し、重厚でスケールが大きいスースーパータスカンができる環境ではないが、口当たりのよい白（というよりオレンジワイン）は、ヴェルメンティーノ、マルヴァジア・ディ・カンディア、トレッビアーノのブレンドで、すべてのブドウを栗の大型開放槽で2～3週間醸す。ワインにはハーブ系やローストしたナッツの複雑さがあり、さらに、フレッシュ感に富み、洗練の極致にある。畑は未認証ながら、有機農法とビオディナミで耕作する。

住所: Loc. Massa Vecchia, 58024 Massa Marittima, GR Grosseto
電話: +39 566 904031　　**メール**: az.agr.massavecchia@gmail.com

イタリア エミリア・ロマーニャ州
カ・デ・ノーチ（Cà de Noci）

ジョヴァンニ・マシーニとアルベルト・マシーニの兄弟は、1993年から7ヘクタールの畑を有機栽培に転換を始め、直後、地元の協同組合を退会する。「ノッテ・ディ・ルナ（Notte di Luna）」は、オレンジワインマニアの世界では過小評価を受けているが、逸品。マルヴァジア・ディ・カンディア、モスカート・ジャッロ、スペルゴラ（ランブルスのブドウで最も貴重）のブレンドで、マセレーションは10日。微発泡のフリッツァンテ「クエルチョーレ（Quercione）」も数日スキンコンタクトさせる。

住所: Via Fratelli Bandiera 1/2 località Vendina, 42020 Quattro Castella
電話: +39 335 8355511　　**メール**: info@cadenoci.it

イタリア　エミリア・ロマーニャ州

デナーヴォロ（Denavolo）

ラ・ストッパの醸造責任者ジュリオ・アルマーニは、「デナーヴォロ」ラベルで自分のワインを造る。マセレーションワインは、6カ月醸す「デナーヴォロ」、格下畑のブドウを使ったカジュアルワイン「デナヴォリーノ（Denavolino）」、7日醸した「カタヴェラ（Catavela）」の3種類。マルヴァジア・ディ・カンディア・アロマチカ、マルサンヌ、オルトルゴを中心としたブレンドだ。このスタイルは、ラ・ストッパの代表的オレンジワイン「アジェーノ」を思い出す。芳醇なアロマの味わい深いフルボディ。

住所: Loc. Gattavera - Denavolo 29020 Travo PC　　**電話**: +39 335 6480766
メール: denavolo@gmail.com

イタリア　エミリア・ロマーニャ州

ラ・ストッパ（La Stoppa）

現当主、エレナ・パンタレオーニは、1997年、両親より当ワイナリーを継ぐ。ラ・ストッパの最初のオーナーだった弁護士、ジャンカルロ・アジェーノから名付けた「アジェーノ」は、オレンジワイン界のクラシックとなる。マルヴァジア・ディ・カンディア、オルトルゴ、トレッビアーノのブレンドで、30日マセレーション。豊潤で、大胆なフルボディのオレンジワインで、色が濃く、タンニン分に富み、随所にたっぷりした余裕が見える。ヴィンテージによっては、揮発酸やブレタノマイセス臭があったり、クリーンな造りだったりするが、いつも美味であとを引く。醸造家は、デナーヴォロのジュリオ・アルマーニ。

住所: Loc. Ancarano di Rivergaro 29029 PC　　**電話**: +39 0523 958159
メール: info@lastoppa.it

イタリア　エミリア・ロマーニャ州

ポデーレ・プラダローロ（Podere Pradarolo）

アルベルト・カレッティとクラウディア・イアネッリは、2人とも化学、家具製造、酪農製品、食肉産業など、技術の世界で生きてきたが、今は、パルマ近郊で有機農業に就く。60日マセレーションした「ヴェイ（Vej）」と、スパークリングの「ヴェイ・ブリュット（Vej Brut）」は、マルヴァジア・ディ・カンディア種の頂点で、官能的な香りがある。「ヴェイ・ビアンコ・アンティーコ・メトド・クラッシコ 2014」は、伝統的製法で270日マセレーションさせた稀少のスパークリングワイン。極端な造りのワインだが、飲み口が非常によい。一部のヴィンテージでは、亜硫酸の添加量の不足により問題が生じていると思う。

住所: Via Serravalle 80, 43040 Varano De' Melegari　　**電話**: +39 0525 552027
メール: info@poderepradarolo.com

イタリア　エミリア・ロマーニャ州

テヌータ・クローチ（Tenuta Croci）

当主のマッシミリアーノ・クローチは祖父の代から伝わるエミリア・ロマーニャの伝統的スタイルにより、自然に再発酵させた醸しの発泡ワインを造る。「カンペデッロ（Campedello）」と「ルビーゴ（Lubigo）」は口当たりのよい微発泡性のフリッツァンテで、マルヴァジア・ディ・カンディアやオルトルゴなどの土着品種の特徴がきれいに出ている。「ヴァルトッラ（Valtolla）」は、マルヴァジア・ディ・カンディア100％の白で、マセレーションは10〜30日。

住所：43040 Varano De' Melegari　　**電話**：+39 0523 803321
メール：croci@vinicroci.com

イタリア　エミリア・ロマーニャ州

ヴィーノ・デル・ポッジョ（Vino del Poggio）

アンドレア・セルヴィーニは、ラ・ストッパの醸造家、ジュリオ・アルマーニのワインに大きな影響を受け、自身のマルヴァジーア・ディ・カンディア主体のブレンド「ビアンコ」の醸し期間を延ばした。同地方の生産者より圧倒的に長く、時には12カ月におよぶ。「ヴィーノ・デル・ポッジョ・ビアンコ」は色が濃く、複雑で、香りが詰まっている。名前はビアンコだが、白ワインではない。同ワイナリーには、アグリツーリズモを併設しており、素晴らしい料理を提供する。

住所：Località Poggio Superiore, 29020 Statto, Travo　　**電話**：+39.328.3019720
メール：info@poggioagriturismo.com

イタリア　ウンブリア州

パオロ・ベア（Paolo Bea）

パオロ・ベアは上質のサグランティーノで有名になり、現在、醸造を担当する息子のジャンピエーロは、2種類のオレンジワインを造る。1つは、トレッビアーノ・スポレティーノ100％で造る芳醇な「アボレトゥス（Aboretus）」。ベアのオレンジワインには、フレッシュ感があり、エレガントで、複雑さと深みもある。息子のジャンピエーロは元建築家で、2006年に新築したワイナリーを設計した。筆者が唯一、不満に思うのは、同所のワインがすぐに売り切れることである。なお、ベアは、近くのシトー会修道院で2つのワインを造る。

住所：Località Cerrete, 8, 06036 Cerrete　　**電話**：+39 742 378128
メール：info@paolobea.com

イタリア　マルケ州
ラ・ディステーザ（La Distesa）

コラード・ドットリは、スペインとカナダで育ち、後に、ミラノで株式のトレーダーとなる。1999年、ドットリと、妻のヴァレリアは、一族ゆかりの地マルケに退き、祖父が購入した畑を耕す。「ヌル（Nur）」は、旧来のワイン造りに対するドットリの「反抗」で、土着品種をスキンコンタクトさせブレンドし、マルケで造った純粋のオレンジワインである。ヴェルディッキオだけでは、長期のマセレーションに適さないと考え生まれた。「グリ・エレミ（Gli Eremi）」は、ブドウの一部を数日醸して全体の発酵を促しているにしている。この手法は、マルケの丘と同じくらい古い。同ワイナリーは、アグリツーリズモも経営している。

住所: Via Romita 28, Cupramonatana 60034　　**電話**: +39 0731-781230
メール: distesa@libero.it

イタリア　ラツィオ州
ル・コステ（Le Coste）

ジャンマルコ・アントヌッツィとクレメンタイン・アントヌッツィ夫妻は、2人とも醸造家で、2004年、3ヘクタールの耕作放棄地を購入し、ル・コステを設立。白ブドウは、プロカニコ（トレッビアーノの土着クローン）をメインに、マルヴァジアとモスカートを使い、大部分を1週間スキンコンタクトさせる。非常に素朴なスタイルで、圧倒的なフレッシュさを感じ、軽快で活力がある。これこそ本物の「喉の渇きを潤すワイン（ヴァン・ド・ソワフ）」だ。ビオディナミで栽培するが、認証は取っていない。

住所: Via Piave 9, Gradoli　　**電話**: +39 328 7926950
メール: lecostedigradoli@hotmail.com

イタリア　ラツィオ州
シトー会修道女修道院（Monastero Suore Cistercensi）

ローマ近郊のシトー会修道院では、修道女がブドウ（トレッビアーノ、マルヴァジア、ヴェルディッキオ、グレシェット）を完全に手作業で栽培（有機栽培だが未認証）、収穫し、2種類の白のブレンドを造る。畑は1963年に植樹。ワインは、ここに住む80人の修道女の貴重な収入源である。ジャンピエーロ・ベアは、10年以上、醸造コンサルタントとして、同修道院の軽快なワイン造ってきた。長期スキンコンタクトさせるのは「コエノビウム・ルスクム（Coenobium Ruscum）」のみで、2週間

住所: Monastero Trappiste, Nostra Signora di S. Giuseppe, via della Stazione 23, 01030 - Vitorchiano　　**電話**: +39 761 370017
メール: info@trappistevitorchiano.org

イタリア カンパーニア州

カンティーナ・ジャルディーノ（Cantina Giardino）

アントニオ・デ・グルットーラとダニエラ・デ・グルットーラは、古木が残る貴重な畑を手に入れる。時間をかけて慎重に樹勢を回復させ、収穫したブドウに人の手を入れず、自然にまかせてワインを造った。白ブドウは、4～10日スキンコンタクトさせる。心が躍る天然のワインで、どう熟成するか予測不能だが、コルクを抜くタイミングがよければ極上の味わいになる。瓶熟が不十分なまま出荷すると、抜栓後、しっかりエアレーションしないと開かない場合がある。オレンジワインの出荷のタイミングを判断するのは難しい。コダ・ディ・ヴォルペとグレコをブレンドした「ビアンコ」は、喉の渇きを癒すワインで、マグナム・ボトルに入っている。同醸造所のワインの中で、最も飲みやすい。

住所: Via Petrara 21 B, 83031 Ariano Irpino　　**電話**: +39 0825 873084
メール: cantinagiardino@gmail.com

イタリア カンパーニア州

ポデレ・ヴェネリ・ヴェッキオ（Podere Veneri Vecchio）

DOCサンニオの地域に本拠を置くワイナリー。当主のラファエロ・アニッキアリコは、非常に珍しい土着品種（グリエコ、チェッレート、アゴスティネッラ）を栽培。いろいろな比率でのブレンドや、単一品種を25日スキンコンタクトさせる。軽やかな仕上がりだが、エネルギーと複雑さに富む（アルコール度数が12％を超えるものはない）。ワイン造りで妥協しないし、ワイン自体にも妥協は一切見えないため、ここでのワイン造りは、薄氷の上を歩くように正確に見切らねばならず、慣れないと難しい。筆者の好みは、「テンポ・ドーポ・テンポ（Tempo dopo Tempo）」とアゴスティネッラ100％「ベッラ・チャオ（Bella Ciao）」。

住所: Via Veneri Vecchio 1, Castelvenere, 82037, Benevento
電話: +39 340 586 9048　　**メール**: libro@venerivecchio.com

イタリア サルデーニャ島

サ・デフェンザ（Sa Defenza）

マルキ家のピエトロ、パオロ、アンナの3人で造るワイナリー。代々、家族でブドウを育てているが、醸造を手掛けたのはこの3人の代が初めて。醸造所は島南部のドノリにあり、元気があり飲んで楽しいワインを造るが、課題もある。「スッレブッチェ（Sullebucce）」は、ヴェルメンティーノを50日スキンコンタクトさせて造り、柔らかくて果実味に富む。一方、「マイストゥル（Maistru）」は、醜いアヒルの子的な土着品種であるヌラーグスを使い、醸しは24時間と短く、舌がぴりぴりする強烈な酸味と、荒々しい骨格が飛び出している。畑の土壌は、砂質に花崗岩が混じる。亜硫酸は、発酵過程、あるいは、瓶詰め時に微量添加するのみ。

住所: Via Sa Defenza 38, 09040 Donori　　**電話**: +39 707 332815
メール: ―

イタリア　シチリア島
アグリコラ・オッキピンティ（Agricola Occhipinti）

アリアナ・オッキピンティは、コスのジュスト・オッキピンティの娘で、地元ヴィットーリアで、2003年、自身のワイナリーを立ち上げた。白ワインは「SP68」1種のみだが逸品。モスカート・ディ・アレッサンドリアとアルバネッロのブレンドで、12日のスキンコンタクトにより、なめらかで深みのあるワインに仕上がっている。アリアナのパートナー、エドゥアルド・トーレス・アコスタは、テネリフェ島出身で、この構造所で働いて経験を積んでいる。アコスタはエトナ産のブドウを使い、「ヴェルサンテ・ノルド（Versante Nord）」のシリーズを出している。また、自身初となるスキンコンタクトさせた白ワインもリリースした。

住所：SP68 Vittoria-Pedalino km 3,3 - Vittoria RG　　電話：+39 0932 1865519
メール：info@agricolaocchipinti.it

イタリア　シチリア島
バッラコ（Barraco）

ニノは家業の畑を引き継ぎ、2004年にワイナリーを設立。シチリア島西部の土着の白ブドウ、グリッロ、カタラット、ジビッボを使い、活力があり心が躍るワインでカルト的な人気を博す。すべての白をスキンコンタクトさせ、ジビッボの場合、3日から2週間醸す。ただし、海辺の小さい区画でできるグリッロは、スキンコンタクトさせず、「ヴィニャンマーレ」で使う。ニノのワインには塩味があり、個性が強く、生きる喜びにあふれている。新鮮なウニやエビとの相性が絶妙。欲を言えば、釣り師としても一流のニノが釣った魚介とペアリングしたい。

住所：C/da Bausa snc - 91025 Marsala　　電話：+39 3897955357
メール：vinibarraco@libero.it

イタリア　シチリア島
カンティーネ・バルベーラ（Cantine Barbera）

マリレナ・バルベラは、2006年、父親の死去を機にメンフィの実家に戻り、ブドウ畑で働き始めた。畑での農作業を通して、工業的にワインを造るのは本来の道ではないと考えるようになり、2010年から、人の手を極力入れずにワインを造ったり、醸し発酵の試行を始め、今ではグリッロの「コステ・アル・ヴェント（Coste al Vento）」、カタラットの「アレミ（Arèmi）」、ジビッボの「アンマノ（Ammàno）」の3種類のオレンジワインを出す。3種類とも野生酵母を使い、1週間スキンコンタクトさせる。果実味が豊かで活力があり、品種の特徴がきれいに出ている。1、2年寝かせると熟成する。

住所：Contrada Torrenova SP 79 - 92013 Menfi (AG)　　電話：+39 0925 570442
メール：info@cantinebarbera.it

イタリア シチリア島

コーネリッセン（Cornelissen）

金融トレーダー、登山家、高級ワインブローカーの紆余曲折を経て、ベルギー人のフランク・コーネリッセンは、シチリアの火山の麓に根を張り自然派ワインを造る。何の手も加えずに上質なワインを造るため、ジョージアへ行きエトナへ来て、2000年、のちにカルト的な人気となるワイナリーを立ち上げた。コーネリッセンは、「酸味が欲しければレモンを齧る」そうで、酸が強いエトナ土着のカッリカンテよりグレカーニコを好み、2種類の白ブドウを混ぜ、数日間マセレーションさせる。コーネリッセンの進化は止まらず、スペインのアンフォラを捨てて、グラスファイバーのタンクを置き、マセレーションの期間は、30日から1週間に短くなった。

住所: Via Canonico Zumbo, 1, Fraz. Passopisciaro, Castiglione di Sicilia, 95012
電話: +39 0942 986 315　　**メール**: info@frankcornelissen.it

イタリア シチリア島

COS(コス)

ジャンバティスタ・チリア、ジュスト・オッキピンティ、チリーノ・ストラノの3人がまだ大学生だった時、チリアの父が、試験的にワイン1470本分のブドウを収穫し、醸造してよいと言った。1980年の夏だった。3人の姓の頭文字から命名したCOSは、シチリア島で唯一のDOCGであるチェラスオーロ・ディ・ヴィットリアのベンチマークになる。COSは現代のイタリアワイン業界にアンフォラを持ち込んだパイオニアでもある。ジョージア訪問がきっかけで、オーク樽の発酵槽を捨てて、テラコッタを設置したが、2000年には440リットルのスペイン製ティナハに落ち着いた。「ピトス・ビアンコ（Pitos Bianco）」は、イタリア最上級のオレンジワインで、若いうちは固く閉じているが、開くと表情に富み、複雑さが出る。

住所: S.P. 3 Acate-Chiaramonte, Km. 14,300 97019 Vittoria
電話: +39 393 8572630　　**メール**: locanda@cosvittoria.it

ニュージーランド

　この数十年、ニュージーランドはソーヴィニヨン・ブランだけに絞り、質を均一にするという「偏った道」を進んできたが、幸い、新世代の醸造家は、伝統に回帰するなど、いろいろなアプローチを試みた。ヨーロッパでの経験から豊かなアイデアや着想が湧き、スキンコンタクトにも注目が集まった。オレンジワインは、ニュージーランドでは新しい技術だが、ブドウ栽培地の気候が冷涼であり、優れた技術を持った醸造家も多くいることから、世界が驚くオレンジワインが出来るように思う。

　オーストラリア同様、ワインの格付けには大きな自由度があり、ラベルに「スキンファーメンテッド」と書いても問題はない。

ニュージーランド　ホークス・ベイ
スーパーナチュラル・ワイン社（Supernatural Wine Co.）

五つ星ホテルだった「ミラー・ロード」の敷地内（石灰性粘土質の高台）にブドウを植え、2002〜2004年、期待を越える上質のワインが出来たため、オーナーのグレゴリー・コリングは2009年、本醸造所を建てた。2013年ヴィンテージから、ソーヴィニヨン・ブランとピノ・グリをスキンコンタクトさせ、品質は毎年大幅に向上している。ヘイデン・ベニーは、2015年、ガブリエル・シマーズから醸造業を引き継いだ。ダイナミックな造りをする新世界ワインだが、バランスがよく、落ち着いている。畑はビオディナミへ転換中で、将来は、亜硫酸無添加になる。

住所：83 Millar Road, RD10 Hastings 4180, Hawke's Bay
電話：+64 6-875 1977　　**メール**：greg.collinge@icloud.com

ニュージーランド　マーティンボロ
ケンブリッジ・ロード（Cambridge Road）

2006年、ランス・レッジウェルがファミリーとしてこの地を購入し、ビオディナミに転換した。長年、スキンコンタクトをいろいろ試しており、「パピヨン」では、細かいアクセントとして、また、重量感を出すために醸している。「クラウドウォーカー」では、スキンコンタクトの期間が決まっておらず、例えば、2015年ヴィンテージでは3日、2016年には26日スキンコンタクトさせたピノ・グリをブレンドする。いずれのワインも繊細でフレッシュ感に富み、魅力にあふれる。

住所：32 Cambridge Road, Martinborough　　**電話**：+64 6-306 8959
メール：lance@cambridgeroad.co.nz

ニュージーランド　カンタベリー
ザ・ヘルミット・ラム（The Hermit Ram）

オーナーのテオ・コールズによると、「人の手が全く入っていない原始的なワイン」とのこと。コールズは、トスカーナで醸造を修行し、2012年、ピノ・ノワールの古木が残る区画でワインを造り始める。白ブドウ、および、混植でフィールドブレンドした白黒ブドウを、開放槽と卵型コンクリートタンクの両方で、1カ月以上スキンマセレーションさせている。コールズは、マセレーションは単なる「手段」であって、「本質」ではないと口を酸っぱく強調する。ワインは純度が高く活気があり、荒々しいカンタベリーのテロワールを表現しており、一切の妥協はない。ソーヴィニヨン・ブランには、特有の鮮烈な香りとしっかりした骨格があり、注目に値する。

住所：―　　**電話**：+64 27 255 1899
メール：theo@thehermitram.com

ニュージーランド　セントラル・オタゴ
サトウ・ワインズ（Sato Wines）

銀行の投資部門勤務から醸造家に転身した佐藤嘉晃と妻の恭子の醸造所。佐藤は、世界有数の自然派ワイン生産者（ピエール・フリックやドメーヌ・ピゾなど）で醸造を経験した後、地球温暖化で暑く乾燥するセントラル・オタゴに醸造所を開く。日本人の几帳面で正確な醸造を反映し、ブルゴーニュ風のエレガントなスキンコンタクトワインが生まれる。「ノースバーン・ブラン」は、シャルドネ、ピノ・グリ、リースリングを20日間スキン発酵させたもので、絶品。栽培はビオディナミ（未認証）。日本でもスキンコンタクトさせたデラウェアを造る。清澄白河フジマル醸造所に委託醸造、ワイン名は「デラウェア・ペリキュレール・バイ・サトウ」。

住所：―　　**電話**：―
メール：info@satowines.com

ポーランド

　ポーランドには、スキンコンタクトを経験した生産者が多いし、クヴェヴリへの興味も大きいが、現時点では、オレンジワインの製法が安定しておらず、出来るワインはかなり異様。ブドウ栽培の北限にあるこの地では、果実が十分に成熟しないことが多い。補糖[*87]せざるを得ないが、人間の介入を最小限にしたい自然派ワイン生産者としては避けたい。同国では、ハイブリッド種の人気が高く、マセレーションと相性のよいハイブリッド種もあるし、全く向かないブドウもある。2つのヴィンテージでオレンジワインを成功させた生産者を以下紹介する。

ポーランド バリュチ渓谷

ヴィニツァ・デ・サス（Winnica de Sas）

アンナ・ズベルとレゼク・「カウカス」・ブジスキは、バリュチ渓谷景観公園のドルヌイ・シロンスク（下シレジア）に拠点を置く。自然派ワインに力を注ぎ、市販したポーランド初のクヴェヴリワインの栄誉に浴する。「クヴェヴリ・ミルヴス」はゲヴュルツトラミネール100％で、グルジア製のクヴェヴリを使い6～8カ月発酵させる。ポーランドで最高のオレンジワインとの評価が固まりつつある。同醸造所では、クヴェヴリを8基に増やし、生産を拡大。将来のリリースに注目したい。有機栽培（未認証）。

住所: Czeszyce 9A, 56-320, Krośnice　　**電話**: +48 71 384 56 90
メール: zuberdesas@gmail.com

*87　砂糖を加え、発酵でできるアルコールの度数を上げる技法。シャプタリゼーション。

ポルトガル

　ポルトガル中南部のアレンテージョ地方に広がる広大な平原には、アンフォラでワインを造っていた2000年前のローマ帝国時代の伝統製法がしっかり残っている。このことは、アンフォラでのワイン造りが大きな話題になるまで、歴史に埋もれていた。オレンジワインが流行すると、この地の生産者は、醸造所に並ぶ200年前のタルハ（大型のスクワット・アンフォラ）が黄金の塊に見えたろう。流行前、タルハは、空のまま放置したり、瓶詰め前にワインをゆっくりブレンドする工程で使う程度だったが、今は主役として舞台の中央に立っているし、国中の生産者が血眼で手に入れようとしている。

　ドウロ渓谷にもスキンコンタクトの伝統が残っているが、通常のスティルワインの製造ではなく、ポートでの工程。白のポートワインは、昔からブドウを足で踏み、数日スキンコンタクトさせた。これによりワインが安定し、香りが立つ。さらに樽で何年も酸化熟成させると樽の色を吸い、数十年の樽塾を経て、ナッツのような褐色になる。

　大部分のポルトガルの生産者は、「クルチメンタス（日焼けを意味し、スキンコンタクトのこと）」の白ワインは、まだ試行段階にあるが、優れたオレンジワインを造る醸造家が増えている。タルハでの醸造には細かい調整が必要だが、DOアレンテージョとしてタルハのワインを認めており、ポルトガルのオレンジワイン愛好家は熱い視線を注いでいる。

ポルトガル　ヴィーニョ・ヴェルデ
アフロス（Aphros）

画家のように世界を見て回った当主のヴァスコ・クロフトには哲学者やヒッピーの雰囲気があり、シュタイナー教育運動のトレーナーとしても活躍する。ビオディナミのリーダー的な存在であり、独自にプレパレーション（ビオディナミで使う調合剤で、牛の糞や水晶など）を開発した。「ファウヌス（Phaunus）」のシリーズは、2014年からアフロスの美しいキンタ（醸造所）で電力なしで造り、スクワット・アレンテジャーノ・タルハ（アンフォラ）で発酵させる。「ファウヌス・ローレイロ（Phaunus Loureiro）」は、6～8週間スキンコンタクトさせたもので、魅力と個性にあふれ、テロワールがきれいに出ている。クロフトの看板が「アフロス」シリーズで、2004年以降、別の新しい醸造施設で造っている。

住所: Rua de Agrelos, 70, Padreiro (S. Salvador), 4970-500 Arcos de Valdevez
電話: +351 935 418 457　　**メール**: info@aphros-wine.com

ポルトガル　ドウロ
バゴ・デ・トゥーリガ（Bago de Touriga）

当主のジョアン・ロゼイラ（元キンタ・ド・インファンタードを経営）と、醸造家のルイス・ソアレス・ドゥアルテのコンビは、これまで、「グーヴャス・アンバー（Gouvyas Ambar）」2010の1ヴィンテージしか造っていないが、ドウロ初の現代的なオレンジワインと言える。長期スキンコンタクトは、白のポートワインで昔からある技術だが、このワイナリーでは、通常のスティルワインで使った。ブドウはラガールに入れて足で潰し、果皮をつけたまま12日発酵させる。これにより、骨太で重厚で複雑さを備えたワインになった。熟成して少しずつ頂点に近づき、酸化の風味がきれいに表れるだろう。次のヴィンテージは、2015年以降となる。

住所: Rua do Fundo Povo,5050-343 Poiares Vila Seca de Poiares　　**電話**: —
メール: bagodetouriga@gmail.com

ポルトガル　ダォン
ジョアン・タヴァレス・デ・ピナ・ワインズ（João Tavares de Pina Wines）

ダォン地方は、冷涼気候で造るエレガントな赤ワインが有名で、オレンジワインの話はほとんど聞かない。オレンジワインに情熱を燃やすジョアン・タヴァレスは、「ルフィア・オレンジ（Rufia Orange）」を2ヴィンテージ造った。これは、ジャンパル種（ワイン法上、ダォンのDOでは使用できないはず……）をメインにしたフィールドブレンドしたもの。2016年がこれから飲み頃を迎える今、売り切れたのは残念。次の2017年を試飲した筆者は、2016年より劣ると思ったが、2016年の時にも同様に感じたので期待したい。

住所: Quinta da Boavista,3550-057 Castelo De Penalva,Viseu
電話: +351 919 858 340　　**メール**: jtp@quintadaboavista.eu

訳注＊　　ブドウを足で踏み潰すための伝統的な圧搾槽）Quinta de Infantado については、
　　　　YouTube の紹介動画にステンレス製のラガールが映っている。

訳注＊＊　一つの畑で獲れる複数品種のブドウを混合醸造するワイン）

ポルトガル　リスボン

ヴァレ・ダ・カプシャ（Vale da Capucha）

ペドロ・マルケスは、とにかく自然に徹したワイン造りをする。2009年に家業のワイナリーを継いで以来、植替えるブドウ樹の選定から、スキンコンタクトに最適な品種選びまで、時間と手間を一切惜しまなかった。ソレラ方式で造る（訳注1）「ブランコ・エスペシアル（Branco Especial）」は、果皮発酵したアルバリーニョ、アリント、グーヴェイオのブレンドで、3年間じっと我慢した2018年、やっと瓶詰め。これが大成功した。ブドウ畑は、石灰岩とキンメリジャン土壌（訳注2）で、リスボンや大西洋岸に近い。

住所：Largo Eng˚ António Batalha Reis 2, 2565-781 Turcifal

電話：+351 912 302 289　　**メール**：spedro.marques@valedacapucha.com

訳注1　ソレラとは「床」の意。樽を何層にも積み重ね、1番下の樽のワインから順に瓶詰め。量が減った分を、下から2番目の樽より1番下の樽へ継ぎ足す。同様に上の樽から下の樽へ順にワインを継ぎ足していく製法。主に酒精強化ワインに用いる。

訳注2　ジュラ紀後期の石灰と粘土がまざった土壌。海底にあったため牡蠣など貝類が混ざりワインのミネラル感を生む　参考文献：ポルトガル語のしくみ《新版》市之瀬　敦　白水社

ポルトガル　テージョ

ウムス・ワインズ（Humus Wines）

醸造家ロドリゴ・フィリペが悩んだのは、一族が代々耕してきた「キンタ・ド・パソ」内の区画（9ヘクタール）に、白ブドウが少ないことだ。「クルティメンタ（ポルトガル語で果皮発酵）」でワインを造るため、黒ブドウのトゥーリガ・ナシオナルをブラン・ド・ノワール（黒ブドウをゆっくり絞って色を出さず、白ワインに仕立てること）として80％使い、残りの20％は、白ブドウのソーヴィニヨンとアリントを果皮のまま醸した。できたワインは素晴らしく、3カ月のマセレーションにより、深みと重厚さが出て、骨格が豊かになっただけでなく、フレッシュ感と愛らしい果実味も表れた。2017年以降、オレンジワインの種類を増やすらしく、要注目。

住所：Encosta da Quinta,Lda,Quinta do Paço,2500-346 Alvorninha

電話：+351 917 276 053　　**メール**：humuswines@gmail.com

ポルトガル　アレンテージョ

エルダデ・デ・サン・ミゲル（Herdade de São Miguel）

カザ・レウヴァス・グループの一部。大規模な当ワイナリーで、専門性の高いアート・テッラ（Art Terra）という銘柄で2種類のスキンコンタクトワインを醸造。アンフォラ・ブランコ（The Amphora Branco）は当地で試飲した中で最も納得のいくターリャ（訳注）製の白。約60日間スキンコンタクトした本物。ハーブ感に溢れ、土の香りの複雑さと、魅力的な骨格を持つ。アート・テッラ・クルティメンタ（The Art Terra Curtimenta）はそれに比べ8日間のスキンコンタクトでやや凡庸な感じ。料理との相性を知りたい人へ。ここのワインと合うのは「ドライフルーツ、イベリア料理のタパス、それに楽しい会話」だ。

住所：Apartado 60 7170-999 Redondo　　**電話**：+351 266 988 034

メール：info@herdadesaomiguel.com

訳注　ポルトガル製アンフォラ

ポルトガル　アレンテージョ

ジョゼ・デ・ソウザ（José de Sousa）/ ジョゼ・マリア・ダ・フォンセカ (José Maria da Fonseca)

1868年設立のワイナリー。アンフォラは衛生管理が面倒なので、醸造家が必ずしも歓迎しないが、流行に乗っているので醸造所には貴重な存在。稀少なタルハを114基揃え、今も使う。タルハで造ったワインは、通常のワインと一緒にブレンドするが、新しい「プーロ・タルハ（Puro Talha）」シリーズはブレンドしないので、伝統製法を味わえる。「タルハ・ブランコ（Talha Branco）」は、発酵を人工で制御せず2カ月スキンコンタクトさせる。その後、アンフォーラの口をオリーブ油で封印。酸化香、複雑味やフィーノのようなフレッシュ感ができる。

住所: Quinta da Bassaqueira-Estrada Nacional 10,2925-511 Vila Nogueira de Azeitão, Setúbal　**電話**: +351 266 502 729
メール: josedesousa@jmfonseca.pt

ポルトガル　アルガルヴェ

モンテ・ダ・カステレージャ（Monte da Casteleja）

フランスとポルトガルのハーフのギョーム・ルルーは、有名なワインがないこの地方に、本格的で地方色が出たワインを造りたいと思っていた。土着の伝統的なブドウだけで造った「ブランコ（Branco）」は、果皮と果梗を10日マセレーションさせて大成功する。ボディとグリップ感があり、しかも、果実味とフレッシュ感に富むワインになった。ワイナリー設立は2000年で、ブランコは2013年からこのスタイルで醸造する。ルルーは、ワイン醸造で有名なモンペリエ大学で学んだ。

住所: Cx Postal 3002-1,8600-317 Lagos　**電話**: +351 282 798 408
メール: admin@montecasteleja.com

スロヴァキア

　チェコスロヴァキアと離れ、1990年代中頃は混乱したワイン産業は、順調に復興している。大陸性気候の厳しい自然条件下にあり、ブドウは成熟しにくいが、隣接するチェコやポーランド同様、グリューナー・ヴェルトリーナーやヴェルシュリースリングに加え、病害に強いハイブリッド種や交配種も育てている。白ワインのマセラシオン製法に積極的に取り組む若手醸造家がストレコフ村周辺にじわじわ移ってきてグループができている。この地域のオレンジワインには鮮烈なハーブ系の香りがあり、これまで筆者が感じたことがない。これは品種本来の香りではなく、栽培や醸造過程に由来する可能性がある。急成長している自然派ワインの醸造家の熱意がひしひしと伝わり、今から10年後が楽しみである。

スロヴァキア 小カルパチア山地

ジヴェ・ヴィノ（Živé Víno）

ドゥーサンとアンドレイという将来が有望な第一世代の醸造家が立ち上げたワイナリー。花崗質の岩盤上にある2ヘクタールの畑を所有する。造るワインは、マセラシオンが10日の「ブラン（Blanc）」と、14日の「オランジ（Oranž）」で、変わった分け方をしている。後者は、ヴェルシュリースリング、トラミネール、グリューナー・ヴェルトリーナーの3種類をブレンドしたもので、よく出来た逸品。2人は、ジヴェ・ヴィナというオンラインショップも運営しており、他の地元生産者のワインも販売する。

住所: Prostredná 31,900 21 Svätý Jur **電話**: +421 903 253 929
メール: info@zivevino.sk

スロヴァキア ニトラ

スロボドネ・ヴィナルストヴォ（Slobodné Vinárstvo）

アグネス・ロヴェツカをリーダーとするチームは、耕作放棄地、ゼミアンスケ・サディ農場を復活させた。ここは、1992年にスロヴァキアがチェコスロヴァキアから分離して以来、手が入っていない。2010年以降、いろいろな自然派ワインを生産し、オレンジワインも多数あり。筆者の好みは、ピノ・グリ100％の「オランジスタ（Oranžista）」とデヴィン、グリューナー・ヴェルトリーナー、トラミネールで造る「デヴィネール（Deviner）」で、心が躍るハーブのニュアンスと果実味がある。同ワイナリーは、2014年ヴィンテージの「クーティス・ピラミッド（Cutis Pyramid）」の醸造用にクヴェヴリを2基買う。スペイン製とトスカーナ製のアンフォラも購入している。

住所: Hlavná 56, Zemianske Sady **電話**: +421 907 100030
メール: vinari@slobodnevinarstvo.sk

スロヴァキア 南スロヴァキア

ストレコフ 1075（Strekov 1075）

ツォルト・スートが所有するワイナリー。同ワイナリーの「ヘイオン（Heion）」は、小さいながらも熱意にあふれ、急成長するスロヴァキアのオレンジワインを象徴する。ヴェルシュリースリングを2週間マセラシオンさせたもので、この国特有の刺激感がある果実味としっかりした骨格がある。ワイナリー名は、ワイナリーがあるストレコフ村が、初めて文書に表れたのが1075年であることに由来。スロヴァキアのワインの中心地として相応しい名前である。

住所: Hlavná ul. č.1075,941 37 Strekov **電話**: +421 905 649 615
メール: info@strekov1075.sk

スロヴェニア

　世界のオレンジワインの心臓部。マセラシオンさせた白ワインに心血を注ぐ家族経営の独立系ワイナリーが非常に多く、現在も増えている。同国のワイン愛好家の大半が、依然、オレンジワインに関心を見せないのは、壮大な皮肉だが、スロヴェニアが損をする分、残りの世界が得をする。

　ゴリシュカ・ブルダは、オレンジワインの優れた生産者が世界で最も密集している地である。同地には、レブラ（リボッラ・ジャッラのスロヴェニア名）を醸してきた長い伝統があるが、ヴィパーヴァも負けてはいない。カルストとスロヴェニア側のイストラ半島^(訳注)は風光明媚な地で、もっと注目されてよい。両方とも、秀逸なワインを産する。これまで、自然派ワインやオレンジワインの愛飲家は、スロヴェニアの東半分には注目しなかったが、今後、確実に進展する。

　スロヴェニア政府は、やっとオレンジワインの市場価値が分かってきた。同国のワイン産業は共産主義時代、低品質のワインを大量に造る国の方針により停滞したが、現在、復興のさなかにある。その好例が、数々の催し物で、毎年4月、海沿いの美しい町、イゾラで開催する「オレンジワイン・フェスティバル」、イタリアとスロヴェニアの生産者が一堂に会する「ボーダー・ワイン」、ブルダ観光協会が主催する恒例の「レブラ・マスタークラス」などがある。

スロヴェニア　ブルダ
アトリエ・クラマー（Atelier Kramar）

マトヤシュ・クラマーが2004年に設立した5ヘクタールのワイナリー。当主は、コバリードにある著名なスロヴェニア料理レストラン「ヒサ・フランコ」のソムリエ兼共同経営者、ヴァルテル・クラマーの兄。この醸造所の魅力は、シンプルでスタイリッシュなラベルに表れている。マトヤシュ・クラマーと、パートナーのカトヤ・ディステルバルトには美術の素養があり、このラベルとなった。2人は2014年から白ワインのマセラシオンを開始。マセラシオンを3～5日かけた「レブラ」には品種の特徴がきれいに出ており、しっかりした骨格もある。それに比べると「フリウラーノ」は物足りない。

住所：Barbana 12 5212, Dobrovo　　**電話**：+386 313 91575
メール：info@atelier-kramar.si

訳注　イストラ半島はスロヴェニア・イタリア・クロアチアの3カ国にまたがる

スロヴェニア　ブルダ
ブラヅィチ（Blažič）

ボルト・ブラジッチとシモーナ・ブラジッチが運営するワイナリー。上質で、典型的なマセラシオンワインを造る。第二次世界大戦後に国境線を引き直し、畑がイタリアとスロヴェニアの両方に跨る。イタリアのコルモンスという自治体のゼグラ地区に同名のワイナリーがあるが、こちらは従来型のワインを造るので別物。ブラヅィチでは、ワインがラベルで分かるようになっている。黒ラベルがマセラシオンしたもので、上下にオレンジの線を加えたものが上級版。レブラは極上で、白をブレンドした「ブラーシュ・ベロ（Blaž Belo）」のシリーズもよい。

住所: Plešivo 30, 5212 Dobrovo　　**電話**: +386 530 45445
メール: vina.blazic@siol.net

スロヴェニア　ブルダ
ブランドゥリン（Brandulin）

小規模なワイナリー（5ヘクタール）で、畑はゴリツィア付近でイタリアの国境にまたがる。ボリス・ブランドゥリンがワインをボトルに詰めて販売を始めたのは1994年（それ以前は、ブドウを地元ブルダの共同貯蔵庫に販売していた）、2000年から、従来より長期のマセラシオンで白ワインを造る。「レブラ」は3週間マセラシオンさせ、白のブレンド「ベロ（Belo）」も同様。傑出したブルダ産のオレンジワインの見本。知名度が上がってしかるべき。

住所: Plešivo 4,5212 Dobrovo v Brdih　　**電話**: +386 5 3042139
メール: brandulin@amis.net

スロヴェニア　ブルダ
エルゼティッチ（Erzetič）

アンフォラに熱い思いを持つ家族経営の老舗ワイナリー。2007年、現在の広いワイナリーに移転し、小型のクヴェヴリを置けるようになった。クヴェヴリでいろいろな種類のワインを造る。オレンジワインには、「ピノ・グリ」と、白のブレンド（レブラと、ごく少量のピノ・ブラン）があり、両方ともおすすめしたい。アンフォラ型のボトルに入れて市販しており、昔は面白いアイデアだったが、やめたほうがいいと思う。従来型の白ワインに近いものも造っており、こちらは従来型のボトルに入れている。

住所: Višnjevik 25a, Dobrovo　　**電話**: +386 516 43114
メール: martin.erzetic@gmail.com

（訳注）コルモンスは、イタリア、フリウリ・ヴェネツィア・ジュリア州内のコムーネ（基礎自治体）の一つ、うちゼグラはスロヴェニアとの国境に近い地域にある。

スロヴェニア　ブルダ
カバイ（Kabaj）

パリで生まれ育ったジャン・ミシェル・モレルは、1989年、カバイ家に婿入りする。1993年から、同ワイナリーのワイン造りをしっかり支える。過去、フリウリの名門醸造所、ボルゴ・コンヴェンティで勤務した経験あり。定番の「レブラ（Rebula）」は30日マセラシオンさせる。他のワインは、ほとんどが24時間の短期マセラシオン後、バリックで1年間樽熟させる。2008年から、モレルはアンフォラで白のブレンドも造っており、ジョージア製の大きなクヴェヴリ1基を使い、発酵・熟成させる。出来にはばらつきがあるが、素晴らしいワインもできる。一家は、レストランと宿泊施設も経営。

住所：Šlovrenc 4,5212 Dobrovo　　**電話**：+386 539 59560
メール：info@kabaj.si

スロヴェニア　ブルダ
クリネッツ（Klinec）

メダナ村、ブルダの丘の絶景にある老舗ワイナリー。レストランも併設。当主、アレックス・クリネッツは2005年からマセラシオンさせた白ワイン（と赤も少々）に特化。クリネッツによると、「スロヴェニアの市場を全部失ったが、これまでよりテロワールがはっきり出て、本格的になった」。ワインは、オーク、アカシア、マルベリー、チェリーのいずれかの樽で3年間寝かせた後、ステンレス槽で澱引きして瓶詰めする。緻密さと純度の高さは群を抜く。単一品種のワインは全て素晴らしいが、中でも、ブレンドの「オルトドック（Ortodox）」が出色の出来で、金メダルもの。ビオディナミ農法（認証未取得）。

住所：Medana 20,5212 Dobrovo v Brdih　　**電話**：+386 539 59409
メール：klinec@klinec.si

スロヴェニア　ブルダ
クメティヤ・シュテッカー（Kmetija Štekar）

ヤンコ・シュテッカーとタマラ・ルークマンが当主。ブドウ栽培とワイン醸造に対するこのワイナリーの基本姿勢を知りたければ、2人が主催する農業体験ツアーに参加して、ブルダの丘でゆったり過ごすとよい。ワインは、シンプルで自然な方法で醸造し、亜硫酸の添加は場合による。「レブラ（Rebula）」は秀逸で1カ月スキンコンタクトさせる。特筆すべきは「ル・ピコ（Re　Piko）」で、マセラシオンした極上のリースリング。ヤンコいわく「ある時点で、自分が好きなものが好きな人のためにワインを造るか、市場が求めるワインを造るか、決めねばならない」。ヤンコは、前者を選んだ。

住所：Snežatno 31a,5211 Kojsko　　**電話**：+386 40 221 413
メール：janko@kmetijastekar.si

スロヴェニア　ブルダ

マルヤン・シムチッチ（Marjan Simčič）

マルヤン・シムチッチが運営するワイナリーで、モヴィアの醸造所の真向かいに位置する。18ヘクタールの畑は、モヴィア同様、イタリアとスロヴェニアの国境をまたぐ。マルヤンは5代目だが、ボトルに詰めたのはマルヤンが最初で、1988年から。ワインは、軽快でフレッシュ感にあふれるものから、一部をマセラシオンさせた「セレクション（Selection）」シリーズ、2008年からグラン・クリュの「オポカ・クリュ（Opoka Cru）」シリーズまで、幅広い。数日マセラシオンさせた「レブラ」が出色。

住所：Ceglo 3b,5212 Dobrovo　　電話：+386 5 39 59 200
メール：info@simcic.si

スロヴェニア　ブルダ

モヴィア（Movia）

天才にして狂人、アレス・クリスタンチッチのワイナリー。クリスタンチッチのエネルギーと情熱はとどまることがない。天才か狂人かは不明だが、素晴らしい腕はワインに出ている。古くからある醸造所で（アレスは8代目）、22ヘクタールの畑はイタリアの国境をまたぐ。「ルナー（Lunar）」シリーズは、月の満ち欠けに合わせて収穫、瓶詰めし、亜硫酸無添加の逸品。10年以上寝かせて抜栓したい。このワイナリーでは、長期マセラシオンと温度管理を絶妙に操り、若々しい香りに富み、フレッシュ感を出しており、どれも絶品。。

住所：Ceglo 18,5212 dobrovo　　電話：+386 5 395 95 10
メール：movia@siol.net

スロヴェニア　ブルダ

ナンド（Nando）

アンドレイ・クリスタンチッチの醸造所。これも国境をまたぎ、5.5ヘクタールの畑は、書類上、大半がイタリアに属す。有機農法（認証未取得）。人手を入れずに醸造し、自然発酵、無濾過で造る。青ラベルシリーズは、若いうちに出荷、ステンレス槽でのみ醸造。黒ラベルは長期マセラシオン（レブラでは最長40日）し、500リットルのスラヴォニア（クロアチア東部）製のオーク樽で熟成させる。これは絶品で、ブルダ産オレンジワインの好例。。

住所：Plesivo 20 5212 Dobrovo Brda　　電話：+386 40 799 471
メール：nando@amis.net

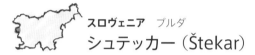

スロヴェニア　ブルダ
スチューレック（Ščurek）

当ワイナリーは、オレンジワインに注力していないが、レブラ（2つのワインにブレンドする）を樽でマセレーション発酵させる。除梗あり・なしの2つがあり、除梗しない全房発酵が興味深い。マセラシオンの風味を残し、タンニンの強いこの品種から渋味成分が過度に出ないようにしている。このワイナリーは訪問の価値があり、丘の頂上から絶景を望めるだけでなく、地元の美術家が不定期に画展を開く。

住所: Pleišivo 44,Medana,5212 Dobrovo　　電話: +386(0) 5 30 45 021
メール: scurek.stojan@siol.net

スロヴェニア　ブルダ
シュテッカー（Štekar）

本ワイナリーの醸造家、ユーレは、ヤンコ・シュテッカーの甥。ユーレのワインも「シュテッカー」名でリリースしているので、消費者には紛らわしいが、どちらを飲んでも絶品。ユーレは2012年、父、ローマンから当地を引き継ぎ、「リューベゼン・ナ・デジェリ（故郷で恋愛）」というテレビの出会い系番組に出演し、一時、地元で有名人になる。番組では恋愛は成就しなかったが、何度もの破局を経て有名シェフの孫娘と結婚した。「フリウラーノ」は、1週間マセラシオンさせる。野心作、「レブラ・フィリップ（Rebula Filip）」は息子に捧げるワインで6カ月間のマセラシオン。どちらも素晴らしい。

住所: Snežatno 26a,5211 Kojsko　　電話: +386 40 416 399
メール: info@stekar.si

スロヴェニア　ブルダ
UOU（ウォウ）

耕作放棄地を復興させてワインを造る異色のワイナリー。畑の耕作に使う牛の苦役をしのび、スロヴェニア語で牛を意味する「vol（発音はウォウ）」からの命名（2つのUは、牛の4本の足を表す）。ラベルは牛の頭と鼻輪をデザインする。当主のマリンコ・ピンターは、本業は半引退状態にあり、スロヴェニアのオレンジワインに情熱を注ぐ。高齢の母が住むノヴァ・ゴリツィアの実家の裏庭にある零細醸造施設でワインを造り、年間生産本数1000本。主にレブラとマルヴァジアを使い、上質で典型的なオレンジワインを造る。UOUは友人と立ち上げ、耕作放棄地を見つけ、高齢化で働けない地主を探してブドウ栽培とワイン醸造の許可をもらう。ワインは一般販売せず、友人や家族で分配する。

住所: Cesta IX. korpusa 96F, 5250 Solkan, Slovenija　　電話: +386 41 620 291
メール: info@uou.si

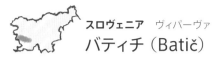 スロヴェニア　ヴィパーヴァ

バティチ（Batič）

前当主、イワン・バティチは1970年代、ワインを訪問販売してこの名門ワイナリーの基礎を築いた。現在、カリスマ性のある息子のミハが運営する。1989年にワイン造りを一新。古来の品種を復活させ、人手を極力加えない製法に回帰した。イワンの飲み友達、ラディコン、グラヴネル、エディ・カンテの影響を受けたのだろう。白ワインはスキンコンタクトさせる。「ザリア（Zaria）」や「エンジェル（Angel）」の古いヴィンテージでは、最長35日醸す。ザリアは7品種のブレンドで、筆者が最も薦めるのがこれ。出来がよいと、電気が走るような衝撃を感じる。複雑さがあり、骨格がしっかりしており、純度も高い。

住所：Šempas 130,5261 Šempas　　**電話**：+386 5 3088 676
メール：info@batici.si

 スロヴェニア　ヴィパーヴァ

ブルヤ（Burja）

プリモシュ・ラヴレンチッチは、家族が経営するワイナリー、「ストル」を兄と共同で経営していたが、方針が合わず、2001年に関係を解消してブルヤを立ち上げた。ラヴレンチッチは「19世紀にこだわりたい」と言っており、ブドウの栽培、ワインの醸造のほぼ全てを手作業でこなす。新築のワイナリーには卵型コンクリートタンクが並び、数が増えるのが嬉しいらしい。7日マセラシオンさせる「ブルヤ・ブレンド（The Burja Blend）」は、ヴィンテージによらず、質が安定して高い。新しくリリースした「ストラニース（Stranice）」は単一畑のキュヴェで、コンクリート槽だけで発酵し、12日マセラシオンさせる。スパイス感とエレガントさを併せ持ち、非常に質が高い。

住所：Orehovica 46, Si-5272 Podnanos, Slovenia　　**電話**：+386 41 363 272
メール：info@burjaestate.com

 スロヴェニア　ヴィパーヴァ

ゲリラ（Guerila）

ピネラ、ゼレンなど、土着品種にこだわる優れたワイナリーで、当主はズマーゴ・ペトリッチ。スキンコンタクトはピネラもゼレンも1日のみだが、どちらも素晴らしい。オレンジワインの主要品種、レブラは、14日マセラシオンさせ、品種特有の渋み、蜂蜜の風味、エレガントさを感じる逸品。レブラ、ゼレン、ピネラ、マルヴァジアをブレンドした「レトロ（Retro）」は、伝統手法で4日マセラシオンさせる。ペトリッチの一族は、代々ワインを造ってきた歴史があるが、ゲリラのブランド名は2005年から使う。ラベルは大胆で奇抜。

住所：Planina 111, 5270 Ajdovščina
電話：+386 516 60265　　**メール**：martin.gruzovin@guerila.si

 スロヴェニア　ヴィパーヴァ
JNK

才媛、クリスティーナ・メルヴィッチは、バティチから至近距離にあるこの微小ワイナリー（年産8000～1万本）を父イワンから引き継ぐ。クリスティーナは、祖父や曽祖父のやり方にならい、伝統的なマセラシオンワインの製法に回帰する（同ワイナリーでは、1990年代後半の短期間、従来型の白ワインを造っていた）。2週間マセラシオンした「レブラ」、4日の「シャルドネ」は、複雑でエレガントで非常に質が高い。この2つとも5年から10年熟成させて出荷する。クリスティーナによると、「これだけ寝かせると、ワインが頂点に達し本来の姿を見せる」。なお、JNKは、ワイナリーの創設者（クリスティーナの曽祖父、イワン・メルヴィッチ）の家族間のあだ名に由来するらしい。

住所：Šempas 57/c, 5261 Šempas　　**電話**：++386 (0)5 30 88 693
メール：info@jnk.si

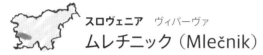 スロヴェニア　ヴィパーヴァ
ムレチニック（Mlečnik）

当主、ヴァルテル・ムレチニックのワイン造りの基本は、無駄を削ぎ落とし必要最小限に凝縮させることである。1980年代後半と1990前半、ヨスコ・グラヴネルから薫陶を受け、白ワインの伝統的な醸造とスキンコンタクトに開眼する。しかし、ムレチニックと息子のクレメンは、ヴィパーヴァ地域の伝統に厳密に従うことには慎重で、スキンコンタクトの期間はかなり短い（3日～6日）。2015年以来、ワイナリーにある「機械」は、旧式のバスケットプレスのみ。「アナ・キュヴェ（Ana Cuvée）」は、エレガントで、抑制が効き、非常に美しく、オレンジワインの傑作。

住所：Bukovica 31,5293 Volǎja Draga　　**電話**：+386 5 395 53 23
メール：v.mlecnik@gmail.com

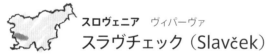 スロヴェニア　ヴィパーヴァ
スラヴチェック（Slavček）

フランツ・ヴォドピーヴェッツが所有するワイナリーで、ヘクタールの畑を持つ。あのダリオ・プリンチッチからの評価が高いとの内部情報あり。フランツには、イタリアのカルソ地方にある同姓の名門、パオロ・ヴォドピーヴェッツほど、国際的な知名度はないが、5日マセラシオンさせた「レブラ（Rebula）」は、フレッシュ感とクリーミーさがあり、同じレブラで造るブルダ地方のワインとは一線を画 す。イタリアの自然派ワイン団体、トリプルAの認定取得済。

住所：Potok pri Dornberku 29,5294 Dornberk　　**電話**：+386 5 30 18 745
メール：kmetija@slavcek.si

（訳注）パオロ・ヴォドピーヴェッツ　P.250参照

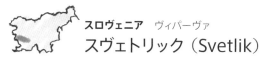

スロヴェニア　ヴィパーヴァ
スヴェトリック（Svetlik）

エドヴァルト・スヴェトリックは、レブラに絞ってワインを造っている。スヴェトリックによると、「初めてブドウを植えたのが2000年で、レブラでした。2005年にレブラで初めてマセラシオンさせたワインを造り、それを飲んでレブラに決めたのです。深く知るほど、マセラシオンの女王だと思います」。レブラでオレンジワインを造る企画は、当初、畑の区画名を取り「グレース（Grace）」と呼んだ。ワインは通常、2週間、果皮を付けたまま発酵させ、「レブラ・セレクション（Rebula Selection）」では、500リットルの樽に入れ、長期熟成させる。よく出来たワインだが、ヴィンテージによっては樽香が気になる。

住所: Posestvo Svetlik, Kamnje 42b,5263 Dobravlje　　**電話**: +386 5 37 25 100
メール: edvard@svetlik-wine.com

スロヴェニア　カルスト
チョタール（Čotar）

当主のブランコ・チョタールには、不思議な雰囲気がある。ブランコが初めて醸して白ワインを造ったのは1974年で、以降、父の技術は途切れることなく息子のヴァスヤが継ぐ。当初、家族で経営するレストランの片手間にワインを造っていたが、1997年に本業にする。「ヴィトヴスカ（Vitovska）」は、酸が強くシャブリのような火打石の香りがあり、品種の特徴がよく出ている。「マルヴァジア（Malvazija）」は重厚だが、10年から15年熟成させるとエレガントになる。ワインは亜硫酸無添加で、通常、7日スキンコンタクトさせる。

住所: Gorjansko 4a, Si-6223 Komen　　**電話**: +386 41 870 274
メール: vasjacot@amis.net

スロヴェニア　カルスト
クラビアン（Klabjan）

ウロシュ・クラビアンは、人間的に素晴らしく上質のワインを造るが、国際的な知名度はなぜか低い。スロヴェニア側のカルスト地方の石だらけの斜面で栽培するマルヴァージアは、純度が高く、品種の特徴が出ており極めて質の高いブドウ。きちんと長期マセラシオンさせると、凝縮感があり、エレガントで、しっかりした骨格があり、存在感のあるワインになる。「白ラベル」シリーズは、マセラシオンの期間が短く、若くてフレッシュ感に富む。「黒ラベル」シリーズは、オークの大樽で熟成させる。「マルヴァージア 黒ラベル（Malvazija Black Label）」は、約1週間マセラシオンさせる。

住所: Klabjanosp 80a,6000 Koper　　**電話**: +386 41 735 348
メール: uros.klabjan@siol.net

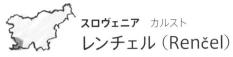 **スロヴェニア** カルスト
レンチェル（Renčel）

ヨスコ・レンチェルは無口だが、無表情でブラック・ジョークを言う。白ワインは、全てスキンコンタクトさせる（期間は数日から数週間まで）。1991年、ワイナリーを法人化し、最近、娘婿のジガ・フェルレシュも経営に加わる。「キュヴェ・ヴィンセント（Cuvée Vincent）」は素晴らしいワインで、優良年なら優に10年以上熟成する。水分を飛ばしたブドウから2種類のワインを造り、「オレンジ（orange）」「スーパー・オレンジ（super orange）」という「そのままの名前」を付けた。ヨスコによると、「グラヴネルはラベルにオレンジ色で『Anfora』と印刷しただろ（訳注：2001年から2006年まで）。オレのバージョンがこれだ」。400リットルのクヴェヴリで試験的に造るワインも今のところ順調。

住所：Dutovlje 24,6221 Dutovlje　　**電話**：+386 31 370 561
メール：rencelwine@gmail.com

 **スロヴェニア** カルスト
シュテンベルゲル（Štemberger）

レブラ、ウェルシュリースリング、ソーヴィニヨン・ブラン、シャルドネを果皮ごと醸し、良質なワインを造る老舗醸造家。ワインは、繊細で軽快さがあり、石が多いテロワールが出ている。醸す期間は6日～12日で、カルスト地方にしては長め。シャルドネには当地方のテロワールはそれほど出ていないが、筆者は特に薦めたい。

住所：Na žago 1, 8310 Šentjernej　　**電話**：+386 41 824 116
メール：gregor.stemberger@gmail.com

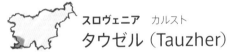 **スロヴェニア** カルスト
タウゼル（Tauzher）

エミール・タウチャル（Tavčar）は、同じ村に多い「タウチャル姓のワイナリー」と差別化するため、ワイナリー名をドイツ語の昔の姓、タウゼルとする。「マルヴァジア（Malvazija）」と、土着品種で造る「ヴィトヴスカ（Vitovska）」は同地の伝統的醸造法に従い、醸し期間は3日前後と短い。カルスト地方のワインにしては非常に豊潤でボディーに富む。年産は、わずか1万本と微量。

住所：Kreplje 3, 6221 Dutovlje　　**電話**：+386 5 764 04 84
メール：emil.tavcar@siol.net

スロヴェニア　イストラ

ゴルディア（Gordia）

当主、アンドレイ・ツェップは人懐っこく、思ったままを口にする。シェフとして20年働いた後、2012年、再度、ワインを造ることにする。レストランとワイナリーは、アドリア海を望む美しい丘にある。ワインは非常によく出来ており、マルヴァジアと白ブドウのブレンドを超長期マセラシオンさせる。畑では、丁寧にブドウを育てており、開業時から有機栽培の認証を取る。ワインは、濁りとクセのあるペット・ナット（無添加スパークリング）から、赤まで造っており、全て飲み口がよい。アンドレイは、現在、2016年に建てた醸造所に情熱を注いでいる。ここには小型のクヴェヴリがあり、非常に有望なワインができる。

住所: Kolomban 13, 6280 Ankaran　　**電話**: +386 41 806 645
メール: vino@gordia.si

スロヴェニア　イストラ

コレニカ＆モシュコン（Korenika ＆ Moškon）

アドリア海に近いイゾラ村のそばにあるワイナリー。22ヘクタールの畑を有する。ビオディナミの認証機関、デメテールの認証済み。マルヴァジア、シャルドネ、ピノ・グリを醸して発酵し、6年前後樽熟成させてから出荷する。マセラシオンの期間は14～30日で、かなり長い。「スルネ・キュヴェ（Sulne Cuvée）」はこの3つの品種をブレンドしたもので、ヴィンテージによっては非常によい（2003年、2005年など）が、最近のヴィンテージにはやや感動に欠ける。フレッシュ感がある若い白も造る。

住所: Korte 115B/C, 6310 Izola　　**電話**: +386 41 607 819
メール: infokorenikamoskon@siol.net

スロヴェニア　イストラ

ロヤッツ（Rojac）

当主のウロシュ・ロヤッツは、赤ワインの生産者を自負するが、醸した3種類の白は素晴らしく、是非、試飲してほしい。典型的な超長期スキンコンタクト（マルヴァジアで最長60日間。2010年からはクヴェヴリで一部を発酵させる）。ボディが大きく、複雑なワインだが、イストラ地方に特徴的なフレッシュ感と塩味もある。

住所: Gažon 63a, SI-6274 Šmarje　　**電話**: +386 820 59 326
メール: wine@rojac.eu

（訳注）自然派微発泡ワイン、ペティアン・ナチュレル（petillant naturel）の略。ブドウの糖分が発酵する前に瓶詰めし瓶内発酵する、メトード・アンセストラルと呼ばれる製法で造るワイン。

スロヴェニア　シュタイエルスカ

アツィ・ウルバイス（Aci Urbajs）

当主のアツィは、スロヴェニアのオレンジワインのアイコン的存在。また、シュタイエルスカ地方で最初にビオディナミを導入し、リーダー的な存在である。1999年にデメテールの認証を取得。シャルドネ、ヴェルシュリースリング、ケルナーをブレンドした「オーガニック・アナーキー・キュヴェ（Organic Anarchy cuvée）」は、自然派ワインの高度な醸造技術を駆使した逸品で、亜硫酸無添加。「オーガニック・アナーキー・ピノ・グリージョ（Organic Anarchy Pinot Grigio）」は、スパイスのニュアンスがあり、筆者好み。スキンコンタクトの期間は、どちらも2週間前後。2つとも、どのように熟成するか予想は難しいが、熟成の頂点でコルクを抜くと、極上の味わい。ワイナリーがあるリフニックは辺境の地にあり、考古学的に貴重な遺跡が多数ある。

住所: Rifnik 44b,3230 Šentjur　　**電話**: +386 41 786 428
メール: aci.urbajs@amis.net

 スロヴェニア　シュタイエルスカ

バルトル（Bartol）

当主のラストコ・テメントは、大手ワイナリーの現役醸造技術者で、オレンジワインは趣味で造っている。本ワイナリーは、ミュスカやトラミネールなど、芳香系の品種に特化しており、2006年から超々長期マセラシオンさせる。「ルメニ・ミュスカ（Rumeni Muskat）2009」と「ソーヴィニヨン（Sauvignon）2011」は、4年間スキンコンタクトしている。テメントは、超々長期スキンコンタクトで出るニュアンスが好みらしいが、筆者には、スキンコンタクトが数カ月のものとの違いが分からない。ワインは、大きなフレッシュ感があり、奥行きが深く、エネルギーに富む。

住所: Bresnica 85,2273 Podgorci　　**電話**: —
メール: vino@bartol.si

 スロヴェニア　シュタイエルスカ

デュカル（Ducal）

ミトゥヤ・ロ・ドゥカと、妻のヨジ・ラ・ドゥカが経営するワイナリー。辺境のトレンタ渓谷（トリグラウ国立公園の東端）にあり、軽くマセラシオンさせた軽快で上質のワインを造る。ヴェルシュリースリングとライン・リースリングの醸し期間はともに3日で、後者には、醸したリースリングの特徴が明確に出ている。こんなリースリングは非常に稀少なので、特に薦めたい。本ワイナリーでは、宿泊型農業体験ツアーも実施。最近、アンフォラを設置したが、筆者は、できたワインをまだ試飲していない。

住所: Kekčeva domačija, Trenta 76,5232 Soša　　**電話**: +386 41 413 087
メール: info@ducal.co

スロヴェニア　シュタイエルスカ

ゾルヤン（Zorjan）

ボジダル・ゾルヤンとマリヤ・ゾルヤンの兄弟が1980年に両親から継いだワイナリー。シュタイエルスカ地方で早くから有機農法を導入し、後にビオディナミも取り入れる。1995年、クロアチア製の小型アンフォラで試行を重ね、現在、ジョージア製のクヴェヴリを屋外に埋めて醸造する。ボジダルによると、「宇宙の神秘的な力がブドウがワインに変える。だからこそ、力に満ち、比類なきワインが生まれる。自我を抱えた人間はただ見守るだけでよい」。ワインによっては、出荷前に長期間、熟成させる場合もある。同ワイナリーの最上位のワインとして、アンフォラで発酵させた芳香系の「ミュスカ・オットネル（Muskat Ottonel）」と、木製樽発酵の「レンスキー・リースリング（Rensk iRizling）」がある。新しく、アンフォラで醸造した「ドリウム（Dolium）」が加わった。

住所: Tinjska Gora 90,2316 Zgornja Ložnica　　**電話**: +386 2 81 84 445
メール: bozidar.zorjan@siol.net

スロヴェニア　南シュタイエルスカ

ケルティス（Keltis）

マリヤン・ケルハルと息子のミハ・ケルハルが運営するワイナリー。クロアチアとの国境近くにあり、かつてのオーストリア領だった下シュタイアーマルクに位置する。醸した白ワインを飲んだミハが衝撃を受け、2009年から自分たちもマセラシオンで醸造する。「キュヴェ・エクストリーム（Cuvée Extreme）」は、2カ月スキンコンタクトさせた逸品で、複雑な味わい。「シャルドネ（Cヘクタールrdonnay）」と「ピノ・グリ（Pinot　Gris）」も、数週間マセラシオンさせる。当ワイナリーは、過去5年の有機農法の実績があり、本書執筆中に認証取得予定（訳注：翻訳時、認証取得は確認できず）。

住所: Vrhovnica 5, 8259 Bizeljsko　　**電話**: +386 31 553 353
メール: keltis@siol.net

南アフリカ

　南アのワイン生産の中心地、西ケープ州では、クレイグ・ホーキンスが中心に醸し醸造を進めており、少しずつだが、スキンコンタクトさせる生産者が増えている。同州のオレンジワインの中心がスワートランド地区で、新しい技術に意欲を見せる。また、ステレンボッシュ地区でも個性的なワインを造っている。ホーキンスが最初に試作したオレンジワインは、「ワイン＆スピリッツ常任委員会（WSB：ワインの格付けとラベル記載事項を監督）」の規定を満足せず、輸出許可が下りなかった（最大の原因は、濁りがあること）。小さいながらも、ホーキンスや他のオレンジワインの生産者が団体で陳情し、2015年、果皮発酵の白ワインが認定を受けた（おそらく世界初）。

　西ケープ州の新鋭生産者は、灌漑をしない乾地農法、サステイナブル（環境保全）な農業、早期収穫など、世界中の新しい技術を取り入れ、南アでも、フレッシュ感、活力、凝縮感のあるワインができることを示した。

南アフリカ　スワートランド
インテレゴ（Intellego）

当主のヤルゲン・ガウズは、クレイグ・ホーキンスの元同僚で弟子。畑も醸造施設も持たないが、繊細で精緻なワインを造り、カルト的な人気を誇る。有機栽培と乾燥農業（旱魃が深刻な西ケープ州で期待の農法）に傾倒しており、個人で畑を借り、シュナン・ブランや、ローヌ地方の品種（ヴィオニエやマルサンヌなど）を育てる。シュナン・ブランを13日スキンコンタクトさせた「エレメンティス（Elementis）」は、当ワイナリーの人気ワインで、フレッシュ感のあるスパイスを感じる。醸造室の樽の天板には、中のワインのデータをチョークで書くのが普通だが、ヤルゲンは好きな音楽の曲名や人名が書いてある。ヤルゲンによると、「ワインは、フィルターをかけず、瓶詰めします。瓶詰めが終わったら、ジン・トニックを飲みに行きます」。

住所：c/o Annexkloof winery, Malmesbury　　**電話**：―
メール：jurgen@intellegowines.co.za

南アフリカ　スワートランド
テスタロンガ（Testalonga）

クレイグ・ホーキンスは、自然派ワイナリーの名門、ラムズフックで醸造責任者だった頃から、スワートランドの若い小規模生産者のリーダー的存在だったが、2005年、突然、ラムズフックを辞める。現在、スワートランドの北端に畑を所有。他の地方では普通だが西ケープ州では珍しい品種を育て、10年間研究してきた醸し醸造でワインを造る。ホーキンスのワインは、酸味が強く引き締まっている。愛好家が幅広く好むワインではないが、驚異的な力があり、熟成を経て華麗なワインになる。シュナン・ブランを果皮発酵させた「エル・バンティート（El Bandito）」、ハールシュレヴェリューを19日スキンコンタクトさせた「マンガリッツァ・パート・ツー（Mangaliza part II）」が筆者の好み。

住所：Po Box 571, Piketberg, Swartland　　**電話**：+27 726 016475
メール：elbandito@testalonga.com

南アフリカ ステレンボッシュ
クラヴァン・ワイン（Craven Wines）

オーストラリア出身のミック・クラヴァンと、地元ステレンボッシュのジャニーヌ・クラヴァン夫妻は、ソノマを中心に数年ワイン造りを修行し、2011年、現在の地にワイナリーを構える。友人のクレイグ・ホーキンスから大きな影響を受け、クレレットの貴重な古木から取れたブドウの50%をスキンコンタクトさせ、きめ細かいテクスチャーを出す。できたワインは、評判の良くないこの品種の良い面をうまく切り出した逸品て、刺激に富み、喉の渇きを癒す。試験的に果皮発酵させたピノグリは、一般的に販売する予定はなかったが、いきなり同ワイナリーのベストセラーとなる。よく出来たワインで、売れるのも納得する。

住所：－　　**電話**：+27 727 012 723
メール：mick@cravenwines.com

スペイン

　オレンジワインの痕跡を示す遺跡がスペイン全土に残っている。カタルーニャ地方には、伝統的なブリザト（白ブドウの果皮発酵を意味する古代カタルーニャ語）があり、昔は全域でアンフォラを使用していたはずだが、今は生産する地区もワイナリーもない。地中海沿岸地方では、大昔から白ブドウを果皮発酵してきた。スペインで、白黒ブドウをフィールドブレンドせず白ブドウだけでワインを造るようになっても、オレンジワインを瓶詰めするようになったのは21世紀に入ってからだ。スペイン全土で、宝石のように美しい果皮発酵のワインをたくさん造っているが、イタリア、スロヴェニア、ジョージアのレベルには届かない。

　しかし、スペインはアンフォラ市場を独占している。スペインで造る陶製の壺、ティナハは小さいため、運搬、設置、輸入が簡単で、ヨーロッパの多数のワイナリー、例えば、COS、エリザベッタ・フォラドーリ、フランク・コーネリッセンが使う。COSやフォラドーリで働いたジョアン・パディーアは、スペインのトップのティナハ職人として評価が高い。

スペイン ガリシア
ダテーラ（Daterra）

背が高くドレッドヘアーのローラ・ロレンゾは、ガリシアの辺境の地で、土地の伝統に縛られないワイン造りで異才を放つ。ドミニオ・ド・ビベイで、ブドウの栽培とワインの醸造技術を学び、2013年、自身のワイナリーを立ち上げる。畑は、昔購入したもので、貴重な古木が残っている。ダテーラでは。2種類の醸しワインを造る。「ゲヴェラ・デ・ヴィラ（Gevela de Vila）」は、パロミノ100%で、混植した古木から、手間をかけてパロミノだけを収穫する。「エレア・デ・ヴィラ（Erea de Vila）」は、同じ畑の残りのブドウをフィールドブレンドしたもの。パロミノは特徴に欠けるとして、スペインでは酒精強化してシェリーにするが、ここでは単体で素晴らしいワインを造る。

住所：Travesa do Medio, 32781 Manzaneda, Galicia　　**電話**：+34 661 28 18 23
メール：laura@daterra.org

スペイン　ペネデス
ルシャレル（Loxarel）

ジョセップ・ミシャンは、1985年に本ワイナリーを立ち上げた。初ヴィテージの1985年は、チャレロでちょうど1000リットルのワインを造った。「ア・パル・ブランコ（A Pèl Blanco）」は、同じチャレロをアンフォラで醸造（醸し発酵）させたもので、力強く、素朴な風味がある。果皮と一緒に5、6週間発酵させた後、澱引きして、同じ720リットルのティナハに入れ、一部の果皮と5カ月スキンコンタクトさせる。清澄も濾過もせず、亜硫酸も無添加。

住所：Masia Can Mayol, 08735 Vilobi del Penedes　　**電話**：+34 93 897 80 01
メール：loxarel@loxarel.com

スペイン　プリオラート
テロワール・アル・リミット（Terroir al Lìmit）

ドイツ人のドミニク・フーバーと、南アフリカのアイコン的醸造家、イーベン・サディが2001年に立ちあげたワイナリー（後にサディは辞めている）。フーバーは、畑の古木をビオディナミで栽培し、乾地農法を実践する。フーバーの夢は、プリオラートでロマネ・コンティを造ることで、プリオラートのテロワールは、ブルゴーニュ最高の畑同様、細心の手間暇をかけると極上のブドウができると考えている。「テラ・デ・クケス（Terra de Cuques）」と「テロワール・ヒストリック・ブラン（Terroir Històric Blanc）」は、2、3週間スキンコンタクトさせ、「ペドラ・デ・ギッシュ（Pedra de Guix）」は果皮発酵させず、酸化的に造る。テラ・デ・クケスに少量のミュスカをブレンドし、愛らしい香りを出す。

住所：c.Baixa Font 10, 43737 Torroja del Priorat　　**電話**：+34 699 732 707
メール：loxarel@loxarel.com

スペイン　タラゴナ
コスタドール・メディテラニ・テロワール（Costador Mediterrani Terroirs）

当主のジョアン・フランケットは、標高400〜800メートルの高地にある畑で、樹齢60年〜110年のブドウを育てる。アンフォラを使い、フレッシュ感と果実味にあふれるワインを多数造る。ワインは、陶製のボトルに入れ、「メタモルフィカ（Metamorphika）」のラベルで出す。最近、筆者は、「マカベオ・ブリサット（Macabeu Brisat）」が気に入っている。表情が豊かで、アロマがあり、果実味に富み、心地よい骨格とフレッシュ感があり、オレンジワインに必要な要素が全て入っている。「ブリサット（Brisat）」は、古代カタルーニャ語で「スキンコンタクトさせた白ワイン」を意味する。有機農法でブドウを栽培しており、一部、未承認の区画がある。

住所：Av. Rovirai Virgili 46 Esc,A 5O 2a Cp: 43002 Tarrangona
電話：+34 607 276 695　　**メール**：jt@costador.net

スペイン　マドリッド

ヴィノス・アンビーズ（Vinos Ambiz）

当主のファビオ・バルトロメイは、イタリア人の両親のもと、スコットランドで生まれ育ち、「金融系や会計系の世界の雰囲気や未来に耐えられなくなった」とスペインに移住する。2003年からワインを造り始め、2013年には、安定してワインを生産できるようになった。畑は、マドリード東部のシエラ・デ・グレドスにある。畑には満足しているが、同地に他のワイナリーがないことが不満らしい。ドーレ、アルビーリョ、マルバールなどの古代品種を植える。ティナハ、ステンレスタンク、木樽を使い、2〜14日醸し発酵させる。濁りが非常に多く欠陥ワインと勘違いするが、品質の高いワイン。有機栽培（未認証）。

住所：05270 El Tiemblo(Avila), Sierra de Gredos　　**電話**：+34 687 050 010
メール：enestoslugares@gmail.com

スペイン　ラ・マンチャ

エセンシア・ルラル（Esencia Rural）

ジュリアン・ルイス・ビリャヌエバの畑は、広大なラ・マンチャ地方にある50ヘクタールの非常に古い畑で、一部のブドウ樹はフィロキセラ対策の接ぎ木をしていない。白ブドウのスキンコンタクトの期間は非常に長く、「デ・ソレ・ア・ソル・アイレン（de Sol a Sol Airen）」では、最長14カ月におよぶ。残糖と酸化の風味が溶けあって、舌の上で戯れる。大部分のワインは、亜硫酸無添加。ヴィンテージによっては、質が安定しないが、飲んで楽しいワインであり、ここで紹介した。

住所：Ctra.de la Estacion, s.n., Quero 45790,Toledo　　**電話**：+34 606 991 915
メール：info@esenciarural.es

スペイン　アリカンテ

ジョアン・デ・ラ・カーサ（Joan de la Casa）

ジョアン・パストールは、10年以上伝統的なワイン造りをしてきたが、市場に出せると判断したのは2013年から。モスカテルをベースにした3種類の白、「ニミ（Nimi）」、「ニミ・トサル（Nimi Tossal）」、「ニミ・ナチュラメント・ドルチ（Nimi Naturalment Dolç）」は、15日から30日スキンコンタクトさせる。ワインは、香り高く、フルボディでスケールが大きく、暑く乾燥した気候を反映している。畑近くの海岸線や、サハラ砂漠から吹く熱風、レーベイグにより気候が温暖になり、ワインにフレッシュ感を与える。

住所：Partida　Benimarraig, 27A, 03720 Benissa　　**電話**：+34 670 209 371
メール：info@joandelacasa.com

スペイン カナリア諸島
エンヴィナーテ（Envinaté）

4人のワイン生産者仲間、ロベルト・サンタナ、アルフォンソ・トレンテ、ローラ・ラモス、ジョセ・マルチネスが大学卒業後、2005年に立ち上げたワイナリーで、スペインの本土を含め、4カ所に醸造施設がある。唯一の白ブドウはテネリフェ島で栽培しており、火山性土壌にある100年前のブドウ畑でできる。「タガナン（Taganan）」と「ベンジェ・ブランコ（Benje Blanco）」は、伝統醸造法で果皮発酵させたワインをブレンドし、土壌由来のスモーキーでミネラル感のある風味に質感と力強さが加わる。「ヴィドゥエノ・デ・サルティアゴ・デル・テイデ（Vidueño de Santiago del Teide）」は、100％果皮発酵させた赤と白のブレンドで、接ぎ木していないリスタン・ブランコとリスタン・プリエトで造る。

電話: +34 682 207 160
メール: asesoria@envinate.es

スイス

　スイス人は、自国のワインを異様に好み、造ったワインのほとんどを自家消費する。品質は非常に高いが、ワインのスタイルは保守的である。少数の生産者が果皮発酵を試行しているが、関心は低く勢いは弱い。1905年出版、ビアラ・ヴァーモイル著の『Ampelographie（ブドウ品種学）』第6巻で「古代ヴァレー法（vieille methode valaisanne）」に触れ、白ブドウを果皮発酵させて白ワインを造る方法と記載している。しかし、現代ではドイツ流の果皮なしで発酵させる方式が主流となった。

　スイスは土着白ブドウ品種の宝庫であり、果皮発酵させると面白いワインができる可能性がある。中性的で特徴のないシャスラ、芳香系で鋭い酸があるプチ・アルヴィーヌ、骨太のコンプレテ（マランストローベ）がどう化けるか、非常に興味がある。

スイス ヴァレー
アルバート・マティエ・エ・フィス（Albert Mathier et Fils）

ヴァレー州のドイツ語圏に拠点を置くワイナリー。当主のアメデ・マティエは、2008年からジョージア製のクヴェヴリでワインを造る。以降、安定的に、「アンフォラ・アサンブラージュ・ブラン（Amnphore Assenmblage Blanc）」を生産している。これは、伝統的なジョージアのクヴェヴリで発酵させた上質のアンバーワインで、人間の介入を最小限にしたもの。レーズとエルミタージュ（マルサンヌの別名）のブレンドで、10〜12カ月スキンコンタクトさせる。筆者は、このワイナリーのベストがこれだと思う。現在、クヴェヴリの総数が20基に増え、新築したモダンな醸造施設の地中に埋めた。2018年から、ラフネチャのオレンジワインを試行している。

住所: Bahnhofstrasse 3, Postfach 16,3970 Salgesch　　電話: +41 27 455 14 19
メール: info@mathier.ch

アメリカ合衆国

　現在、アメリカ50州全てでワインを造っており、全土でオレンジワインができる日は近い。アメリカの醸造家は、既成概念に囚われず、「造れなければ輸入する」と考えており、果皮発酵用として、非常に多種類のブドウをフランスやイタリアから輸入している。

　アメリカではイタリアの食とワイン文化が大人気で、これも、一般の消費者がオレンジワインを知り、飲みたいと思わせる一助になっている。多くの生産者が、フリウリでオレンジワインを立ち上げた偉人との想い出を発信した。ラディコンやグラヴネルのワインがアメリカに入ってくるのに時間はかからず、好奇心旺盛な醸造家は、グラスに注いだ瞬間、斬新なスタイルに惹かれた。

　全米オレンジワインの85%をカリフォルニアが占めるので、したがって、ここのリストでも大半を占める。しかし、ディアドリ・ヒーキンがヴァーモント州の寒冷気候で長期マセレーションに成功し、アメリカ全土でワインができることを証明した。

アメリカ合衆国　オレゴン州
エイ・ディー・ベッカム（A.D. Beckham）

アンドリュー・ベッカムは、アンフォラと特別な関係にある。ベッカムは、優れた技術を持つ陶芸師でもあり、自分が使うアンフォラは自分で造るのだ。アンフォラで醸した「ADベッカム」シリーズのワインは、元は「ベッカム・エステーツ（Beckヘクタールm Estates）」というメイン製品のサイドラインだったが、今では、オレンジワインが基本であるとのワイナリーの方針を示す。アンフォラで醸したピノ・グリ（Pinot Gris）は北イタリアのライトボディの赤ワインの雰囲気があり、とても美味しい。

住所: 30790 SW Heater Road, Sherwood, OR 97140　　**電話**: +1 971 645 3466
メール: annedria@beckhamestatevineyard.com

アメリカ合衆国　カリフォルニア州
アンビス（AmByth）（訳注）

当主は、ウェールズ人のフィリップ・ハートで、2000年初期、肥料や殺虫剤を一度も使用していないパ・ソロブレスの更地にワイナリーを作る。化学肥料や農薬を使わずにワインを造れるとのアマチュアの単純な思い込みでワイナリーを始め、醸造家として知識や経験を積んだ後も、この考えが揺らぐことはなかった。白ワインはすべてマセレーションし、アンフォラで発酵、熟成させる。「グルナッシュ・ブラン（Grenache Blanc）」2013は、これまでアメリカで生産したオレンジワインの中で出色の出来。4種類の白ブドウをブレンドした「プリスクス（Priscus）」も強く薦めたい。2011年から亜硫酸無添加。

住所: 510 Sequoia Lane, Templeton, CA 93465　　**電話**: +1 805 319 6967
メール: gelert@ambythestate.com

訳注　ワイナリーの名前の"AmByth"はウェールズ語で「永遠」という意味。

アメリカ合衆国 カリフォルニア州

ダーティー・アンド・ラウディー（Dirty & Rowdy）

ハーディー・ウォレスが醸造家になった経緯は非常に面白い。2008年のリーマンショックでIT職を失った後、マーフィー・グードゥ・ワイナリー主催のソーシャルメディアコンテストで優勝。ナパへ移り、同ワイナリーの販売促進メディア担当となる。2009年マット・リチャードソンとダーティー・アンド・ラウディを創設。黒ブドウのムールヴェードルと、白ブドウのセミヨンを中心に、いろいろなワインを造るが、何が造れるかは、その年にどんなブドウが買えるかで変わる。「上質のブドウを造ると意識のあるブドウ畑」（すなわち、有機農法かそれ以上）のブドウのみを使う。毎年1種類、スキンコンタクトさせた上質のワインを出す。

住所: PO Box 697, Napa, CA 94559 **電話**: +1 404 323 9426
メール: info@dirtyandrowdy.com

アメリカ合衆国 カリフォルニア州

フォーロン・ホープ（Forlorn Hope）

マシュー・ロリックがナパで立ち上げた典型的な新世界のワイナリー。ロリックは、カリフォルニア大学デーヴィス校で学び、アメリカとニュージーランドで修行を積み、ワイン造りへの意欲がますます高まる。何でも試すのが好きなロリックは、果皮発酵を試行するうちに、多数を製品化した。同ワイナリーで最も有名なのが「ファンルルーシュ・ゲヴェルツトラミネール（Fanfreluches Gewürztraminer）」で、数週間スキンコンタクトさせた。愛らしく、香り高い。「ドラゴン・ラマート・ピノ・グリ（Dragon Ramato Pinot Gris）」は、昔、ベネチアで造っていた果皮発酵のピノ・グリージョをロリックなりに解釈したもの。写真の通り、エレキギターを制作、演奏する。

住所: PO Box 11065, Napa, CA 94581 **電話**: +1 707 206 1112
メール: post@matthewrorick.com

訳注　カリフォルニア大学デービス校は、アメリカで初めて醸造学科を設立した。ブドウ栽培学とワイン醸造学などを学べる。

アメリカ合衆国 カリフォルニア州

ラ・クラリン・ファーム（La Clarine Farm）

キャロライン・フールとハンク・ベックマイヤーは、2001年、シエラ・ネバダの超高地で農業とワイン造りを始める。ベックマイヤーは、『自然農法 わら一本の革命』を著わした福岡正信の教えを実践し、ビオディナミを越えた。アルバニーニョで造った「アル・バスク（Al Basc）」は、まだ試作段階にあるが、是非、完成させてほしいワイン。スキンコンタクトが7カ月という突き抜けたワインで、アルバニーニョ特有の表現豊かな果実味があり、芳香に富む。しっかりしたタンニンがありジョージア人も喜ぶ。

住所: PO Box 245, Somerset CA 99684 **電話**: +1 530 306 3608
メール: info@clarinefarm.com

訳注1　ワイナリーの名前の "La Clarine" は、フランス語で牛などの放牧用動物に着けるベルのこと。

訳注2　福岡正信の「[自然農法] わら一本の革命」は、不耕起（耕さない）、無肥料、無農薬、無除草を四大原則とし、なおかつ豊作を可能にする自然農法についての著書。

アメリカ合衆国　カリフォルニア州
ライム・セラーズ（Ryme Cellars）

ライアン・グラーブとメイガン・グラーブ夫妻は、、リボッラ・ジャッラのヴァラエタル・ワイン（品種名をラベルに表示したワイン。75％以上が同一ブドウ）を造る。こんなワイナリーは米国に2軒のみ。スキンコンタクトの期間は6カ月で、期間中は一切手を入れない。深い琥珀色の香り高いワインに仕上がり、ラディコンやグラヴネルも脱帽するはず。筆者には、少し酸化香が強いヴィンテージもあるが、アルコール度数が高いナパのワインが多い中、これは12％と抑制が効いている。カーネロス地区のブドウを使った「ヴェルメンティーノ（Vermentino）」は、マセレーションあり・なしの2種類あり。発酵で夫妻の考えが合わず、こうなった（訳注）。リボッラ・ジャッラでは、2人の意見は一致。

住所：PO Box 80, Healdsburg, CA 95448　　**電話**：+1 707 820 8121
メール：ryan@rymecellars.com

訳注　名前に「His」があれば、オレンジワイン、「Hers」は通常版。

アメリカ合衆国　カリフォルニア州
スコリウム・プロジェクト（Scholium Project）

1998年、エイブ・ショーナーは心理学教授を辞めてワイン業界に入り、「パリの審判」の赤ワイン部門で1位になった名門、スタッグス・リープで研修する。ナパ産のソーヴィニヨン・ブランを果皮発酵させた「プリンス・イン・ヒズ・ケイヴス（Prince in his Caves）」は、初ヴィンテージから10年をこえる。2006年に初ヴィンテージから登場した瞬間から、米国を代表するオレンジワインとなる。存在感があり、熟成したニュアンスも強いが、品種の特徴がきれいに出ている。ヴィンテージによっては、果梗も一緒に醸す。ショーナーは醸造設備を持たず、あちこちのワイナリーを借りてワインを造ってきたが、2018年現在、ロサンゼルス川沿いにワイナリー建築を計画中。

住所：Box 5787 1351 Second St, Scholium Project Napa, CA 94581　　**電話**：―
メール：scholiabe@gmail.com

訳注　名前の"scholium"はギリシャ語の"scholion"に由来し、「ワインを（に）学ぶ」という意味が込められている。

アメリカ合衆国　ユタ州・カリフォルニア州
ルース・ルワンドウスキ（Ruth Lewandowski）

エヴァン・ルワンドウスキが果皮発酵で造るのは1種類だけだが、ここに載せる価値あり。「チリオン（Chilion）」は、メンドーシノ産のコルテーゼで造るが、コルテーゼと思えない粘性があり、骨格もしっかりしている。卵型のタンクと木樽で6カ月スキンコンタクトさせる（初期のヴィンテージでは数週間）。収穫と一次発酵はカリフォルニアで、発酵槽ごとソルトレイクシティのワイナリーにトラックで移し熟成させる。ワイナリー名は、エヴァンが愛読する旧約聖書『ルツ記』にちなみ、人間の最も重要なサイクルである生と死をテーマにしているのが気に入った理由。

住所：3340 S 300 W Suite 4 Salt Lake City　　**電話**：+1 801 230 7331
メール：evan@ruthlewandowskiwines.com

訳注　ルツ（Ruth）はルツ記に出てくる女性。お互い寡婦となった前夫の母ナオミ（Naomi）に対する孝養で有名。後にボアズ（Boaz）と結婚し、その子供オベト（Obed）はダビデ（David）の祖父となる。

アメリカ合衆国 ヴァーモント州

ラ・ガラギスタ（La Garagista）

女性醸造家、ディアドラ・ハーキンのワイナリー。ヴァーモント州の山間部の寒冷気候はブドウ栽培に適さないが、ミネソタ大学が開発したハイブリッド種でフレッシュ感のある「アルプス風ワイン」を造る。白ブドウを15〜20日マセレーションし、開放式のグラスファイバー桶で発酵。「ハーロット（Harlot：売春婦の意）」と「ラフィアン（Ruffian：悪党の意）」は、ラ・クレセントとフロンテナック・グリスのブレンドで、シャープな酸と、なめらかなテクスチャーが互いを引き立てる。元は農場レストランとして1990年に開業したが、2017年にレストランを閉め、ワインに特化する。ブドウ栽培は、パーマカルチャー（資源維持・自足を目的にした農業）とビオディナミが基本で、ハーキンが執筆した著作のテーマでもある。

住所：Barnard, Vermont　　**電話**：+1 802 291 1295
メール：lagaragista@gmail.com

 アメリカ合衆国 ニューヨーク州

チャニング・ドーターズ（Channing Daughters）

当主のジェームズ・クリストフ・トレイシーは、何でも試すことを好む。スキンコンタクトが気に入り、長期マセレーションのワインを8種類以上造る。2004年から始めた「メディタツィオーネ（Mediatazione）」は、2週間マセレーションさせたブレンドで、豊潤で複雑な味わいがあり、フリウリの土着品種と醸造法へのこだわりが顕著に出ている。「リボッラ（Ribolla）」、「ラマート（Ramato）」、「リサーチ・ビアンコ（Research Bianco）」もよい出来。ロングアイランドの冷涼な気候により、アルコール度数は12.5%と高すぎず、飲み口も気持ちも爽やかになる。自然発酵させ、発酵温度は制御しない。軽くフィルターをかける。

住所：1927 Scuttlehole Rode PO Box 2202, Bridgehampton, NY 11932
電話：+1 631 537 7224　　**メール**：jct@channingdaughters.com

訳注　名前の「リサーチ」は、いろいろな品種を試験的に植えている「研究用ブドウ畑（research vineyards）」に由来。ワインは、イーストエンドのブドウを使う。

日本

　日本のワインの歴史は古く、初めて商用にワインを造ったのが山梨県で1874年に遡る。日本でワインを本格的に飲みだしたのは最近だが、この20年、日本は自然派、オレンジワインの愛好家には理想の地で、ヨ　ロッパの微量生産の自然派ワインも入手可能。日本のオレンジワインの生産者は、フリウリ、スロヴェニア、ジョージアなどの伝統的なスキンコンタクト製法に触発され、そこに日本のスタイルを取り入れている。

　山梨を代表するワイナリー、シャトー・メルシャンやルミエールでは、海外からの影響ではなく、独自に醸し発酵を進めてきた。軽快な風味の土着種、甲州をスキンコンタクトで造り、なめらかでボディに富むワインに仕上げている。シャトー・メルシャンは2002年から甲州をスキンコンタクトさせた「グリ・ド・グリ」を発売。　チーフ・ワインメーカーの安蔵光弘によると、「当時、消費者の反応は思わしくありませんでした。酸化しているとの誤解を受けたのです。でも、グリの皮の甲州からグリのワインを造るのは当然です」。

　安蔵と醸造チームは消費者の誤解に耐え、今では「グリ・ド・グリ」はシャトー・メルシャンの主力製品となった。現在、4週間スキンコンタクトさせているが、厳密に温度管理をしているせいか、果皮の風味は強くない。安蔵の配偶者、正子も、近くの丸藤葡萄酒工業の醸造責任者。正子は甲州でのスキンコンタクトを何度も試み、人の手をなるべく介在させない方向に向かっており、野生酵母を使った「ルバイヤート甲州醸し（初ヴィンテージは2015）」は、期待を裏切らない。

　ルミエールもまた、2009年に、マセラシオン・カルボニックで仕込んだスパークリング「ルミエールペティヤン オランジェ」を発売し、甲州の新たなスタイルを模索していた。その後、2014年から「プレステージクラス オランジェ」をリリースし、マセラシオン・カルボニックのスタイルで成功している。

　日本でのオレンジワイン人気には、ココ・ファーム・ワイナリーの貢献も大きい。1989年、ワイナリーの母体となる障害者支援施設「こころみ学園」の川田昇のワイン造りを支えるため、カリフォルニア大学デーヴィス校出身の醸造家、ブルース・ガットラヴが来日する。ガットラヴは、除草剤を一切使わずブドウを育てる川田の哲学に感銘を受けた。2人のコラボレーションから生まれたココ・ファーム・ワイナリーは、今では日本でトップレベルのワインを造る。ガットラヴは現在、同ワイナリー取締役として活動しながら、北海道で自分のワイナリー「10 R（トアール）」を経営。

　現在、日本のワイン造りが熱い。特に、寒い北海道は、ヨーロッパでなくなりかけている「冷涼気候」に恵まれている。北方系品種は多く、種類も増えている。アメリカ系のヴィティス・ラブルスカのハイブリッド種は注目すべきで、特に、デラウェアから上質の醸しワインができる。湿気が多い日本の気候にプティ マンサンが合うことも最近分かった。ウッディファーム＆ワイナリーとココ・ファーム・ワイナリーは、このブドウで素晴らしいオレンジワインを造る。

　以下、筆者が気に入った手造り志向のワイナリーを6軒挙げる。この6軒以外に、カーブドッチ・ワイナリー、フェルミエ、グレープリパブリック、澤内醸造も要注目。

日本 北海道
宮本ヴィンヤード

夫婦ふたりで営む、小規模生産者。醸造家の宮本亮平は2015年にジョージアへ旅行し、オレンジワインに目覚めた。彼の造るエレガントな「アントル・シヤン・エ・ルー」は、初ヴィンテージが2015年。黄昏時を意味するそのワインは、スキンコンタクトを10日間行ったピノ・グリが主体で、オーセロワも少しブレンドされている。クヴェヴリでの醸造よりも、彼自身のフランス・ブルゴーニュでの醸造経験が活かされたワイン。ブドウの植樹は2012年で、ワインはすべて自園ブドウをで仕込む。現在、醸造施設はなく、隣接するTAKIZAWA WINERYで醸造。野生酵母のみでの発酵、無濾過・無清澄、微量の亜硫酸を添加。

住所：北海道三笠市高美町449-14　　**電話**：080-4276-5595
メール：ryo@miyamoto-vineyard.com

日本 山形県
ファットリア・アル・フィオーレ（Fattoria AL FIORE）

ワイナリー名はオーナーの目黒浩敬が経営するイタリア料理店「アル・フィオーレ」にちなむ。醸造所は宮城県川崎町の小学校跡地を利用、自園ブドウと山形県産ブドウで自然派のワイン造りを追求する。2015年設立、栽培・醸造とも高いレベルで環境に配慮し、人手を加えない哲学を貫く。醸し発酵のデラウェア「アンコ（飼い猫の名前から命名）」と、アンフォラ発酵のネオマスカット、樽発酵のシャルドネとデラウェアのブレンドによる「スプマンテ」は、どちらも彼らの明るく自由で純粋なスタイルで、イキイキとして安定感がある。亜硫酸無添加。

住所：〒989-1507宮城県柴田郡川崎町支倉塩沢9　　**電話**：0224-87-6896
メール：info@fattoriaalfiore.com

日本 栃木県
ココ・ファーム・ワイナリー（Coco Farm Winery）

ワイナリー設立のいきさつは総論のとおり。日本有数の優良生産者のひとつ。現在の醸造長・柴田豊一郎は、フリウリの醸しワインの熱烈なファン。同ワイナリーで造るオレンジワインは2アイテム。2004年から山梨県産のブドウで造る「甲州F.O.S.(Fermented On Skins）」は、芳醇でハーブの香り。2016年からラインナップに加わった「こころみシリーズプティ・マンサンF.O.S.」は舌に心地よい。後者は、障害者支援施設「こころみ学園」の自家畑で生徒やスタッフが育てたブドウで造る。スキンコンタクトの期間は、甲州は1カ月、プティ・マンサンは10日。

住所：〒326-0061 栃木県足利市田島町611　　**電話**：0284-42-1194
メール：office-m@cocowine.com

日本　新潟県
ドメーヌ・ショオ（Domaine Chaud）

小林英雄夫妻の小規模醸造所で、「小林」の「小（ショウ）」と、フランス語の「ショー（chaud：熱い）」に掛けて命名。ワインへの情熱あふれる小林はドバイ育ち。醸造技術は、オーストラリアと新潟のカーブドッチ・ワイナリーで学ぶ。ココ・ファーム・ワイナリーだけでなく、ラ・ストッパ、ラディコン、グラヴネルなどイタリアの銘醸生産者からも大きな影響を受け、超々長期のスキンコンタクト（200～400日）を行う。複雑で生命力にあふれるワインを造る。亜硫酸は無添加。「Skin Dive」はケルナー100％で、同ワイナリーを知る最初の1本としても面白い。

住所：〒953-0011新潟県新潟市西浦区角田浜1700-1　　電話：0256-70-2266
メール：kobayashiwinery@niigata.email.ne.jp

日本　山梨県
共栄堂（Kyoei-do）

山梨県で、最も幅広くワインを造るのが「小林 "ツヨポン" 剛士」である。四恩醸造の立ち上げに参画した後、自身の共栄堂を創立。自身ではワイナリー設備を持たず、三養醸造にて醸造。ミニマリズムという哲学のもと、人の介入を最小限にし、野生酵母を使い、亜硫酸を添加しない製法に至る。小林は「これが最も簡単で、現実的な方法」だと言い切る。甲州で造るオレンジワインは、異なる醸造法のいろいろな樽のワインをブレンドしたもので、ヴィンテージの違いを明確に出しつつ、一貫して深みや複雑さがある。毎年、ワインの名前とラベルがユニークで、最新の名前はK19FY-DD。

住所：―　　電話：―　　メール：―

日本　滋賀県
ヒトミワイナリー（Hitomi Winery）

10年にわたりオレンジワインを造る中規模生産者で、同ワイナリーのワインはすべて無濾過。最初のオレンジワインは、2010年ヴィンテージの「デラ・グリ」で、現在は3種類のオレンジを造る。試飲した「デラ・オレンジ」は3週間のスキンコンタクトを経た美しいワイン。デラウエアの芳香と繊細な果実味があり、「にごりワイン」にこだわる同社のスタイルが感じられる。醸造は2016年以来、山田直輝が担当。以前の醸造家・岩谷澄人は山形県で「イエローマジック・ワイナリー」を設立、独立して現在も活躍中。

住所：滋賀県東近江市山上町2083　　電話：0120-80-4239
メール：ishop@nigoriwine.jp

Index

産地

コラム

謝辞

4年間、本企画を支援をしてくれた全ての方々に感謝する。紙面の都合上全員を列挙できず、以下の人々に感謝する。

カーラ・カパルボ、キャロライン・ヘンリー、ウィンク・ローチ、スザンヌ・ムスタチッチは、筆者の精神的支えとなり、出版へアドバイス。マウロ・フェルマリエロは、企画ビデオを作成。マリエラ・ブーカース、ステファノ・コスマ、ハンア・ヒュレンケンパー、エリザベス・シュタルツ、トマッツ・クリップステター、アーサー・リポヴズ（スロベニアのアイドフシュチナ図書館館長）、ウラジミール・マグラ、トニー・ミラノウスキ、ブルーノ・レヴィ・デラ・ヴィーダは、調査を支援。デニス・コスタ（イタリア語）、バーバラ・レポヴズ（スロベニア語）、エリザベス・シュタルツ（ドイツ語）が外国語文献を翻訳。ワイン生産の現場取材は、ポルトガルのテレサ・バティスタ、オスカー・クエヴェドとクラウディア・クェヴェド、オランダのロン・ランジェベルド、マルニックス・ロンバートが協力。ジョージアでは、サラ・メイ・グルンヴァルド、イラキ・コロバルジア、ジョージア国立ワイン・エージェンシーの同僚、イラキ・グロンティ博士の支援に感謝。FVGツーリズモのタチャーナ・ファミリオとギウリア・カントーネは、フリウリでの移動・宿泊で支援。ヨスコ、マリヤ、マテヤ、ヤーナ・グラヴネル、バルター、イネス、クレーメン、レア・ムレチニック、サーサ、スタンコ、スザンナ、サビーナ、イバーナ・ラディコン、ヤンコ・ステカー、タマラ・ルークマンに特別の謝意を表す。セラーの見学、ワインの試飲、インタビューでは、ワイン生産者全員に感謝。デイビッド・A・ハーベイとダグ・レッグは、議論とアイデア創出を支援。スロベニア・ツーリスト・ボードは、本書の出版で経済的に支援。オランダ駐在スロベニア共和国大使、サンヤ・スティグリッチ女史は、本書の全過程を支援。第9章のタイトルは、マーク・E・スミスがボーカルの英国のロックバンド、ザ・フォールがヒント。エリザベス・シュタルツは、何度も不可能を可能にした。

また、日本語版発売にあたっては、ワインジャーナリスト鹿取みゆき氏、輸入会社 Vind'Olive スヘイル＆麻由エルクーリ夫妻に協力を仰いだ。

写真提供

下記以外はライアン・オパス撮影。著作権所有者、撮影者を可能な限り明記する。

27,64,66,68 マウリツィオ・フルラーニ　提供グラヴネル家

29,70,75 マウロ・フェルマリエッロ

100-101 ファビオ・リナルディ

40 フラム（16. 部隊）ウィーン　Lichtbildstelle　k.u.k Kriegspressequartier 所蔵

44 著作権所有者不明。スロヴェニア　デジタル・ライブラリより入手

58 複製写真 撮影プリモシュ・ブレツェリ 原本ポドナノス所在。協力トマシュ・コドリッチ司祭、アルトゥール・リポウ アイドフシュチナ図書館

77,139,140,157,183（左下ライアン・オパス撮影を除く）205,216i,219i&ii,224ii,225i, 235i,245i&iii,254i,256ii,257i,261,262ii,263i,264i,267iii,268i&iii,270iii,273ii&iii,276ii,278i,282 サイモン・ウルフ

114（×3）　著作権者不明
georgiaphotophiles.wordpress.com/2013/01/26/soviet-georgian-liquor-labels 検索

137 提供ジョン・ワーデマン

152 © 表示ケイコ&マイカ　提供ルカ・ガルガノ（トリプルA）

178 ジャスティン・ハワード・スニードMW

213iii,215,216ii&iii,217i&ii,218,219iii,220-223,224i,225ii&iii,226-228,229ii,231, 235ii,236iii,237,238,239i,240i,241,243i&ii,244,245i,251-253,254ii,255i,256, 257ii,258-260,262i,263ii&iii,264ii,265,267i&ii,270i,271iii,272i-ii,274ii, 276i&iii,277,278ii,279ii,280,281,283,284,285i&iii,286 各生産者提供

213 トム・ショブルック 提供ザ・オーク・バーレル、シドニー サラ&イーウォウ・ジャキモヴィッツ 撮影ヘッシュ・ヒップ 提供レ・カーヴ・ド・ピレネー

217 レナーシスタ 撮影ライト・ラーガー、提供レナー家。

229 ローラン・バーンワース 提供ジャスト・アド・ワイン オランダ

230 ヤン・ドリュー、ジャン・イヴ・ペロン 提供ジャスト・アド・ワイン, オランダ エマニュエル・パジョー 撮影アラン・レノー 提供ドメーヌ・ターナー・パジョー

233 ニカ・パルツヴァニア 撮影ハンナ・フエレンケンパー、ラマーズ・ニコラッツェ 撮影マリウス・カプチンシー

236 ニキ・アンタッゼ 撮影オラフ・シンドラー

243 エウジェニオ・ローズィ 撮影マウロ・フェルマリエッロ

254 シトー派女子修道院　修道女の集合写真 撮影ブレイク・ジョンソン、RMW

255 ラファエッロ・アンニキアーリコ　撮影ブルーノ・レヴィ・デッラ・ヴィーダ パオロ・マルキ　撮影ジョヴァンニ・セグニ

266 クラマル&ディステルバルトの絵 撮影ミリアム・ペルテガート, 提供アトリエクラマル

269 マルヤン・シムチッチ 撮影プリモシュ・コロシェッツ、提供マルヤン・シムチッチ

273 イヴィ&エディ・スヴェトリック マリヤン・モチヴニック 提供スヴェトリック

279 ミック&ジャニーヌ・クラヴァン 撮影ターシャ・セククーム 提供クラヴァンワインズ

285 エイブ・ショーナー　撮影ボビー・ピン

Bibliography

Anson, Jane. *Wine Revolution: The World's Best Organic, Biodynamic and Natural Wines.* London: Jacqui Small, 2017.

Barisashvili, Giorgi. *Making Wine in Kvevri.* Tbilisi: Elkana, 2016.

Brozzoni, Gigi, et al. *Ribolla Gialla Oslavia The Book.* Gorizia: Transmedia, 2011.

Caffari, Stefano. *G.* Milan: self-published by Azienda Agricola Gravner, 2015.

Camuto, Robert V. *Palmento: A Sicilian Wine Odyssey.* Lincoln, NE and London: University of Nebraska Press, 2010.

Capalbo, Carla. *Collio: Fine Wines and Foods from Italy's North-East.* London: Pallas Athene, 2009.

Capalbo, Carla. *Tasting Georgia: A Food and Wine Journey in the Caucasus.* London: Pallas Athene, 2017.

D'Agata, Ian. *Native Wine Grapes of Italy.* Berkeley, Los Angeles, London: University of California Press, 2014.

Feiring, Alice. *The Battle for Wine and Love: Or How I Saved the World from Parkerization.* New York: Harcourt, 2008.

Feiring, Alice. *Naked Wine: Letting Grapes Do What Comes Naturally.* Cambridge, MA: Da Capo Press, 2011.

Feiring, Alice. *For the Love of Wine: My Odyssey through the World's Most Ancient Wine Culture.* Lincoln, NE: Potomac Books, 2016.

Filiputti, Walter. *Il Friuli Venezia Giulia e i suoi Grandi Vini.* Udine: Arti Grafiche Friulane, 1997.

Ginsborg, Paul. *A History of Contemporary Italy: Society and Politics, 1943–1988.* London: Penguin Books, 1990.

Goldstein, Darra. *The Georgian Feast: The Vibrant Culture and Savory Food of the Republic of Georgia.* Second edition. Berkeley, Los Angeles, London: University of California Press, 2013.

Goode, Jamie and Sam Harrop MW. *Authentic Wine: Toward Natural and Sustainable Winemaking.* Berkeley, Los Angeles, London: University of California Press, 2011.

Heintl, Franz Ritter von. *Der Weinbau des Österreichischen Kaiserthums.* Vienna, 1821.

Hemingway, Ernest. *A Farewell to Arms.* London: Arrow Books, 2004.

Hohenbruck, Arthur Freiherrn von. *Die Weinproduction in Oesterreich.* Vienna, 1873.

Kershaw, Ian. *To Hell and Back: Europe 1914–1949.* London: Penguin Books, 2015.

Legeron MW, Isabelle. *Natural Wine: An Introduction to Organic and Biodynamic Wines Made Naturally.* London and New York: CICO Books, 2014.

Phillips, Rod. *A Short History of Wine.* London: Penguin Books, 2000.

Robinson, Jancis and Julia Harding. *The Oxford Companion to Wine.* Fourth edition. Oxford: Oxford University Press, 2015.

Robinson, Jancis, Julia Harding and José Vouillamoz. *Wine Grapes: A Complete Guide to 1,368 Vine Varieties, including their Origins and Flavours.* London: Penguin Books, 2012.

Schindler, John R. *Isonzo: The Forgotten Sacrifice of The Great War.* Westport: Praeger, 2001.

Sgaravatti, Alessandro *G.* Padua: self-published by Azienda Agricola Gravner, 1997.

Thumm, H.J. *The Road to Yaldara: My Life with Wine and Viticulture.* Lyndoch, S. Aust.: Chateau Yaldara, 1996.

Valvasor, Johann Weikhard von. *Die Ehre deß Herzogthums Crain.* Nuremberg, 1689.

Vertovec, Matija. *Vinoreja za Slovence.* Vipava, 1844. Second edition of modern reprint, Ajdovščina: Občina, 2015.

Kickstarter supporters

388 wonderful people pledged financial support on the crowdfunding platform Kickstarter, to help make this book happen. Some have asked to remain anonymous, the remainder are listed here.

Sarah Abbott MW ★ James Ackroyd ★ Jesaja Alberto ★ Nicola Allison ★ Paulo de Almeida ★ Diogo Amado ★ Cornell & Patti Anderson ★ Jane Anson ★ Matt & El Bachle ★ Levon Bagis ★ Adrijana & Filip-Karlo Baraka ★ Ariana Barker ★ Fabio Bartolomei ★ Thomas Baschetti ★ Miha Batič ★ Simone Belotti ★ Egon J. Berger ★ Paolo Bernardi ★ Mariëlla Beukers & Nico Poppelier ★ Salvy BigNose ★ Djordje Bikicki ★ BINA37 ★ Ian Black ★ Thomas Bohl ★ Mark Bolton ★ Fredrik Bonde ★ Wojciech Bońkowski ★ Stuart & Vanessa Brand ★ Tjitske Brouwer ★ Elaine Chukan Brown ★ Martin Brown ★ Sam & Charlie Brown ★ Uri Bruck ★ Marcel van Bruggen ★ De Bruijn Wijnkopers ★ Jim Budd & Carole Macintyre ★ BUNCH Wine Bar ★ Inés Caballero & Diego Beas ★ Nicola Campanile ★ Michael Carlin ★ Felicity Carter ★ Damien Casten ★ Matjaz Četrtič ★ Umay Çeviker ★ Remy Charest ★ Daniel Chia ★ André Cis ★ Davide Cocco ★ Gregory Collinge ★ Beppe Collo ★ Alessandro Comitini ★ Helen J. Conway ★ Frankie Cook ★ Steve Cooper ★ Ian FB Cornholio ★ Jules van Costello ★ Giles Cundy ★ Paul V. Cunningham ★ Geoffroy Van Cutsem ★ Barbara D' Agapiti ★ Arnaud Daphy ★ Iana Dashkovska ★ Andrew Davies ★ Steve De Long ★ Cathinca Dege ★ Daniela Dejnega ★ Eva Dekker ★ Juliana Dever ★ Lily Dimitriou ★ La Distesa ★ Martin Diwald ★ Sašo Dravinec ★ Nicki James Drinkwater ★ Darius Dumri ★ Laura Durnford & Steve Brumwell ★ Gabriel Dvoskin ★ Klaus Dylus ★ Eklektikon Wines ★ Souheil El Khoury ★ Magnus Ericsson ★ Jack Everitt ★ Fair Wines ★ Alice Feiring ★ Tom Fiorina ★ Sabine Flieser-Just Dip Somm ★ Stefano & Gloria Flori ★ Luca Formentini ★ Otto Forsberg ★ Ove Fosså ★ Maurizio Di Franco ★ Robert Frankovic ★ Lucie Fricker ★ Andrew Friedhoff ★ Hannah Fuellenkemper ★ Nyitrai Gábor ★ Aldo Gamberini ★ Robbin Gheesling ★ Filippo Mattia Ginanni ★ Leon C Glover III ★ Maciek Gontarz ★ Adriana González Vicente ★ Marcy Gordon ★ Nick Gorevic ★ Nayan Gowda ★ Mateja Gravner ★ Olivier Grosjean ★ Sarah May Grunwald ★ Anna Gstarz ★ Elisabeth Gstarz ★ Gertrude & Josef Gstarz ★ Paulius Gudinavicius ★ Onneca Guelbenzu ★ Chris Gunning ★ Lianne van Gurp ★ Dr Frédéric Hansen von Bünau ★ Marcel Hansen ★ Ian Hardesty ★ Julia Harding MW ★ Rob Harrell ★ David Harvey ★ Susan Hedblad ★ Caroline Henry ★ Nik Herbert ★ Laszlo Hesley ★ Peter Hildering ★ Richard Hind ★ Alicia Hobbel ★ Mike Hopkins ★ Matthew Horkey ★ Janice Horslen ★ Justin Howard-Sneyd MW ★ Niels Huijbregts ★ Diederik van Iwaarden ★ Frankie Jacklin ★ Heidi Jaksland Kvernmo Dip WSET ★ Ales Jevtic ★ Sakiko Jin ★ Gabi & Dieter Jochinger ★ Rick Joore ★ Asa Joseph ★ Jakub Jurkiewicz ★ Jason Kallsen ★ Edgar Kampers ★ Tomaž Kastelic ★ Dan Keeling ★ Fintan Kerr ★ Daniel Khasidy ★ Chris King ★ Tatiana Klompenhouwer ★ Michaela Koller ★ Arto Koskelo ★ Eero Koski ★ Edward Kourian ★ Sini Kovacs ★ Bradley Kruse ★ Roger Krüsi & Agnes Zeiner-Krüsi ★ Peter Kupers ★ Harry Lamers ★ Stef Landauer ★ Esmee Langereis ★ Primož Lavrenčič (Burja) ★ Hongwoo Lee ★ Stéphane Lefèvre ★ Eileen LeMonda Dip WSET ★ Bruno Levi Della Vida ★ Catherine Liao ★ Susan R Lin ★ Richard Van Der Linden ★ Andrew & Tamar Lindesay ★ Allan & Kris Liska ★ Ella Lister ★ Ben Little ★ Icy Liu ★ Angela Lloyd ★ Wink Lorch ★ Laura Lorenzo ★ Brad & Therese Love ★ Dr Ludvig Blomberg ★ Benjamin Madeska ★ Aaron Mandel ★ Tim Reed Manessy ★ Alan March ★ Pedro Marques ★ Alessandro Marzocchi ★ Jerzy Maslanka ★ Rob McArdle ★ Richard McClellan ★ Robert McIntosh ★ Gert Meeder ★ Regina Meij ★ Ayca Melek ★ Ghislaine Melman ★ Tan Meng How ★ Manuchar Meskhidze ★ Karol Michalski ★ Rolv Midthassel ★ Mitja Miklus ★ Tony Milanowski ★ Valter Mlečnik ★ Ana Monforte ★ Gea & Petra Moretti ★ Paddy Murphy ★ Ewan Murray ★ Bernd & Bettina Murtinger ★ Suzanne Mustacich & Pétrus Desbois ★ naturalorange.nl ★ Dr. Nicholas Reynolds ★ Paul Nicholson ★ Patrik Nilsson ★ Domačija Novak ★ Laurie E. O' Bryon & Mario P. Catena ★ Mick O' Connell MW ★ Tobias Öhgren ★ Mark Onderwater ★ Richard van Oorschot ★ Josje van Oostrom ★ Filippo Ozzola ★ Mateusz & Justyna Papiernik ★ Sharon Parsons ★ Antonio Passalacqua ★ Hudák Péter ★ Antti-Veikko Pihlajamäki ★ Adrian Pike ★ Marco Pilia ★ Marco Piovan ★ Zoli Piroska ★ Tao Platón González ★ Helen & David Prudden ★ Luigi Pucciano ★ Melissa Pulvermacher ★ Noel Pusch ★ Alessandro Ragni ★ Christina Rasmussen ★ Rafael Ravnik ★ Simon Reilly ★ Oscar Reitsma ★ Mitch Renaud ★ Magnus Reuterdahl ★ George Reynolds ★ André Ribeirinho ★ Odette Rigterink ★ Thomas R. Riley ★ Treve Ring ★ Nicolas Rizzi ★ Daniel Rocha e Silva ★ Marnix Rombaut ★ Elena Roppa ★ Pieter Rosenthal ★ Gerald Rouschal ★ José Manuel Santos ★ Kjartan Sarheim Anthun ★ Savor The Experience Tours ★ K Dawn Scarrow ★ Carl Schröder ★ Elisabeth Seifert ★ Job Seuren ★ Lynne Sharrock Dip WSET ★ Lizzie Shell ★ Dr Ola Sigurdson ★ Marijana Siljeg ★ Aleš Simončič ★ Jeroen Simons ★ simplesmente... Vinho ★ Robert Slotover ★ Tony Smith ★ Saša Sokolić ★ Spacedlaw ★ Luciana Squadrilli ★ Peter Stafford-Bow ★ Primož Štajer ★ Sverre Steen ★ Janko Štekar & Tamara Lukman ★ Matthias Stelzig ★ Lee Stenton ★ Peter Stevens ★ Melissa M. Sutherland ★ Johan Svensson ★ Dimitri Swietlik ★ Taka Takeuchi ★ Eugene SH Tan ★ Gianluca Di Taranto ★ Famille Tarlant ★ Daphne Teremetz ★ Lars T. Therkildsen ★ Colin Thorne ★ Paola Tich ★ Sue Tolson ★ Mike Tommasi ★ Aitor Trabado & Richard Sanchoyarto ★ Maria W. B. Tsalapati ★ Effi Tsournava ★ Margarita Tsvirko ★ Andres Tunon ★ Ole Udsen ★ Lauri Vainio ★ Eva Valkhoff ★ Joeri Vanacker ★ Sara Vanucci ★ Elly Veitch ★ Alexey Veremeev ★ VinoRoma ★ Priscilla van der Voort ★ Dr José Vouillamoz ★ Filip de Waard ★ Peter Waisberg ★ Arnold Waldstein ★ Evan Walker ★ Timothy & Camille Waud ★ Daniela & Thomas Weber ★ Liz Wells ★ Simon Wheeler ★ Daniela Wiebogen ★ Stefan Wierda ★ Gerhard Wieser ★ De Wijnwinkel Amsterdam ★ Benjamin Williams ★ C Wills ★ The Wine Spot Amsterdam ★ Winerackd ★ Weingut Winkler-Hermaden ★ Adam Wirdahl ★ Michael Wising ★ Keita Wojciechowski ★ Stephen Wolff ★ Diana Woloszyn ★ Chris & Sara Woolf ★ Inigo & Susan Woolf ★ Jon Woolf ★ Stephen Worgan ★ Phillip Wright ★ John Wurdeman ★ Alder Yarrow ★ Aaron Zanbaka ★ Alessandro Zanini ★ Yvonne Zohar

著者紹介

サイモン・J・ウルフ（Simon J Woolf）

英国生まれ。ワインと飲料の評論家。授賞歴あり。本書が初著作。現在はアムステルダム在住。当初、音楽家を目指すも、音響技師、ITコンサルタント、代替通貨のデザイナーなどを経てワインを職とする。2011年、オンラインワイン誌、『モーニング・クラレット（The Morning Claret）』創刊を機に執筆を開始。同誌は、有機農法やビオディナミによる職人系自然派ワインの情報を発信し、高評価を得る。英国のワイン誌、『デキャンター』、ワインビジネス誌、『マイニンジャー・ワイン・ビジネス』への寄稿など、オンラインや紙面で多数を執筆。オレンジワインから離れると、料理と難解な音楽を楽しむ。モーニング・クラレットのニュースレター購読の申し込みは以下。www.themorningclaret.com/subscribe

写真

ライアン・オパス（Ryan Opaz）

アメリカ生まれ。シェフ、食肉業、美術講師、講演家、ワインライターを経て、ポルトガルの食とワインのツアー企画市場を開拓。ポルトガルとスペインの食文化体験のカスタムツアーやイベントを企画・運営するカタヴィーノ社の共同創立者。世界のワイン専門家や愛好家が参加するイベント、「国際デジタル・ワイン・コミュニケーションズ・カンファレンス」を2008年から毎年主催。現在、妻、息子、猫とポートに在住。写真を撮りながら各地を旅し、土地の手造り飲料を楽しむ。

監修翻訳

葉山考太郎（はやまこうたろう）
ワインライター、アカデミー・デュ・ヴァン講師、翻訳学校フェローアカデミー講師。主な訳書は『パリスの審判（日経BP社）』『ブルゴーニュ大全（白水社）』『テロワール（ヴィノテーク）』、著書は『30分で一生使えるワイン術（ポプラ社）』『今夜使えるワインの小ネタ（講談社）』等

翻訳者一覧（五十音順）

鷹森あずさ（たかもりあずさ）
東京大学大学院理学系研究科卒（物理学専攻）。金融機関に勤務。翻訳家。本書では、翻訳プロジェクト管理、及び、第1部序章、第9章、第2部ボスニア・ヘルツェゴヴィナ、ブルガリア、カナダ、クロアチア担当

藤れい（ふじれい）
ミシガン州立オークランド大学卒。外資系IT企業に28年勤務後、翻訳家として活動。本書の翻訳では、第1部の第6章、エピローグ、第2部のジョージア、イタリアを担当

星野薫（ほしのかおる）
明治大学文学部文学科日本文学専攻。フェローアカデミーでノンフィクション、フィクションをのべ3年間受講。翻訳家。本書の翻訳では、第1部の第7、8章、第2部の南ア、スペイン、スイスを担当

松宮ゆら（まつみやゆら）
お茶の水女子大学卒。服飾史・美学専攻。滞独中、ワインに目覚める。独語、英語の翻訳家。本書の翻訳では、第1部第1、10章、第2部イタリア、ニュージーランド、ポーランド、ポルトガルを担当

丸竹一二三（まるたけひふみ）
大阪外大（後に阪大に吸収）、京都市芸大卒。ボルドー好きの一家に育ち、本書でオレンジワインに開眼。翻訳家。本書の翻訳では、第1部第2、11章、第2部ポルトガル、スロヴァキア、スロヴェニアを担当

矢野二葉（やのふたば）
広島市在住。大学卒業後、県立高校で教鞭をとる。現在は非常勤講師。翻訳家、全国通訳案内士。本書の翻訳では、第1部の第3、4、5章、第2部のチェコ、フランス、アメリカを担当

オレンジワイン　復活の軌跡を追え！

発行日：2020年3月26日　初版第1刷発行

著者: サイモン・J・ウルフ
監訳: 葉山考太郎
ブックデザイン: 川添英昭
編集: 滝澤麻衣（美術出版社）
協力: 尾黒ケンジ、杉本多恵（ロッソ・ルビーノ）
印刷・製本: シナノ印刷株式会社

発行人: 遠山孝之、井上智治
発行: 株式会社美術出版社
　　　〒141−8203　東京都品川区上大崎3-1-1　目黒セントラルスクエア5階
　　　[電話]03-6809-0318（営業）／03-6809-0572（編集）

振替: 00110-6-323989
ISBN 978-4-568-43116-2 C0070
https://www.bijutsu.press

Printed in Japan